rof. Dr. Claudia Traidl-Hoffmann ist Deutschlands renom-
ierteste Umweltmedizinerin. Sie ist Professorin für Um-
eltmedizin an der Medizinischen Fakultät der Universität
ugsburg und leitet als Chefärztin die Hochschulambulanz
r Umweltmedizin am Universitätsklinikum Augsburg.
e engagiert sich stark im Bereich der Wissenschaftskom-
unikation und ist Sonderbeauftragte für Klimaresilienz
d Prävention des Bayerischen Gesundheitsministeriums.
dem ist sie Mitglied der *Kommission Environmental Public
lth* des Robert Koch-Instituts und seit Dezember 2022
glied im Wissenschaftlichen Beirat der Bundesregierung
Globale Umweltveränderungen.

a Trippel ist Wissenschaftsjournalistin und Autorin mit
Schwerpunkten Umwelt, Natur und Medizin.

AF840323

rowohlt
POLARIS

P
n
w
A
fü
Si
m
un
Zu
He
Mi
für

Katj
den

Claudia Traidl-Hoffmann

Katja Trippel

Die Medizin der Zukunft – Heilen in einer veränderten Welt

Wie wir heute Allergien, Asthma, Neurodermitis & Co besser behandeln

ROWOHLT POLARIS

1. Auflage

Originalausgabe
Veröffentlicht im Rowohlt Taschenbuch Verlag,
Kirchenallee 19, 20099 Hamburg, April 2026
Copyright © 2026 by Rowohlt Verlag GmbH, Hamburg
Die Nutzung dieses Werks für Text- und Data-Mining
im Sinne des § 44b UrhG bleibt explizit vorbehalten.
Covergestaltung Hauptmann & Kompanie Werbeagentur, Zürich
Coverabbildung Anatoli Oskin – Universität Augsburg
Satz aus der Dolly Pro bei Dörlemann Satz, Lemförde
Druck und Bindung CPI books GmbH, Leck
ISBN 978-3-499-01902-9

Kontaktadresse nach EU-Produktsicherheitsverordnung:
produktsicherheit@rowohlt.de

MIX
Papier | Fördert
gute Waldnutzung
FSC® C083411

INHALT

EINLEITUNG:
Mein Weg in die Medizin – warum ich ihn gehe, wie ich ihn gehe

Ich fahre im Zug nach München. Es ist ein heißer Sommertag, die Klimaanlage streikt mal wieder. Mir gegenüber sitzt eine ältere Frau in langärmeliger Bluse, obwohl es draußen wie drinnen über 30 Grad hat. Ich bemerke die entzündeten Stellen an ihren Händen und im Gesicht sofort: rote, schuppige Flächen. Zunächst zögere ich, nach einer Weile frage ich vorsichtig: «Geht es Ihnen gut? Ich bin Ärztin und weiß, woran Sie leiden, Neurodermitis?» Sie sieht mich an – überrascht, auch etwas erschöpft. «Ja», sagt sie, «und die Hitze macht alles schlimmer. Ich bekomme bei diesen Temperaturen immer einen Schub. Aber was soll ich machen? Ich bin es mittlerweile gewohnt.»

Wir sprechen weiter. Ich höre zu. Die arme Frau musste ihren Urlaub abbrechen, weil die Hitze in der Ferienwohnung unerträglich wurde. Je heißer, umso mehr juckte und schmerzte ihre entzündete Haut, umso schlechter konnte sie schlafen, anstatt sich zu erholen. Ich kenne diese Situationen nur zu gut, gebe ihr schließlich meine Kontaktdaten. Eine Woche später kommt sie in meine Sprechstunde in die Ambulanz für Umweltmedizin nach Augsburg. Dort behandele ich meine Bekanntschaft aus dem Zug mit modernen Medikamenten, ihr Juckreiz verschwindet nach Stunden, und nach wenigen Wochen sieht ihre Haut fast gesund aus.

Ich erzähle diese Geschichte, weil sie für mich alles verbindet: die direkte Betroffenheit, das Wissen über Umwelt und Gesundheit – und die Verantwortung, die wir als Ärzt:innen haben, auch im Alltag hinzuschauen. Medizin beginnt manchmal im Zug.

Oder im Restaurant. Wenige Wochen später in Augsburg beim Italiener, Mittagszeit, es ist voll. Am Nebentisch sitzt ein junges Paar mit einem Säugling. Ich sehe das Kind nur kurz, aber ein Blick reicht schon, um zu erkennen, dass hier schnell gehandelt werden sollte. Das kleine Gesicht ist entzündet, die Haut schuppig, gerötet, offen. Schwere Neurodermitis. Die Eltern wirken erschöpft, überfordert. Ich kenne auch ihren Gesichtsausdruck, habe ihn schon oft gesehen: Dahinter verbergen sich schlaflose Nächte, große Sorgen, das Gefühl, nicht verstanden zu werden und keine Hilfe zu bekommen. Und die bohrende Frage: Wer oder was ist schuld daran, dass es meinem Kind nicht gut geht?

Vorsichtig spreche ich die Eltern an. Frage, ob sie jemanden haben, der sie medizinisch begleitet. Ich sage nicht viel – nur, dass ich Kinder wie ihres regelmäßig in meiner Sprechstunde sehe und dass es mittlerweile gute Therapien gibt. Ich biete Hilfe an. Die Erleichterung ist spürbar. Wir vereinbaren einen Termin, bei dem ich mir viel Zeit nehme und den Eltern das Wichtigste erkläre: Sie haben nichts falsch gemacht – und Linderung ist möglich. Mit einem supermodernen Kortison, das keinerlei negative Nebenwirkungen hat und in jedem Fall unproblematischer ist, als wenn das Kind nicht behandelt würde. Denn ein unbehandeltes Ekzem öffnet die Tür für Allergien, Asthma & Co (dazu später mehr). Dem Mädchen geht es heute bestens und den Eltern auch. Solche Begegnungen habe ich öfter. Sie bestärken mich in dem, was ich seit Langem glaube:

1. Gute Medizin beginnt nicht erst im Sprechzimmer. Ich trage die Ärztinnenbrille immer – auf der Straße, im Alltag, in der Poli-

tik. Denn Gesundheit entsteht dort, wo Menschen leben, nicht nur dort, wo sie behandelt werden.

2. Heilung gelingt dann besonders gut, wenn wir verstehen, was die Krankheit getriggert hat: Umweltbelastungen, Lebensbedingungen, soziale Spannungen. Wer richtig fragt und hinschaut, sieht mehr als Symptome – und öffnet neue Wege zur Gesundheit.

Warum ich dieses Buch schreibe

Ich bin Hautärztin und Umweltmedizinerin, leite Forschungsteams, berate politische Gremien, ich bin Mutter, Tochter, Ehefrau, ich jogge und singe im Chor. Und schreibe nun, zusammen mit der Wissenschaftsjournalistin Katja Trippel, auch noch dieses Buch. Warum? Weil ich hoffe, damit Rat und Hilfe geben zu können – und vor allem: Zuversicht.

Wir leben in schwierigen Zeiten. Unsere Umwelt, das Klima, die Natur – alles verändert sich. Das hat Folgen für unsere Gesundheit und unser Wohlergehen: Die Dame im Zug, das Kind im Restaurant und alle anderen meiner Patientinnen und Patienten wissen, was gemeint ist. Und viele von Ihnen vermutlich auch. Altbekannte Leiden treten nun früher, stärker, andersartig auf, neue kommen dazu: Pollenallergien beginnen schon im Januar, bei hoher Luftbelastung flammt die Neurodermitis auf, die Kombination aus Hitze und Luftschadstoffen nimmt Ihnen die Luft zum Atmen, der Herbst beschert Ihnen noch einen Zeckenstich, Sie vertragen bestimmte Lebensmittel nicht mehr, sorgen sich um zu viel Chemie im Alltag. Wir spüren diesen Wandel am eigenen Leib, daher bringt es nichts, ihn zu verdrängen oder kleinzureden. Es bringt meiner Meinung nach aber sehr viel, sich mit ihm auseinanderzusetzen – und nach Lösungen zu suchen. Die Ursachen anzupacken und auch selbst aktiv zu werden.

Das Ziel meiner Arbeit ist klar: Heilung. Doch es geht in der Umweltmedizin immer um mehrere Ebenen, um die Heilung von Menschen *und* der Umwelt. Wir brauchen eine gesunde Natur und ein ausgeglichenes Klima, um zu gesunden, und wir können auch selbst dazu beitragen, eine gesündere Umwelt zu schaffen – so viel kann ich Ihnen als Ärztin und Wissenschaftlerin an dieser Stelle bereits versichern.

Doch bevor wir tiefer einsteigen, will ich Ihnen kurz etwas über mich erzählen. Denn auch mir hilft es in meiner täglichen Arbeit, von meinen Patientinnen und Patienten ein paar persönliche Informationen zu erfahren, um besser einschätzen zu können, wer da vor mir sitzt – und was sie oder er von mir erwartet. So viel Zeit muss sein. Oder um es deutlich zu sagen: Ich halte es für ein wesentliches Problem des Gesundheitswesens in diesem Land, dass bei einem Arztbesuch oft *keine* Zeit ist für ein paar persönliche Fragen und ein kurzes Gespräch.

Wie wurde ich Umweltmedizinerin, und was ist das überhaupt? Nun, ich stamme aus dem Sauerland (dem Nachbarort von Friedrich Merz) und wuchs als jüngstes von fünf Kindern auf dem Land auf – unbeschwert und naturnah. Meine Schulbildung im Mariengymnasium Arnsberg, geführt vom Orden der «Armen Schulschwestern», war geprägt von christlichen Werten. Mitmenschlichkeit, Verantwortung, Gerechtigkeit. Als Teenager begeisterte ich mich fürs Bergwandern und Skifahren, dabei lernte ich wie nebenbei den Respekt vor der Natur. Und noch etwas: Selbstwirksamkeit – dass ich etwas erreichen kann, wenn ich mich anstrenge.

Diese frühen Erfahrungen waren vermutlich die Keimzelle für mein späteres Vertrauen ins Leben, meine robuste Gesundheit, die psychische Resilienz, die mich auch in stressigen Phasen stützt. Und für mein heutiges Engagement. Denn mir ist bewusst, dass nicht alle Menschen mit so viel Glück in ihr Leben starten dürfen. Umso mehr wuchs daraus meine Motivation, etwas zurückzugeben.

Wäre es nach meinen Eltern gegangen, hätte ich Europasekretärin werden sollen. Aber ich wollte Ärztin werden: eine Person, die heilt, aber auch die Ursachen versteht, warum Krankheiten überhaupt entstehen. Also meldete ich mich für den Medizinertest an und bekam einen Studienplatz in Aachen. Für mich war das eine große Veränderung: weg vom Land, rein in die Stadt mit ihrer Vielfalt an Angeboten, aber auch einer Vielfalt an Belastungen – mehr Verkehr, weniger Grün.

Während des Studiums hatte ich schon früh das Bedürfnis, Wissenschaft mit einem höheren Sinn zu verbinden, nicht im stillen Kämmerchen zu forschen, sondern die Forschung auch zu den Patient:innen zu bringen. Ebenso früh interessierte ich mich eher für medizinische Themen, die meinen Kommiliton:innen weniger attraktiv erschienen. So konnten mich unappetitliche Fotos über Hauterkrankungen bei den Dermatologie-Vorlesungen nicht abschrecken, im Gegenteil: Sie weckten meine Neugier. Wenn ich Ihnen nun verrate, dass ich meine Doktorarbeit über Genitalwarzen schrieb, verstehen Sie, was ich meine. Und obwohl mein Bruder es jahrelang witzig fand, mich bei Partys vorzustellen mit den Worten: «Das ist meine Schwester Claudia, und wenn ihr Fragen zu Genitalwarzen habt, sie ist Expertin!», bin ich der Dermatologie bis heute treu geblieben.

Während der Facharztausbildung und Habilitation an der Technischen Universität München kam dann noch die Allergologie als Schwerpunkt dazu – beide Disziplinen sind eng miteinander verbunden, denn auch bei Letzterer leiden meist sowohl die Haut als auch die Schleimhäute der Atemwege. Kurz darauf folgte die Weiterbildung zur Umweltmedizinerin, weil Allergien wie Hauterkrankungen durch Umweltveränderungen ausgelöst werden und etwa durch den Klimawandel zunehmen.

Was ist Umweltmedizin & was macht sie?

Die Umweltmedizin entstand in den 1980er-Jahren als Reaktion auf die Erkenntnis, dass Umweltfaktoren wie Schadstoffe, Chemikalien, Klima und Lebensstil entscheidenden Einfluss auf die Gesundheit des Menschen haben. Besonders spannend fand ich von Anfang an den systemischen Ansatz der Disziplin: Sie denkt den Menschen in seiner Wechselwirkung mit der Umwelt und nicht isoliert. Heute steht sie für das Verständnis, dass es gesunde Menschen nur auf einer gesunden Erde geben kann (die Stiftung «Gesunde Erde – Gesunde Menschen» von Eckart von Hirschhausen hat den Slogan bekannt gemacht[1]). Oder andersherum: dass, wenn wir unseren Planeten, unsere «Mitwelt» schädigen, dies auch unsere Gesundheit bedroht. Vielleicht nicht immer unmittelbar und auch nicht jede:n auf gleiche Weise. Aber doch prägt uns die Umwelt so umfassend, dass UN-Generalsekretär António Guterres bereits 2019 warnte: «Der Klimawandel ist zu einer dramatischen Bedrohung für die menschliche Gesundheit und Sicherheit geworden.»

2013 erhielt ich den Ruf zur Professorin am Lehrstuhl für Umweltmedizin an der TU München und gleichzeitig die Chance, beim Aufbau der Medizinischen Fakultät in Augsburg mitzuwirken. Mir war es damals sehr wichtig, auch ein klinisches Angebot für Patient:innen zu entwickeln, die an komplexen, umweltbezogenen Erkrankungen leiden, um die sich sonst niemand so richtig gern kümmert – wie etwa die Multiple Chemikalien-Sensitivität (MCS). Bei ihr entwickeln Menschen eine starke Intoleranz gegen Duftstoffe, Reinigungsmittel und andere Chemikalien und bekommen im fortgeschrittenen Stadium sogar Angst, dem Postboten die Tür zu öffnen, weil er ein Parfum tragen könnte (siehe S. 173).

Warum kümmert sich darum kaum jemand? Weil es kompliziert ist. Weil wir die Zusammenhänge zum Teil noch wenig verstehen, wenig Lösungsansätze haben, immer noch nach guten Therapien suchen. Statt die «schwierigen Patientenakten» nach unten zu schieben, wie ich es als junge Assistenzärztin durchaus auch gemacht habe, wollte ich mich ab sofort bewusst diesen komplexen Fällen widmen.

Im Institut für Umweltmedizin und Integrative Gesundheit am Universitätsklinikum Augsburg verfolge ich als Direktorin nun das Konzept, Forschung, medizinische Versorgung und Lehre zu verbinden. Außerdem bin ich Direktorin des Instituts für Umweltmedizin bei Helmholtz Munich, sitze in der Kommission «Environmental Public Health» des Robert Koch-Instituts und bin seit 2023 auch Mitglied des Wissenschaftlichen Beirats der Bundesregierung Globale Umweltveränderungen (WBGU) in Berlin, dessen Aufgabe es ist, die Regierung wissenschaftlich zu beraten. Mein Sohn Jonathan fragte einmal: «Mama, kann man so viel auf einmal machen?» Meine Antwort lautete: «Ja – weil ich dasselbe Thema an vielen Stellen in unterschiedliche Richtungen voranbringe.» Oder wie ein Mentor mir einmal empfahl: «Claudia, du musst immer in dieselbe Ecke pinkeln, damit etwas in Fluss kommt.»

Wie interagieren wir mit der Umwelt, und wie wirkt sich das auf unsere Gesundheit aus? Um diese große Frage mit ihren vielen Unterpunkten geht es bis heute in meiner Arbeit. Mit meinen Kolleginnen und Kollegen in der Ambulanz für Umweltmedizin sehen wir dorthin, wo andere Ärztinnen und Ärzte Zusammenhänge vielleicht nicht herstellen können, weil es ihnen an Zeit oder Expertise fehlt – und manchmal auch an beidem.

Ich weiß, dass ich mich mit solchen Sätzen nicht gerade beliebt mache in der Branche. Doch sie sind nicht als Vorwurf gemeint, mehr als Beobachtung aus der Praxis: Viele Erkrankungen oder Symptome der Umweltmedizin werden erst seit Kurzem erforscht, ihre Therapien sind noch nicht umfassend bekannt und verbessern sich stetig. Sie stehen daher, wenn überhaupt, erst seit wenigen Jahren in den Lehrbüchern und schaffen es womöglich nicht so schnell in die Praxen, wie es wünschenswert wäre.

Ich begreife die Umweltmedizin als eine Haltung. Ich finde es essenziell, eine möglichst große Gruppe für die Zusammenhänge zwischen Umwelt und unserer Gesundheit zu sensibilisieren – wie etwa für die gesundheitlichen Folgen der Klimakrise. Und ich bin sehr glücklich, dass mein Team mitzieht: Wir meiden die Komplexität nicht, wir wollen sie verstehen, strukturieren und dann unsere Erkenntnisse verständlich kommunizieren. Natürlich an andere Expertinnen und Experten, an unsere Patientinnen und Patienten sowie an die breite Öffentlichkeit: an Menschen wie Sie.

Auf den folgenden Seiten werden wir tiefer einsteigen in die Themen, die mich als Umweltmedizinerin und Dermatologin beschäftigen – und Sie vermutlich auch, sonst hätten Sie das Buch nicht aufgeschlagen. Vielleicht, weil Sie selbst erkrankt sind oder jemand Ihrer Lieben. Weil sie Beschwerden haben, bei denen Sie mittlerweile mit Ihrem Latein am Ende sind, und sich neue Ansätze versprechen? Weil Sie sich Sorgen machen um Ihr zukünftiges Wohlergehen und/oder das unseres Planeten. Weil Sie selbst Ärztin sind oder Arzt oder beruflich wie privat einfach besser informiert sein wollen über Ursachen und Wirkungen im Hinblick auf unsere Gesundheit.

Wie wir dieses Buch aufgebaut haben

Dies ist kein klassisches Medizin-Sachbuch, sondern handelt vor allem von Menschen. Ich werde Ihnen einige meiner Patientinnen und Patienten vorstellen, deren Weg ich eng verfolgt habe und denen ich bestenfalls helfen konnte. Ich werde Sie mit Kolleginnen und Kollegen bekannt machen, die andere Expertisen haben als ich selbst und bereit waren, sie hier zu teilen. Ich werde Sie zu Forschenden in Labore mitnehmen, um zu erklären, wie gute Wissenschaft funktioniert bzw. wo sie aktuell steht – und nicht verschweigen, wo derzeit noch unsere Grenzen liegen. Und natürlich will ich mit Ihnen mein Wissen teilen über aktuelle Therapie- und Behandlungsmöglichkeiten sowie, last but not least, die Power der Prävention.

Weil ich nun mal Ärztin bin und meine Co-Autorin ein großer Fan von Übersichtlichkeit, gehen wir in diesem Buch ähnlich vor wie bei einem medizinischen Check-up: Wir kümmern uns in jedem Kapitel um einen Teil des menschlichen Körpers, von außen nach innen. Und damit all das nicht zu schwere Kost wird, bieten wir in jedem Kapitel «Gute Nachrichten» (denn die gibt es zuhauf!), wir erklären wichtige Fachbegriffe und führen auf kleine Exkurse. Diese Gliederung erlaubt es Ihnen, dieses Buch entweder von vorne bis hinten durchzulesen, kapitelweise oder einfach darin herumzublättern und dort einzutauchen, wo Sie ein Thema finden, das Sie besonders interessiert.

Hoffentlich haben Sie es gemerkt: Uns ist bei diesem Buch besonders wichtig, dass es Lösungen aufzeigt. Und außerdem wollen wir vermitteln, dass Medizin mehr ist als ärztlich verschriebene Therapie – sie ist Vorsorge, Verantwortung und Vision. Wir glauben, dass wir Gesundheit neu denken müssen, im Einklang mit Mensch und Planet. Und wir hoffen, dass mehr Wissen auch mehr Verantwortung erzeugt, die zum Handeln führt. Für Ihre eigene Gesundheit, für die Ihrer Lieben wie für unsere Erde.

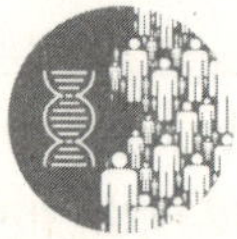

CRASHKURS UMWELTMEDIZIN: Über Wissenschaft, Big Data und Politik

Unfallmedizin und Umweltmedizin beginnen beide mit dem Buchstaben U. Doch unterschiedlicher können zwei medizinische Disziplinen kaum sein. Wer in der Unfallmedizin landet, hat sich in der Regel akut wehgetan: ein Beinbruch etwa oder eine blutige Wunde. Fast immer steht rasch fest, was passiert ist: ein Sturz oder ein Unfall, an jenem Ort, zu dieser Zeit. Ursache, Folge, kausaler Zusammenhang belegt, easy. Die Therapie kann beginnen, und bestenfalls passiert der gleiche Unfall so nie wieder.

Bei der Umweltmedizin ist die Sache komplizierter.

Die meisten Patientinnen und Patienten kommen mit einem ganzen Bündel an Symptomen in meine Ambulanz, nicht selten auch mit verschiedenen Diagnosen. Einige ziehen einen Hackenporsche gefüllt mit Ordnern voller Arztberichte hinter sich her, ein Sinnbild für ihre oft jahrelange Odyssee durch das Gesundheitssystem. Das Schwierige ist: Ihre Symptome könnten zu vielen ärztlichen Diagnosen passen und gleichzeitig zu keiner so richtig. Viele Patienten leiden zudem nicht nur an einer, sondern gleich an mehreren Erkrankungen. Dieses Nebeneinander nennt man Komorbidität.

Ich erkläre das immer mit einem Bild: Jede Krankheit ist ein Faden. Sind mehrere Fäden verknotet, ist es schwer zu erkennen, welcher Knoten von welchem Faden ausgeht. Genau so können sich auch Symptome überlagern – und dann wird es kompliziert. Oder, wie ich gerne sage: «Sie könnten Läuse *und* Flöhe haben», also verschiedene Probleme, die unabhängig voneinander auftreten und gleichzeitig das Leben belasten.

Manchmal empfinde ich es fast als Erleichterung, wenn jemand mit einer eindeutigen Diagnose wie Neurodermitis oder Schuppenflechte vor mir sitzt. Dann ist der Weg klar, und auch die Behandlung lässt sich gezielt angehen. Doch etwa 70 Prozent meiner Patientinnen und Patienten kommen mit diffusen Symptomen, die sich nicht sofort zuordnen lassen: «Ich bekomme so schlecht Luft.» Oder: «Mir wird regelmäßig schwindelig.» Manche haben einen Verdacht, was dahintersteckt: «Ich bekomme Beklemmungsgefühle, sobald ich diesen Duftstoff auch nur aus der Ferne rieche.» Das hilft manchmal, manchmal aber auch nicht.

Grundsätzlich ist meist die Verbindung von **Symptom, Raum und Zeit** viel weniger offensichtlich als bei einem klassischen Beinbruch oder einer Verletzung. Und statt einer klaren Diagnose liegt ein Symptom-Mix vor, der in keinem Lehrbuch so beschrieben steht, den Alltag der Betroffenen aber massiv einschränkt.

Wenn Krankheiten und Symptome wie verknotete Fäden erscheinen, stellt sich die Frage: Woher kommen diese Fäden? Ein Teil liegt in unseren Genen, doch der Großteil entsteht durch unsere Umwelt. Luft, Wasser, Ernährung, Schadstoffe, Infektionen, Stress: All das wirkt auf uns ein – in Raum und Zeit.

Um Erkrankungen wirklich verstehen zu können, müssen wir diese Einflüsse sichtbar machen, messen, einordnen und miteinander ins Verhältnis setzen. In der Umweltmedizin sprechen wir in diesem Zusammenhang vom *Exposom* – der Gesamtheit aller äußeren Einflüsse auf den Menschen. Es ist das Gegenstück zum *Genom* und ein Schlüssel, um die Medizin der Zukunft zu gestalten.

Das Exposom

Im Zentrum der Aufmerksamkeit der Umweltmedizin steht das Exposom. Ein seltsames Wort, ich weiß. Chris Wild, der Direktor der Internationalen Agentur für Krebsforschung, hat es 2005 zusammengesetzt aus den englischen Begriffen *exposure* (Exposition) und *genome* (Genom).[1] Doch was ist damit gemeint? Stark verkürzt könnte man sagen: Das Exposom setzt sich aus allen Einflüssen auf unseren Körper und unsere Gesundheit zusammen, die von außen kommen. Von der Geburt bis heute sammelt sich da einiges. Denn von klein an atmet jeder Mensch mehr oder weniger gute Luft ein, ernährt sich mehr oder weniger gesund, isst mehr oder weniger viele Chemikalien und Giftstoffe mit, kommt mit mehr oder weniger vielen Tieren, Mikroben, Pilzen oder Viren in Kontakt, nimmt in der Wohnung, bei der Arbeit oder bei Freizeitaktivitäten mehr oder weniger viele Substanzen auf, aus der Natur (z. B. Staubmilben oder Pollen) ebenso wie aus der Industrie (z. B. Farbstoffe oder Mikroplastik).

Auch der Wohnort oder Wohnortwechsel können für unser Exposom prägend sein (etwa ein Umzug von der Stadt aufs Land, vom Gebirge an die Küste etc.), genau wie das Klima, die Witterung und Wetter-Peaks.

All diese Faktoren und Entwicklungen sind einzeln und in Kombination mit Raum und Zeit für die Umweltmedizin hochspannend. Doppelt interessant ist das Exposom allerdings, seit wir vor etwa 30 Jahren verstanden haben, dass Umwelteinflüsse auch unsere DNA verändern können, unsere genetische «Grundausstattung». Vereinfacht gesagt, kann das individuelle Exposom Gene ein- oder ausschalten. Das Fachwort für diese Abläufe ist Epigenetik. Und je mehr wir uns wissenschaftlich mit diesen Umwelteinflüssen beschäftigen, umso mehr spricht für die These, dass sie auch erklären können, warum bestimmte, vermeintlich genetisch bedingte Erkrankungen – wie etwa Allergien und Neurodermitis – stark zunehmen.

Exposom, Genom und Epigenetik

Das **Exposom** beschreibt die Gesamtheit aller Umwelteinflüsse, denen ein Mensch im Laufe seines Lebens ausgesetzt ist. Dazu gehören chemische Stoffe aus Luft, Wasser, Nahrung und Konsumgütern, genau wie das Klima, Strahlung, Lärm, Mikroorganismen und sogar psychosoziale Faktoren wie Stress oder Lebensstil.

Während das **Genom** (die Gesamtheit der Gene) relativ stabil bleibt, verändert sich das Exposom ständig. Umweltfaktoren können gemeinsam mit genetischen Voraussetzungen die Gesundheit beeinflussen und Krankheiten mitverursachen.

Die **Epigenetik** bezeichnet die Veränderungen in der Aktivität von Genen, die nicht auf Veränderungen in der DNA-Sequenz selbst beruhen. Stattdessen bestimmt ein «Schalter» oder «Marker», ob ein Genabschnitt «abgelesen» wird, also in ein Protein, ein Eiweiß, umgeschrieben wird. Das nennt man «Translation». Aus dem Protein wird dann ein Zellbaustein oder ein Botenstoff, der vielleicht eine Entzündung verursacht. Diese Prozesse sind umwelt- und lebensstilabhängig: Ernährung, Stress, Giftstoffe oder Bewegung können epigenetische Muster verändern. Damit bildet die Epigenetik eine wichtige Brücke zwischen dem Exposom und dem individuellen Risiko für Krankheiten, ohne dass sich das eigentliche Erbgut verändert.

Um das individuelle Exposom und die familiäre Vorbelastung unserer Patientinnen und Patienten besser kennenzulernen, lassen wir sie zu Beginn unserer Behandlung einen umfangreichen Umwelt-Fragebogen ausfüllen. Er fragt viel mehr Informationen ab als die üblichen Vordrucke, in denen es «nur» um Vorerkrankungen, Gewicht, Rauchen und Alkohol geht. Wir wollen beispielsweise wissen:

- Auf welchem Weg sind Sie auf die Welt gekommen – Kaiserschnitt oder Spontangeburt?
- Wo sind Sie aufgewachsen – in der Stadt, auf einem Bauernhof? Wo wohnen Sie heute? Wie weit entfernt ist die nächste vielbefahrene Straße? (Das Aufwachsen in einer intakten, vielseitigen Natur hat schützende Effekte.)
- Antibiotika: Wann war die erste Einnahme und wie oft seither? (Frühe Antibiotikagabe kann mit einer Entwicklung von Allergien verbunden sein.)
- Sind Sie mit Haustieren aufgewachsen und, falls ja, mit welchen? (Katzen haben ein höheres Allergiepotenzial als Hunde, zwei Hunde wirken sogar schützend vor Allergien.)
- Wo arbeiteten Sie wann, hatten Sie mit Schadstoffen zu tun?
- Wie sind Ihre Ernährungsgewohnheiten?
- Leiden Ihre Eltern an Allergien? Gibt es Geschwister, und, falls ja, sind Sie die oder der Erstgeborene? (Dann ist das Allergierisiko höher.)

Das ist nur eine Auswahl, wir fragen noch viel mehr. Jede Frage für sich ist nicht erstaunlich – was den Fragebogen einmalig macht, ist die Umfänglichkeit. Am liebsten würde ich das Exposom meiner Patientinnen und Patienten bis ins kleinste Detail und von Geburt an bis zum Zeitpunkt unseres Aufeinandertreffens kennen: jede Umwelteinwirkung, jede Belastung, jede Spur, die im Körper eine Reaktion auslöst. Das klingt vielleicht nach Science-Fiction, nach «gläsernen Menschen» mit eingebauten Wundergeräten, die auf Knopfdruck sämtliche Körper- und Umweltdaten auslesen.

Doch darum geht es nicht. Im Gegenteil: Moderne Alltagsgeräte können heute schon – nebenbei und freiwillig – Gesundheits- und Umweltdaten erfassen, die uns helfen, Muster zu erkennen, Krankheiten früher zu verstehen und evtl. anhand des Musters auch vorhersagen zu können. So können wir präventiv tätig werden.

Das Exposom liefert also wertvolle Einblicke in Krankheitsverläufe. Es geht nicht um totale Transparenz, sondern um informierte Selbstbestimmung und darum, die eigene Gesundheit besser in der Hand zu haben. Schon heute gibt es Smartwatches, Wearables und Ringe, die nicht nur Schritte zählen, sondern auch die Herzfrequenz, die Schlafqualität oder das Stresslevel messen – und zunehmend in klinischen Studien eingesetzt werden. In einem unserer Forschungsprojekte an der Universität Augsburg verknüpfen wir sogar Satellitendaten mit individuellen Gesundheitsdaten, um Umweltbelastungen wie Hitze oder Luftverschmutzung direkt mit Symptomen und Krankheitsverläufen in Verbindung zu bringen.

Doch das Exposom ist noch komplexer: Messstationen zur Luftqualität stehen meist im Freien, während wir den größten Teil unseres Lebens in Innenräumen verbringen. Um diese Diskrepanz zu überwinden, kommen neue Formen des *personal measurement* zum Einsatz – tragbare Sensoren, die die persönliche Belastung in Raum und Zeit erfassen. Dazu gehören nicht nur Wearables, sondern auch portable Pollen- oder Feinstaubsammler, die Betroffene bei sich tragen können. So entsteht ein individueller «Umweltexpositions-Fingerabdruck», der mit physiologischen Daten gekoppelt werden kann. Entscheidend ist dabei, nicht nur die Exposition zu messen, sondern auch die individuelle Reaktion des Körpers darauf zu verstehen – von Entzündungsprozessen über Stressreaktionen bis hin zu klinischen Symptomen. Genau dieses Wechselspiel zwischen Umwelt und Gesundheit ist der Kern moderner Umweltmedizin und zugleich ein zentraler Forschungsschwerpunkt der Medizinischen Fakultät in Augsburg.

Selbst was vor Kurzem noch wie ein «Fun Fact» klang, ist inzwischen Realität: Eine aktuelle Studie hat gezeigt, dass eine «Smart Toilet» über Monate hinweg Stuhlproben fotografisch erfassen und per KI auswerten kann – präziser und zuverlässiger als Patientenberichte.[2]

Das Ziel ist auch hier klar: Wir müssen verstehen, was, wie, wo und wann eine Erkrankung oder ein Symptom ausgelöst hat – und wie sich die Ursache abstellen lässt. Denn die Zeitspanne, bis sich gesundheitliche Folgen bemerkbar machen, ist höchst unterschiedlich: manchmal innerhalb von Sekunden oder Minuten, wie bei der Allergie oder beim Gewitterasthma (siehe S. 116), manchmal erst nach Stunden oder Tagen, wie bei einer Kontaktallergie (siehe S. 70), und manchmal erst nach Monaten oder sogar Jahrzehnten, etwa bei Parkinson durch Pestizide (siehe S. 243).

Nur wenn wir das Exposom möglichst präzise erfassen, können wir verstehen, wie Umwelt und Gesundheit zusammenhängen – und so die Medizin in die Zukunft führen. Je nachdem dauert es auch mal kürzer und mal länger, bis wir eine medizinische Erklärung oder Antwort finden, und dann geht auch noch mal eine gewisse Zeit ins Land, bis Gesundheits- oder Umweltbehörden auf Risiken reagieren und bestenfalls Maßnahmen beschließen, die uns Menschen zuverlässig schützen – Stichwort Prävention.

Keine Frage, es ist ein weiter Weg vom ersten Verdacht zu Vorsorgemaßnahmen. Und manchmal endet der auch im Orkus, wenn nämlich die Politik partout nicht hören, was wir Mediziner:innen herausgefunden haben, und nicht aktiv werden will. Auch das gehört leider zur Umweltmedizin: Wir haben verdammt dicke Bretter zu bohren.

Beginnen wir aber mal mittendrin: 2021 hat meine sehr geschätzte Kollegin Annette Peters, Direktorin des Instituts für Epidemiologie bei Helmholtz Munich, wo hervorragende umweltmedizinische Forschung betrieben wird, in der renommierten Fachzeitschrift *Cell* zusammengefasst, was die Medizin über die Folgen ganz alltäglicher Umweltbelastungen weiß:[3] über verschmutzte Luft, verschmutzte Böden, Lebensmittel, Gewässer oder gar verschmutztes Trinkwasser sowie Arbeits- und Wohnumgebungen mit Chemikalien, Giften oder anderen «Stressoren». Ihr Ergebnis: Selbst bei niedrigen Konzentrationen haben Umweltgifte Auswirkungen auf uns Menschen:

- Sie sorgen für oxidativen Stress und lösen Entzündungen aus – wie lodernde kleine Feuer. Mögliche Folge: Plaques, Ablagerungen in Gefäßen, Herzinfarkt.
- Sie schädigen DNA oder verhindern die DNA-Reparatur. Mögliche Folge: Krebs.
- Sie greifen in die Epigenetik ein. Mögliche Folge: chronische Entzündung, Tumore.
- Sie stören unsere Mitochondrien, die Kraftwerke unserer Zellen. Mögliche Folge: Muskelschwäche, beschleunigtes Altern.
- Sie stören unser Hormonsystem (Stichwort «endokrine Disruption»). Mögliche Folge: Fortpflanzungsstörungen bei Mann und Frau.
- Sie verändern die Kommunikation zwischen Zellen. Mögliche Folge: Fehlsteuerungen des Immunsystems, chronische Entzündungen, Autoimmunerkrankungen.
- Sie verändern die Mikrobiomgemeinschaften im Darm und auf der Haut. Mögliche Folge: Neurodermitis, Allergien, chronisch-entzündliche Darmerkrankungen.
- Sie beeinträchtigen das Nervensystem. Mögliche Folge: Parkinson, Demenz.

Für die meisten unter Ihnen klingt diese Liste vermutlich ziemlich heftig. Das ist sie auch. Als Forschende und Ärztin im Bereich Umweltmedizin lese ich sie allerdings positiv, sogar hoffnungsvoll. Denn sie zeigt auf, dass die Medizin viele sehr komplexe Zusammenhänge inzwischen recht gut verstanden hat – dank Forschungsansätzen mit modernsten biomedizinischen Technologien sogar bis in die Tiefe der zellulären Ebene. So können daraus Therapien und vor allem Präventionsstrategien entwickelt werden.

Klingt etwas abstrakt? Dann folgen Sie mir nach London, ins Jahr 1854. Damals brach eine verheerende Cholera-Epidemie aus. Niemand wusste genau, woher die Krankheit kam – die gängige Erklärung waren «schlechte Dünste» in der Luft. Doch ein Arzt, John Snow, hatte den Mut, anders zu denken. Er zeichnete akribisch die Krankheitsfälle auf einem Stadtplan ein und fand heraus, dass sich die Erkrankten um einen bestimmten Wasserbrunnen in der Broad Street häuften. Sein Schluss: Nicht die Luft, sondern das Wasser war die Quelle des Übels. Als man den Brunnen schloss, brach die Epidemie ab. Das war der Beginn der Epidemiologie – der Wissenschaft, Krankheiten mit systematischen Methoden und Datenanalysen auf die Spur zu kommen.

Wie unterschiedlich die «Quellen des Übels» und ihre Aufdeckung sein können, zeigen die vier folgenden Beispiele aus der älteren und neueren Geschichte der Umweltmedizin: Asbest, Hitze, Luftschadstoffe, Mikroplastik & moderne Chemikalien.

Asbest

Sie haben sicher schon mal von Asbest gehört. Asbestfasern sind natürlich vorkommende faserförmige Silikat-Mineralien, die ab Ende des 19. Jahrhunderts als «Wunderfasern» galten. Weil sie so stark und hitzebeständig sind, wurden sie jahrzehntelang auf dem Bau, etwa als Dämmmaterial, eingesetzt. Erst Jahrzehnte später begriff man, dass sie bei den Arbeiterinnen und Arbeitern, die mit ihnen hantieren, Krebs auslösen können. Eine besonders häufige Folge war das Mesotheliom, eine tumorhafte Wucherung im Lungenfell.

Obwohl der Einsatz von Asbest mittlerweile in über 70 Ländern[4] verboten ist, sterben laut einer Schätzung der Weltgesundheitsorganisation WHO bis heute jedes Jahr über 200 000 Menschen an den Spätfolgen[5] – das sind 70 Prozent aller arbeitsbedingten Krebserkrankungen. Deutschland zählt rund 1400 Todesopfer pro Jahr – wobei nur Personen in die Statistik eingehen, bei denen vorher offiziell eine «Berufskrankheit» anerkannt wurde, etwa bei Maurern oder Dachdeckern. Ein Experte des Vereins Deutscher Ingenieure schätzte 2024, die Dunkelziffer sei zehnmal so hoch.[6]

Einer dieser Toten war mein Schwiegervater. Ich lernte ihn mit 17 kennen, als Rentner war er immer noch sehr sportlich. Zweimal lief er den Jakobsweg nach Santiago de Compostela und fuhr regelmäßig knapp 600 Kilometer mit dem Rad von Hagen bis nach München, um uns zu besuchen. Doch im Herbst 2013 musste er seine Tour 100 Kilometer vor dem Ziel abbrechen – er konnte nicht mehr. Wenige Monate später, im März 2014, haben wir ihn beerdigt.

Zunächst hatte er nur über Nackenschmerzen geklagt. Als er bei uns war, merkte ich aber sofort, dass insgesamt etwas nicht stimmte. Ich drängte ihn, sich röntgen zu lassen. Doch der Arzt in seiner Heimat machte nur eine Aufnahme der Halswirbelsäule – isoliert, wie durch ein Schlüsselloch betrachtet. «Alles in Ordnung», rief mein Schwiegervater erleichtert durchs Telefon. «Am Hals ist nichts.» – «Und was ist mit der Lunge?», fragte ich. Die hatte sich niemand angesehen. Also schickte ich ihn noch mal zurück. Das Ergebnis zeigte leider eine massive Verschattung, eine große Tumormasse. Die Punktion brachte traurige Gewissheit: Mesotheliom.

Erst da erfuhr ich, dass er über viele Jahre in einer Papierfabrik gearbeitet und dort mit bloßen Händen Isolationsplatten aus Asbest zerteilt hatte. Er wusste damals schlicht nicht, welchem Risiko er sich aussetzte. Wie auch? Es war ihm nie gesagt worden. So wie den meisten Menschen seiner Generation.

Der Grund dafür ist ebenso tragisch wie banal. Bis der Krebs auftaucht und Symptome spürbar sind, vergehen in der Regel 30 bis 40 Jahre. Da sind viele Erkrankte längst in Rente und/oder denken nicht sofort an ihre Exposition zurück, wenn sie die schlimme Diagnose hören. Zwar hatten Mediziner in den 1960er-Jahren bereits hinreichende Belege, dass Asbest die Ursache für die Erkrankung ist, also ein *kausaler* Zusammenhang besteht zwischen Asbest-Exposition und Krebs – und nicht eine andere Variable schuldig ist wie etwa Zigarettenkonsum. Doch bis diese Erkenntnis in die Welt durchdrang, dauerte es. 1983 reagierte Island als erste Regierung weltweit mit einem Asbest-Komplettverbot. Deutschland zog erst zehn Jahre später (!) nach. Heute darf Asbest bei uns nur noch unter hohen Schutzbedingungen fachgerecht «entsorgt» werden.[7] In Ländern, die sich weniger um Gesundheitsschutz scheren, wie Russland, China oder Indien z. B., wird Asbest weiterhin verarbeitet. Sie können sich vorstellen, was das für die Menschen dort bedeutet.

Hitze

Im Sommer 2025 hat sich zum Glück herumgesprochen, wie gefährlich Hitze sein kann, insbesondere für Ältere, Vorerkrankte und Kinder (dazu lesen Sie in den folgenden Kapiteln noch mehr). Doch diese Erkenntnisse sind noch keine zehn Jahre alt – und sie haben eine tragische Vorgeschichte.

Wir springen in den Sommer 2003. Ich war damals hochschwanger mit meinem ersten Sohn und erinnere mich, dass viele von einem «Jahrhundertsommer» sprachen. In der Medizin ging er in die Geschichte ein als der Sommer, in dem Europa seinen ersten Hitzeschock erlebte. Wochenlang ließ das Hoch «Michaela» Felder verdorren, fachte Waldbrände an und heizte die Städte auf. Millionen von Menschen schwitzten tagsüber bei Temperaturen weit über 30 Grad, fanden kaum Abkühlung in der Nacht. Ich hatte glücklicherweise eine unkomplizierte Schwangerschaft, doch die Kombination aus dickem Bauch und nächtlicher Hitze brachte mich um den Schlaf.

In Karlsruhe meldete in diesen Tagen ein Altenheim über 30 rätselhafte Todesfälle. In einer Darmstädter Pflegeeinrichtung erkrankten 25 Bewohner schwer, acht von ihnen starben. Ähnliche Dramen spielten sich in weiteren Bundes- und Nachbarländern ab. In Paris war es ganz schlimm: Im August 2003 starben innerhalb weniger Tage so viele Menschen, dass die Leichenhallen überfüllt waren und Hunderte Verstorbene in Kühllagern von Großmärkten untergebracht werden mussten.[8] Alle Opfer litten unter stark erhöhter Körpertemperatur und Dehydrierung – und niemand wusste, warum. In Deutschland leitete die Staatsanwaltschaft Todesermittlungsverfahren gegen Unbekannt ein. Wasserleitungen wurden auf Legionellen untersucht, das Robert Koch-Institut schickte aus Sorge vor einer unbekannten Epidemie ein Krisenteam durchs Land. Doch dann stellte sich heraus: Nicht Viren oder Bakterien hatten die Menschen umgebracht, es war die Hitze.

Heute wissen wir, dass allein im August 2003 in zwölf EU-Staaten rund 70 000 Menschen wegen Hitze gestorben sind, darunter 7295 Deutsche. Die sogenannte Übersterblichkeit oder Exzess-Mortalität betrug im Schnitt 20 Prozent, wobei der Süden viel stärker betroffen war als der Norden; Frankfurt am Main kam auf 78 Prozent. So hohe Zahlen wurden selbst in den schlimmsten Corona-Wochen nicht erreicht.

Wie reagierten die Regierungen? Frankreich verpflichtete seine Kommunen und Krankenhäuser bereits im folgenden Sommer (2004) zu sehr strikten Hitzeschutzmaßnahmen, die seither ständig aktualisiert werden.[9] In Deutschland dauerte es noch 20 (!) weitere Jahre, bis das Thema Hitze-Prävention vom Bundesgesundheitsministerium aufgegriffen wurde, für mich eine vollkommen unverständlich lange Zeit. Erst 2023 initiierte der damalige Gesundheitsminister Karl Lauterbach einen «Nationalen Hitzeschutzplan».[10] Der reicht allerdings bei Weitem nicht an das französische Vorbild heran und wurde seither auch nicht verbessert.

Gleichwohl hat sich in Deutschland einiges getan. Die Wetterdienste warnen vor Hitzetagen, Medien klären über Schutzmaßnahmen auf, mehr und mehr Krankenhäuser und Pflegeheime, Geburtsstationen, Kindergärten und Schulen sind vorbereitet. Die Hitze-Prävention kehrt auch bei uns in den «neuen Alltag» ein. Warum das allerhöchste Zeit wurde, dazu mehr im Kapitel Herz und Kreislauf (siehe S. 185).

Luftverschmutzung

Hier beginnen wir mit der guten Nachricht. Sie kommt erst mal im Behördensprech daher, doch bleiben Sie dran, es sind nur drei Sätze: Ende 2024 verabschiedete die EU-Kommission die neue Luftqualitätsrichtlinie AAQD (für Ambient Air Quality Directive[11]), die spätestens bis zum 31. Dezember 2026 von jedem Mitgliedsland umgesetzt werden muss. In Deutschland steht dafür eine Verschärfung des Bundesimmissionsschutzgesetzes an. Spätestens ab 2030 sollen dann strengere Grenzwerte für insgesamt elf Luftschadstoffe gelten. (Geschafft!)

Ich prognostiziere Ihnen: Wenn die AAQD in Kraft tritt, rettet sie allein hierzulande schätzungsweise 70 000 Leben, und zwar jedes Jahr! Außerdem verhindert sie, dass etwa die Demenz Ihrer Nachbarin schneller fortschreitet (Kapitel Hirn und Nervensystem) oder sorgt dafür, dass Ihr Cousin weniger Asthmaanfälle bekommt (Kapitel Atemwege). Vor allem aber schützt sie unsere Kinder: Je näher ein Kind an einer stark befahrenen Straße aufwächst, desto höher ist sein Risiko, eine Neurodermitis zu entwickeln (Kapitel Haut) oder unter Lernverzögerungen zu leiden (Kapitel Herz und Kreislauf).

Warum? Ganz einfach: Saubere Luft – nicht nur Atemluft – ist eine grundlegende Voraussetzung für unsere Gesundheit und unser Wohlbefinden. Verschmutzte Luft hingegen verursacht und verschlechtert viele Krankheiten, von Asthma über Neurodermitis bis hin zu Schlaganfall und Demenz. Und sie lässt Menschen vorzeitig sterben – europaweit schätzungsweise eine Viertelmillion oder, statistisch ausgedrückt, 133 Männer oder Frauen pro 100 000 Einwohner. Das sind im reichen Europa mehr als im globalen Durchschnitt.[12]

Gleichzeitig feuern die Verbrennungsprozesse, die die Luft verpesten – aus Motoren, Industrien, Heizungen etc. –, den Klimawandel weiter an, der zusätzliche negative Folgen für unsere Gesundheit hat. **Kurz: Luftschadstoffe sind einer der wichtigsten Knotenpunkte im Arbeitsfeld der Umweltmedizin.** Warum sie uns so beschäftigen, möchte ich Ihnen kurz zum «Unterthema» Feinstaub darlegen:[13]

- Dringt Feinstaub (darunter versteht man Partikel kleiner als 2,5 Mikrometer) in die Lunge ein, verursacht er dort Entzündungen und eine Störung der Schutzschicht.
- Ultrafeine Partikel unter 100 Nanometern (kurz: nm, das entspricht dem Milliardstel eines Meters oder dem Millionstel eines Millimeters) können aus der Lunge in den Blut-

kreislauf übertreten und so praktisch alle anderen Organe sowie das Gehirn erreichen; überspitzt könnte man sagen: Feinstaub macht vergesslich.[14]
- Selbst in der Plazenta wirken sie: Ultrafeine Luftschadstoffe können die Entwicklung des ungeborenen Kindes beeinflussen, das Risiko für Wachstumsstörungen erhöhen und die spätere Krankheitsanfälligkeit mitbestimmen.
- All das geschieht bereits bei vergleichsweise niedrigen Belastungen, weit unterhalb der europäischen Grenzwerte. Für Feinstaub beträgt dieser aktuell 25 µg/m³ PM2,5 im Jahresmittel; das heißt, dass die durchschnittliche Konzentration der Feinstaubpartikel gemessen über ein ganzes Jahr maximal 25 Mikrogramm pro Kubikmeter erreichen darf.

Als das Umweltbundesamt Anfang 2025 verkündete, dass Deutschland 2024 zum ersten Mal alle Grenzwerte der europäischen Luftqualitätsrichtlinie eingehalten hat,[15] fand ich das zwar löblich, konnte aber wahrlich nicht in Begeisterungsstürme ausbrechen. Erstens sollte es selbstverständlich sein, dass gesetzliche Grenzwerte respektiert werden, zweitens wurden diese Grenzwerte vor über 20 Jahren definiert und entsprechen nicht mehr ansatzweise den aktuellen wissenschaftlichen Erkenntnissen (siehe oben) über die gesundheitlichen Auswirkungen von Luftverschmutzung.

Ginge es nach mir – man darf sich ja was wünschen –, würde ich sofort die Grenzwerte der Weltgesundheitsorganisation einfordern. Sie sind für Feinstaub fünfmal strenger als die aktuellen deutschen und doppelt so streng wie die der AAQD (sie liegen bei 5 µg/m³). Aber die WHO darf ihren Mitgliedsstaaten Grenzwerte nur empfehlen, nicht vorschreiben. Und leider stellen sowohl die EU wie auch die meisten deutschen Politikerinnen und Politiker die Gesundheit der Bevölkerung beim Thema Luftverschmutzung hintenan – ich sage nur: «Aus für das Verbrenner-Aus.»[16]

Ein geradezu absurdes Beispiel aus Berlin: Dort entschied der Senat im September 2025, an 23 von 41 Hauptstraßen-Abschnitten wieder Tempo 50 zu erlauben – vor ein paar Jahren waren dort extra Tempo-30-Zonen eingerichtet worden, um die schlechte Luftqualität zu verbessern und europäische Grenzwerte einzuhalten.[17] Als Medizinerin habe ich für eine solche Rolle rückwärts wirklich null Verständnis.[18] Tempo 30 macht die Luft nicht perfekt, aber deutlich besser. Jedes Mikrogramm weniger Feinstaub bedeutet weniger Asthmaanfälle, weniger Herzinfarkte, weniger Schlaganfälle. Wollen wir die strengeren WHO-Grenzwerte wirklich erreichen, reicht Temporegulierung allein nicht aus. Dann brauchen wir insgesamt weniger Verkehr und mehr Raum für Menschen statt für Autos. Städte wie Kopenhagen oder Paris zeigen, wohin die Reise gehen kann: autoärmer, leiser, sauberer – und gesünder (siehe S. 109).

Mikroplastik

Bei diesem Thema stehen wir noch ziemlich am Anfang. Allen ist wohl klar: Plastik ist Segen und Fluch zugleich. Wir leben in einer Welt aus Kunststoff und haben das Zeug als Mikro- und Nanoplastik (MNP) überall auf diesem Planeten verteilt. Es kommt aus Trinkflaschen, von Autoreifen, ist versetzt mit Härtern und Weichmachern. Und es landet kleinstverhackselt im Erdreich, in der Luft, im Meer, im Fisch, auf unseren Tellern.[19] Vermutlich gibt es überhaupt keinen Ort mehr auf diesem Planeten, wo KEIN Mikroplastik zu finden ist.

Auch in menschlichen Körpern wurde Mikro- und Nanoplastik nachgewiesen. Nicht im Ausmaß einer Kreditkarte pro Woche (das Bundesinstitut für Risikobewertung hält diese Schätzung, die seit einigen Jahren zirkuliert, für viel zu hoch[20]), aber doch ist es überall: in den Nieren, im Blut, im Hirn, in der Gebärmutter, der Prostata usw. Was es dort bewirkt, darüber hat die Forschung indes gerade erst zu arbeiten begonnen.

«Viele Hinweise, wenig Wissen» lautet der Titel eines Artikels, den das *Deutsche Ärzteblatt* im August 2025 veröffentlicht hat.[21] Er listet Studien auf, die durchaus Anlass zur Sorge geben. Ein Beitrag aus den USA zeigt etwa auf, dass Menschen aus Orten, wo die umliegenden Gewässer stark mit Mikroplastik verschmutzt sind, ein erhöhtes Risiko für Schlaganfälle wie für *Diabetes mellitus* haben. Ebenfalls in den Vereinigten Staaten fanden Forschende besonders viele Plastikpartikel im Hirn von Verstorbenen, die an einer bestimmten Form von Demenz litten.

In Europa ist die Lage nicht anders: An der Universität Wien wurde just bei Laborversuchen nachgewiesen, dass sich Krebszellen, die Mikroplastik aufgenommen haben, schneller ausbreiten.[22] Und in Italien fanden Forschende bei der Hälfte von 500 Herzpatienten in den Verstopfungen ihrer Gefäße Mikroplastik und konnten dies auch in Verbindung bringen mit einem schwereren Verlauf der Herz-Kreislauf-Erkrankungen. Doch Vorsicht: Auch wenn naheliegt, dass Plastikpartikel im Herz oder im Hirn keine Fitness-Booster sind, sind die meisten dieser Studien noch klein und nicht unbedingt aussagekräftig. Die größte Unsicherheit zum jetzigen Zeitpunkt besteht durch die Nachweis-Methodik. Viele der auch hier zitierten Studien werden kritisiert, weil z. B. Kontrollstudien fehlen.[23]

Fest steht hingegen: Was wir heute alles über die Auswirkungen von Feinstaub wissen, werden wir in wenigen Jahren über Mikroplastik wissen – nur, dass es noch komplizierter wird. Denn Mikroplastik bringt noch mehr toxische Substanzen mit. Es fungiert quasi als Taxi für alle möglichen weiteren Chemikalien wie etwa Weichmacher.

Wir stehen hier also noch am Anfang. Aber für mich deutet alles darauf hin, dass Mikroplastik zu einem zentralen Thema der

Umweltmedizin des 21. Jahrhunderts wird. Mein Augsburger Institut bewirbt sich deswegen gerade zusammen mit internationalen Partnern auf einen «Call» der Europäischen Union. Hier geht es genau darum, in großen Studien wissenschaftliche Beweise zu finden für den Effekt von Mikro- und Nanoplastik auf den Menschen. Und zwar bis runter auf die Ebene der Zellen und ihre molekularen Mechanismen.

Noch sind diese samt ihrer gesundheitlichen Wirkungen weitgehend unklar. Doch Unwissen über biochemische Details darf nicht mit Unwissen über Risiken verwechselt werden. Ein Blick in die Geschichte zeigt das eindrücklich: Beim Tabakrauchen wusste man früh, dass es Menschen krank macht. Epidemiologische Daten waren eindeutig. Und dennoch dauerte es Jahrzehnte, bis die molekularen Mechanismen – von DNA-Addukten bis zu Mutationsmustern – vollständig aufgeklärt waren. Die gesundheitspolitischen Maßnahmen, Rauchverbote etc., begannen viel zu spät – doch immerhin früher, als die Belege unwiderlegbar waren.

Dieses Beispiel erinnert uns daran, dass Vorsorge nicht warten darf, bis jedes molekulare Zahnrädchen verstanden ist. Wenn erste epidemiologische Signale, toxikologische Hinweise und ökologische Belastungen in dieselbe Richtung zeigen, liegt politische Verantwortung darin, früh zu handeln. Genau an diesem Punkt stehen wir bei Mikroplastik heute: Wir wissen genug, um besorgt zu sein – und zu viel, um abzuwarten.

Sicher fragen Sie sich jetzt: Und was ist mit den anderen Substanzen, die uns umgeben und über die so viel geredet wird? Den Endlos-Chemikalien, auch genannt PFAS (per- und polyfluorierte Alkylsubstanzen), oder den Pestiziden, die unsere Nerven schädigen? Nun, Sie werden später in diesem Buch noch mehr über sie erfahren – und auch welche Forderungen es an die politischen Entscheider:innen gibt, sie zu verbannen. Wir stehen nicht machtlos da. Wissenschaft, Medizin und Politik beginnen, diese Stoffe klar zu benennen, ihre Wirkmechanismen zu verstehen und Lösungen zu entwickeln. Es gibt also Grund zur Zuversicht: Je besser wir verstehen, was uns belastet, desto gezielter können wir uns schützen, und desto gesünder kann unsere Umwelt für uns und alle anderen Lebewesen werden.

Epidemiologie: Statistik, die Leben rettet

Häufig beginnt die Detektivarbeit durch aufmerksame Ärzt:innen oder Laborant:innen, denen etwas auffällt: dass etwa das ansonsten sehr seltene Mesotheliom gehäuft bei Menschen vorkommt, die mit Asbest arbeiteten. Sie beginnen sich zu unterhalten, vergleichen ihre Fälle, sagen: Moment mal, das ist aber nicht normal. Sie ermitteln systematisch ein paar erste Daten, initiieren schließlich größere Studien. Beim Asbest zeigten diese Studien dann irgendwann sehr deutlich, dass das Krebsrisiko direkt mit der Dauer und Intensität der Asbestexposition zusammenhing. Auch die Gefahren von Hitze und Luftschadstoffen kamen zutage, nachdem eindeutige Muster aufgezeigt wurden. Beim Mikroplastik steht diese Beweisführung noch aus.

Das medizinische Fachgebiet, das darauf spezialisiert ist, solche Muster zu entdecken bzw. aufzudecken, heißt Epidemiologie. Sie ist die beste Freundin der Umweltmedizin, unser unverzichtbarer Buddy in der Recherche nach Ursache und Risiken in Raum und Zeit. Epidemiolog:innen haben kein hartes Herz, doch individuelle Schicksale interessieren sie weniger als Gruppen: Was haben sie gemeinsam, was nicht? Gibt es Wechselwirkungen, sogenannte Korrelationen? Und falls ja, sind diese zufällig, kausal oder durch weitere Variablen beeinflusst?

Korrelation oder Kausalität?

Fall 1 lässt sich gut erklären mit Babys und Störchen. Eine Studie untersuchte in verschiedenen Regionen Europas, wie hoch die Geburtenrate ist und wie viele Störche dort leben. Der Abgleich der Daten zeigte eine hohe positive Korrelation: je mehr Störche, umso mehr Babys. Der Storch bringt also den Nachwuchs? Natürlich nicht. Wir haben eine Korrelation, aber keine Kausalität. Vielmehr ist eine andere Variable für die Wechselwirkung verantwortlich: der Grad der Industrialisierung. Städtische Regionen haben viel Industrie, das gefällt den Vögeln nicht – genau wie jungen Familien. Daher werden auf dem Land mehr Babys geboren.

Für Fall 2 bleiben wir bei den Babys. Warum erkranken einige davon an Asthma und andere nicht? Eine These brachte die Luftverschmutzung ins Spiel. Also untersuchten Forschende, ob Kinder, die in der Nähe von stark befahrenen Straßen wohnen, häufiger Asthma bekommen als Kinder, die weit weg wohnen. Ihr Ergebnis: eine klare kausale Korrelation. Luftverschmutzung ist ein Risikofaktor für Asthma bei Kleinkindern; nicht der einzige, aber ein hoher. Mit dem Risikofaktor geht es dann ins Reagenzglas, wo die molekularen Mechanismen untersucht und heute gut verstanden werden. Kausalität!

Die Macht von Big Data

Für ihre Arbeit brauchen Epidemiologinnen und Epidemiologen keine Stethoskope oder Labore, sondern Daten, und zwar am liebsten einen riesigen Wust davon. Hängt A mit B zusammen? Und falls ja, wie? Und falls nein, was dann?

Am liebsten mögen sie sauber ermittelte und langjährige Reihen, die möglichst viele medizinische und soziale, aber auch umweltbezogene Werte beinhalten. Objektive Blut- oder Leberwerte etwa, subjektive Tagebucheintragungen zur Ernährung, Informationen zum Beruf, zum Wohnort, zur Familiensituation, dazu Außentemperaturen bei Tag und bei Nacht, Werte zur Luftbelastung durch Stickstoffe oder Pollen – um nur ein paar Beispiele zu nennen. Je mehr und sauberer die Daten sind und je erfahrener die Epidemiolog:innen, umso eindeutiger die Ergebnisse. Inzwischen unverzichtbar: künstliche Intelligenz, um den Datenwust zu analysieren.

Meine Helmholtz-Kollegin Annette Peters konnte schon vor Jahren beweisen, wie eng Raum und Zeit bei Luftverschmutzung mit akuten Erkrankungen zusammenhängen.[24] So steigt in Städten an Tagen mit hoher Feinstaubkonzentration die Zahl von Krankenhauseinweisungen für Herz-Kreislauf- und Atemwegserkrankungen deutlich an. Und fünf bis sieben Tage später haben Vorerkrankte ein signifikant erhöhtes Risiko zu versterben. Außerdem ist Annette Spezialistin für große, lang angelegte Bevölkerungsstudien, sogenannte Kohortenstudien. Sie leitet unter anderem die NAKO-Gesundheitsstudie, bei der mehr als 200 000 Proband:innen über viele Jahre hinweg medizinisch begleitet und befragt werden.[25]

Was leisten Kohortenstudien?

In einer Kohortenstudie werden Gruppen von Personen (Kohorten) über eine längere Zeitspanne beobachtet, um z. B. das Auftreten einer bestimmten Erkrankung innerhalb jeder Gruppe festzustellen. Ziel ist es, Faktoren zu identifizieren, die das Risiko für eine Erkrankung verringern oder erhöhen.

- Die **NAKO-Gesundheitsstudie** ist Deutschlands größte Langzeit-Bevölkerungsstudie.[26] Seit 2014 werden in 18 Studienzentren über 205 000 zufällig ausgewählte Bürgerinnen und Bürger fortlaufend umfassend medizinisch untersucht und nach ihren Lebensgewohnheiten befragt. Mit Daten zu Lebensstil, Umwelt und Genetik trägt die NAKO-Gesundheitsstudie zur Prävention und individuellen Gesundheitsvorsorge bei.

- Die **CARE-Studie**[27] (Children, Allergy Nutrition and Environment) ist eine seit 2016 laufende Geburtskohortenstudie in St. Gallen (Schweiz). Dabei werden gesunde Neugeborene am Kantonsspital St. Gallen aufgenommen und bis zum Alter von drei Jahren regelmäßig untersucht. Ziel ist es, den Zusammenhang zwischen frühen Umwelteinflüssen und der Entstehung von Allergien zu erforschen.
- Die **ProRaD-Studie**[28] (Prospektive Längsschnittstudie zur Untersuchung der Remissionsphase bei Neurodermitis) begleitet seit 2019 Betroffene an mehreren Standorten in Deutschland und der Schweiz. Ziel ist es, den natürlichen Verlauf der Erkrankung besser zu verstehen, Untergruppen zu identifizieren und Biomarker zu entdecken, die neue Ansätze für Vorbeugung und Behandlung ermöglichen. Dafür werden die Teilnehmenden über mehrere Jahre regelmäßig untersucht, befragt und auch Proben wie Blut oder Hautabstriche erhoben. ProRaD schafft somit die Grundlage für bessere, personalisierte und maßgeschneiderte Therapien.

Von Zahlen zur Heilung

Mit auffälligen Zahlen ist die Arbeit noch nicht getan. Danach folgt die medizinische und zell- und molekularbiologische Beweisführung. Beim Asbest fanden Patholog:innen in den Tumoren von Verstorbenen Asbestfasern. Tierversuche wiederum bestätigten deren kanzerogene Wirkung. Und jahrzehntelange weitere Laborforschung ermittelte schließlich die Mechanismen, wie Asbestfasern in der Lunge chronische Entzündungen auslösen und die Zell-DNA schädigen.

Bei der Hitze und den Luftschadstoffen lief der Prozess ähnlich, wenn auch in anderem Tempo – dank modernerer Forschungsmethoden. Heute wissen wir sehr viel besser als noch vor wenigen Jahren, was Hitze oder Feinstaub im Körper anrichten können beziehungsweise was genau dabei passiert, sogar bis auf die Ebene der Zellen. Bei Mikroplastik und anderen chemischen Substanzen aus unserem Alltag laufen genau solche Forschungen auf Hochtouren.

Kleines Glossar der evidenzbasierten Medizin

Der hippokratische Eid: Der griechische Arzt Hippokrates von Kos formulierte als Erster die ärztliche Ethik. Wichtigstes Element ist das Gebot «Nihil nocere»: «Nicht schaden!» Weder den Gesunden noch den Kranken. Mediziner:innen, die sich zur «Planetary Health» bekennen, ergänzen den Eid mit: «Und auch nicht der Natur und der Umwelt schaden.»

Planetary Health: ein wissenschaftliches Konzept, das beschreibt, wie stark die Gesundheit der Menschen von der Gesundheit der Ökosysteme abhängt. Nur wenn die Erde gesund ist, kann auch der Mensch gesund sein.

Evidenzbasiert ist das Gegenteil von «Eminenz-basiert»: Ob eine Therapie wirkt oder nicht, entscheidet nicht der Guru, die Heilerin, der Chef oder die Person, die am meisten Versprechungen macht, sondern die Maßnahme, die ihre Wirksamkeit mit validen wissenschaftlichen Studien belegen kann.

Doppelblinde Studie: die Königsdisziplin der klinischen Studien, die nach unzähligen Laborversuchen und Tierversuchen (präklinische Phase) erfolgt. Unterteilt in Phase 1: Bei Gesunden wird getestet, ob z. B. ein Medikament schadet. In Phase 2 wird bei Erkrankten getestet, ob es wirkt, und weder die Teilnehmenden noch die Ärztinnen/Ärzte wissen, wer die echte Therapie und wer ein Placebo erhält. Das verhindert, dass Erwartungen oder Vorurteile das Ergebnis beeinflussen. In Phase 3 wird die Anzahl der Proband:innen hochgefahren auf mehrere Tausend. Erst wenn diese Phase erfolgreich abgeschlossen wird, kann für ein Medikament die Zulassung beantragt werden. Phase 4 sind dann Studien nach der Zulassung, meist um Kosten/Nutzen abzuschätzen.

Placebo-Effekt: Der Placebo-Effekt ist viel mehr als Einbildung – er beruht auf echten neuroimmunologischen Prozessen. Positive Erwartungen, Erfahrungen und Vertrauen z. B. in die behandelnde Ärztin können messbare Veränderungen im Gehirn, Immunsystem und sogar bei Entzündungsreaktionen auslösen. Das macht den Placebo-Effekt so spannend: Er zeigt, wie stark Geist und Körper, Nervensystem und Immunsystem miteinander verbunden sind – und wie sehr Heilung auch von dieser Wechselwirkung abhängt.

Dem gegenüber steht der **Nocebo-Effekt**: Negative Erwartungen, Angst oder Misstrauen können Symptome verstärken oder sogar neue Beschwerden auslösen – ebenfalls über neuroimmunologische Mechanismen. Während der Placebo-Effekt Heilung fördert, wirkt der Nocebo-Effekt krank machend.

Peer-Reviews: Um Studien und andere wissenschaftliche Arbeiten auf Herz und Nieren zu prüfen, erfolgt die «Peer-Review». Das heißt, dass sie vor der Veröffentlichung in einem Fachjournal von unabhängigen Kolleg:innen mit Expertise (auf Englisch: «peers») geprüft werden. Das Ziel ist, Qualität zu sichern, Fehler zu finden, Methoden und Schlussfolgerungen kritisch zu hinterfragen – und Quacksalberei auszuschließen.

Präzisionsmedizin bedeutet, Krankheiten nicht mehr nach dem Prinzip «one fits all» (für alle passt das Gleiche) zu behandeln, sondern die Therapie auf den einzelnen Menschen zuzuschneiden. Möglich wird das durch große Kohorten- und Registerstudien, die zeigen, wie unterschiedlich Erkrankungen verlaufen und welche Untergruppen es gibt.

Biomarker sind messbare Signale des Körpers, z. B. im Blut, Urin oder Gewebe, die Aufschluss über Gesundheit und Krankheit geben. Sie können anzeigen, ob eine Erkrankung entsteht, wie sie verläuft oder ob eine Therapie wirkt. Manche Biomarker dienen als Frühwarnsystem (etwa der HbA1c-Wert bei Diabetes), andere helfen, das Risiko besser einzuschätzen oder die richtige Behandlung zu wählen (wie das PSA bei Prostataerkrankungen). In der Allergologie und Umweltmedizin suchen wir aktuell gezielt nach solchen Biomarkern, um Risiken früh zu erkennen und Therapien individuell maßzuschneidern.

Letzter Schritt: die Umsetzung

In der Umweltmedizin können wir also Risiken berechnen und auch erforschen, welche Schutzmechanismen wirken. Wir können Grenzwerte empfehlen, wir können neue Therapien entwickeln und auf ihre Wirksamkeit prüfen, genau wie wir auch traditionelle Heilmethoden wissenschaftlich neu evaluieren. All das, um Gesunde gesund zu erhalten und Erkrankte gut zu behandeln.

Doch auch damit sind wir noch nicht am Ziel. Denn zu guter Letzt braucht es politische Entscheidungen und Behörden, die aus den Forschungsergebnissen Konsequenzen ziehen. Die Maßnahmen gegen die Ursachen ergreifen – im Gesundheits- und/oder Umweltschutz – und diese verlässlich umsetzen und selbst respektieren. Das ist manchmal die größte Herausforderung der Umweltmedizin – doch wenn es gelingt, ihr größter Erfolg.

DIE HAUT:
Ein Superwoman- und Superman-Umhang

Ich beginne dieses Kapitel bewusst mit einem Spoiler: In den vergangenen Jahren hat sich in der Erforschung und Behandlung von Hauterkrankungen sehr viel getan. Bei der Neurodermitis, unter der allein in Deutschland 3,6 Millionen Menschen leiden, darunter fast eine Million Kinder, sprechen viele Expert:innen sogar von einer Zeitenwende. Wir haben inzwischen glücklicherweise gut verstanden, welche Umweltfaktoren bei der Entstehung von Neurodermitis eine Rolle spielen, z. B. verschmutzte Luft. Und auch wenn es leider an der Ursachenbekämpfung mangelt – das ist Sache der Politik –, hat die Medizin in der Symptombekämpfung geradezu revolutionäre Fortschritte gemacht. Kommt in meine Praxis jemand mit schwerer Neurodermitis, kann ich guten Gewissens sagen: «Wir können Ihnen helfen.» Es gibt neue, moderne Medikamente, die innerhalb von Stunden und auch langfristig gut wirken. Mein zweiter Lieblingssatz ist daher: «Sie werden schockiert sein, wie gut das funktioniert.»

Ich wünsche mir, dass diese modernen Therapien so schnell wie möglich auch in anderen Hautpraxen angewendet werden – und so viele Erkrankte wie möglich von ihnen profitieren können. Gleichzeitig tauchen in unseren Praxen aber auch neue und fast vergessene Erkrankungen (wieder) auf. Pilze etwa, die infolge der

Klimaerwärmung auf einmal auch in unseren Breiten florieren. Um sich gegen sie wappnen zu können, lesen Sie einfach weiter.

Nun aber von Anfang an.

Die Haut ist unser größtes Organ und mit bis zu zehn Kilogramm Gewicht auch das schwerste. Sie hält uns zusammen und bestenfalls «in Form», ist unser Direktkontakt zur Außenwelt und schützt uns gleichzeitig vor allen möglichen Eindringlingen aus der Umwelt: Schmutz, Krankheitserregern, Allergenen, Schadstoffen usw. Kurz: Sie erledigt einen lebenswichtigen Job. Würden wir sie abziehen und ausbreiten (zugegeben, eine etwas schauderhafte Vorstellung), hätte sie je nach Körperumfang eine Fläche von bis zu zwei Quadratmetern, das entspricht etwa einem Duschvorhang – oder sagen wir: dem Umhang von Superwoman oder Superman. Manche nennen ihre Haut auch ihren «Panzer». Doch dieses Bild passt aus mehreren Gründen nicht, denn Haut ist weder hart noch hermetisch wie Metall. Im Gegenteil: Sie ist weich, dehnbar, durchlässig – eine Art flexible Barriere, genannt *Epidermis*. Sie besteht aus einer Hornschicht abgestorbener Zellen (dem *Stratum corneum*), die ständig Nachschub aus unteren Hautschichten bekommt. Dort befinden sich neben lebenden Hautzellen (*Keratinozyten*) auch Pigmentzellen, Nervenzellen und Nervenfasern. Und als wäre das nicht genug, beherbergt die Epidermis auf ihren obersten Schichten auch noch einen ganzen Zoo von Mikroben – Bakterien, Viren, Pilzen (zum Mikrobiom siehe S. 46). Zur Beruhigung: Es sind mehr «gute» als «schlechte»; auf der Haut gilt wie bei einem guten Cocktail: Die Mischung macht's!

Alle gemeinsam halten sie die Barriere stabil und sichern sie ab, nach außen wie nach innen; wie ein Kitt, der eine Mauer stabil hält. Nebenbei kreieren sie für jeden Menschen einen ganz eigenen Körperduft, 100 Prozent natürlich und parfümfrei. Der entscheidet unter anderem darüber, ob wir einen anderen Menschen «riechen» können, ob «die Chemie stimmt». Vor allem aber kann unsere Haut etwas unglaublich Wichtiges: fühlen. Sie spürt Wärme wie Kälte und regelt wie eine unermüdliche Klimaanlage unsere Körpertemperatur. Sie weiß, was sich für uns gut anfühlt (Streicheleinheiten etwa) und was nicht (Brennnesseln), was uns weh- und was uns wohltut. Über die Haut empfinden wir Schmerzen oder Kitzel genauso wie Erregung und Lust. Ohne sie gäbe es keine körperliche Anziehung und keine erogenen Zonen – und das wäre nun wirklich schade! Kurz: Unsere Haut leistet viel und ist, im wahrsten Sinne des Wortes, vielschichtig.

Doch sie ist auch ein Sensibelchen. Das rückt sie in den Fokus der Umweltmedizin.

Sensible Barriere: Wenn der Schutz versagt

Eigentlich hat die Evolution unsere Haut ziemlich gut konstruiert. Besser als jedes andere Körperorgan ist sie in der Lage, sich selbst zu regenerieren und rundum zu erneuern. Permanent stößt sie alte Hautzellen ab. Parallel wachsen ebenso viele frische Hautzellen nach, die die Barriere sichern. In einer perfekten Welt, auf einem gesunden Planeten, hätte vermutlich jeder Mensch auch eine ziemlich gesunde Haut. Doch um diesen Zustand zu erreichen, haben wir noch ein paar Hausaufgaben zu erledigen.

Ein Päckchen Hautstaub

Im Lauf unseres Lebens wechseln wir unsere äußere Hülle rund tausendmal – wie eine Schlange auf Zeitraffer. Pro Minute verlieren wir um die 40 000 Hautzellen, das sind 50 Millionen pro Tag.[1] Damit hinterlassen wir pro Jahr 4 Kilogramm «Hautstaub»! Ein Großteil davon landet im Bett, wo er zur Leibspeise von Hausstaubmilben wird – auf die wiederum viele Menschen allergisch reagieren. Wir füttern diese Biester also quasi im Schlaf. Tipp: öfter mal die Bettwäsche wechseln.

Wie der Kanarienvogel im Bergwerksschacht vor Sauerstoffmangel warnt, ist die Haut unser Frühwarnsystem für Umweltstressoren. Leider gibt es davon einige. Denn unsere «westliche» Lebensweise – unsere Art, Dinge zu produzieren und zu konsumieren, wie wir mit der Natur umgehen, wie wir unsere Städte bauen, uns bewegen oder was wir wie essen – beeinträchtigt die Umwelt und auch unsere Gesundheit.

Als direktes Kontaktorgan «nach draußen» kriegt unsere Haut das zu spüren: Die Luft ist verschmutzt durch Feinstaub und Stickoxide. Wir tanken zu viel UV-Strahlung. Wir sind ständig in Kontakt mit Chemikalien, auch wenn wir selbst nicht direkt mit ihnen arbeiten: von duftenden Waschmittel-Detergenzien auf dem T-Shirt über Weichmacher (meist Phthalate) in Tapeten bis zu Pestiziden auf Äpfeln. Wir mischen ungesunde Stoffe in unsere Kosmetik, in Nahrungsmittel oder Gebrauchsgegenstände, sogar in Spielzeug. Wir umgeben uns haufenweise mit Plastik auf Basis fossiler Brennstoffe (von Polyethylen über Polyvinylchlorid (PVC) bis Nylon (Polyamid, PA). Parallel verursacht die menschgemachte Klimaerwärmung aggressivere Pollen und extremere Temperaturen – um nur zwei Beispiele zu nennen.

Für die Haut ist das alles belastend. Sie tut ihr Bestes, um die einzelnen Angriffe abzuwehren. Doch ihre Barriere, diese vom Mikrobiom (siehe S. 46) stabilisierte Mauer, ist kein Wunderkonstrukt, erst recht nicht, wenn die Attacken gleichzeitig aus verschiedenen Richtungen kommen. Und dann passiert, was wir in der dermatologischen Praxis «leaky skin» nennen: Der Kitt bröckelt, die Mauer wird löchrig, gerät aus der Balance, die Haut wird durchlässiger. Oder wie ich zu meinen Patient:innen gern sage: «Sie sind wohl nicht ganz dicht.» Dann gucken sie mich erschrocken an, doch ich habe ihre Aufmerksamkeit und kann erklären, dass wir ihre Barriere stärken müssen, damit die Entzündung weggeht und keine Allergien entstehen.

Unser Mikrobiom – wir sind nicht allein

Das Hautmikrobiom gilt heute als aktiver Teil der Hautbarriere. Es setzt sich aus unterschiedlich vielen und gleichzeitig personalisierten Mischungen von Mikroben (Viren, Pilze, Bakterien) zusammen. Sie alle spielen bestenfalls als «Orchester» zusammen. Wir zitieren die Rolling Stones verkehrt herum: «It's the song, not the singer.» Der Zusammenklang macht es aus, die wohltemperierte Verteilung der Musiker und ihre Vielfalt, nicht der einzelne Supergeiger, das einzelne Bakterium.

Im gesunden Zustand ist dieser Song im Wohlklang, bei Entzündung klingt er schräg. Interessant ist, dass trotz der umfassenden Forschung bis heute nicht klar ist, was wirklich ein gesundes Mikrobiom ausmacht. Sicher ist sich die Wissenschaft bezüglich einer Sache: Der Verlust von mikrobieller Vielfalt geht mit Entzündungen einher und ist bei fast allen umweltbedingten nicht übertragbaren Erkrankungen (z. B. Krebs, Asthma, Allergien) zu finden. Genau wie der Verlust von Biodiversität die Widerstandskräfte der Natur und damit unserer Umwelt schwächt.

Durch die offenen «Fugen» können dann all diese ultrafeinen Partikel – wie Pollen-Proteine oder Bakterien – eindringen, die da eigentlich gar nicht hinkommen sollten. Einzeln oder auch in Kombination miteinander können sie das Immunsystem in der Haut aktivieren oder werden von Immunzellen an die nächste

Station im Immunsystem transportiert: die Lymphknoten. Dann erst stellt sich das Immunsystem scharf – und bei vielen leider *zu scharf*. Es erinnert sich irrtümlicherweise daran, beispielsweise auf Pollen allergisch zu reagieren. Ein folgenreicher Fehler, der im späteren Verlauf Heuschnupfen, Asthma und das volle Programm der Allergien in Gang bringen kann (siehe S. 93).

Menschen mit «undichter», vorbelasteter Haut spüren diese Immunreaktion zuallererst dort. Sie bekommen Juckreiz, die Haut wird trocken, rissig, rötet sich, entzündet sich, neigt zu Papeln, Ausschlägen, Ekzemen, Infektionen. Wenn der Umweltreiz Sonne und UV ist, kann auch Krebs die Folge sein (siehe S. 81). Doch die häufigsten umweltbedingten Hauterkrankungen sind die Kontaktdermatitis (siehe S. 70) und die Neurodermitis.

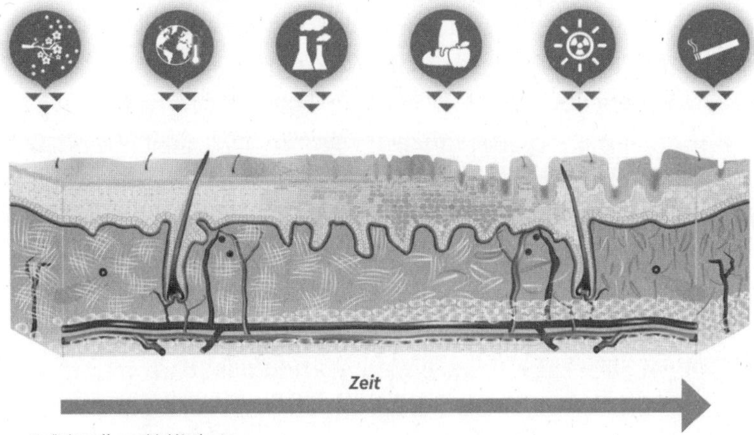

Quelle: https://www.globalskinatlas.com

Die gute Nachricht: All das muss nicht zwangsläufig passieren. Denn es gibt bereits vielerlei präventive Strategien, um die Barriere der Haut zu stärken (wer gleich weiterlesen will, siehe S. 258). Gleichwohl liegt auf der Hand, dass es am wirkungsvollsten ist, die Ursachen zu bekämpfen. Als Medizinerin wie als Bürgerin wünsche ich mir daher eine Umweltpolitik, die unsere Gesundheit ganz grundsätzlich im Blick hat: die sich um saubere Luft kümmert, um gesunde Nahrungsmittel, um Schadstoff-Grenzwerte, die unserem Wohlergehen dienen, nicht dem von Industrien, deren Geschäftsmodelle uns krank machen. Doch dazu kommen wir später. Nun kümmern wir uns erst mal um diejenigen, deren Hautbarriere schon gestört ist.

Neurodermitis: Zeitenwende für Betroffene

Als erster dokumentierter Neurodermitis-Patient der Weltgeschichte gilt niemand Geringeres als der römische Kaiser Augustus. Geboren im Jahre 63 vor unserer Zeitrechnung, litt er nach Berichten seines Biografen sowohl an «Katarrh zur Zeit der Frühlingswinde und anfallsartiger Brustenge» als auch an «quälendem Juckreiz mit flechtenartiger Hautveränderung». Mithilfe eines striegelähnlichen Instruments, einer Art Kratzhand, kämpfte er zeitlebens gegen das Jucken. Die kaiserliche «Familien-Anamnese» zeigt ein typisches Muster genetischer Veranlagung: Kaiser Claudius quälte ein schwerer allergischer Schnupfen, sein Sohn Britannicus reagierte allergisch auf Pferdehaar.[2]

Auch ohne kaiserliches Blut kennt rein statistisch vermutlich jede und jeder von Ihnen mindestens eine Person, die unter Neurodermitis leidet. In Deutschland entwickelt mittlerweile rund jedes achte Kind (12,8 Prozent) im Laufe der Kindheit oder Jugend Symptome. Weltweit sind etwa 171 Millionen Menschen betroffen,[3] Tendenz: stark steigend. Insbesondere die Menschen im globalen Süden holen auf, weil sich ihr Lebensstil dem westlichen (nicht immer gesünderen) anpasst. Die typischen Merkmale von Neurodermitis sind:

- trockene, gerötete Hautstellen,
- extrem starker Juckreiz (viele Erkrankte kratzen, bis die Haut blutet),
- ein chronisch-rezidivierender Verlauf: Die Beschwerden treten in Schüben auf.
- Je nach Alter verändert sich die Erscheinungsform. Bei Säuglingen sind anfangs vor allem Kopf und Wangen betroffen («Milchschorf»), bei Kindern und Jugendlichen beginnt es meist in den Ellenbeugen und Kniekehlen. Bei Erwachsenen sind meistens Kopf, Hals und/oder oberer Rücken betroffen (sogenannte Head-Neck-Dermatitis), manchmal kommen knotige Veränderungen dazu. Selbst im hohen Alter kann die atopische Dermatitis noch neu auftreten; in dieser Gruppe steigen die Zahlen deutlich.
- Wortwörtlich übersetzt heißt atopisch «am falschen Ort». Medizinisch steht hinter dem Begriff, dass die Krankheit häufig zusammen mit Allergien auftritt, mit allergischer Rhinitis (allergischem Heuschnupfen – siehe S. 89), allergischem Asthma (siehe S. 104) oder Nahrungsmittelallergien (siehe S. 132). Und oft steht die Neurodermitis am Beginn des sogenannten «atopischen Marsches»: einer Abfolge verschiedener Allergieerkrankungen im Laufe des Lebens. Das Konzept wird heute zwar kritisch diskutiert, ist gleichwohl für viele meiner Patient:innen Realität.
- **Wichtig**: Die Krankheit ist NICHT ansteckend, aber sehr belastend. Sogar nur leicht Betroffene schämen sich wegen ihrer Haut, fühlen sich unattraktiv und werden leider auch immer wieder stigmatisiert. Unter einem schweren Verlauf leiden ihr Schlaf, die Stimmung, der Sport, das Sexualleben, die Arbeitsleistung und sehr häufig auch die Beziehungen innerhalb der Familie und zu Freunden. Laut einer Studie[4] fühlen sich Familien mit an Neurodermitis erkrankten

Kindern sogar mehr belastet als die von diabeteskranken Kindern.

Wie schwer jemand erkrankt ist, wird medizinisch nach mehreren Kriterien bestimmt, für die es einen spezifischen Wert oder Score gibt (SCORAD – Scoring Atopic Dermatitis). In diesen Wert fließt beispielsweise ein, wie viel Prozent der Hautfläche betroffen ist und wie stark der Juckreiz empfunden wird.

In unserer Praxis in Augsburg beurteilen wir diesen Wert bei jedem Besuch unserer Patientinnen und Patienten neu. Dabei fließen objektive Aspekte ein wie der Anteil der betroffenen Hautfläche, die Intensität der Rötung, Kratzspuren und Zeichen der Chronifizierung (Vergröberung der Hautlinien und/oder der Lichenifikation [flächenhafte, lederartige Veränderung der Haut mit hervorstehenden Hautfalten oder Fältchen, die wie tiefe Rillen und Furchen erscheinen]).

Ebenso wichtig sind die subjektiven Angaben der Patient:innen: Wie stark ist der Juckreiz, wie groß der Schlafverlust wegen des Juckreizes, wie wirkt sich die Krankheit auf die Stimmung aus? In einem separaten Fragebogen erfassen wir auch möglichst viele Aspekte zur Lebensqualität (DLQI: Dermatologischer Lebensqualität-Index). Auch dieser ergibt eine Zahl. Dieses Scoring hilft uns, von der medizinischen Seite aus Therapie-Entscheidungen zu treffen und Therapieverläufe besser zu monitoren.

Wer wegen Neurodermitis in meine Praxis kommt, leidet meist an einer schweren Form, und das schon viele Jahre lang, ohne wirklichen Behandlungserfolg. Genau so ein «Fall» war meine Patientin Julia Meier. Wir lernten uns im April 2025 kennen, sie war damals 35 Jahre alt und Steuerberaterin mit einer eigenen Kanzlei in München. Eine junge, selbstbewusste, erfolgreiche Frau – die zur Verstärkung ihre Mutter und ihren Lebenspartner mitbrachte.

Das mag seltsam klingen, aber mein Team ist es gewohnt. Wie viele unserer Patientinnen und Patienten hatte auch Julia Meier eine jahrelange Odyssee durch dermatologische Praxen hinter sich und aus purer Verzweiflung bereits viel Geld und Zeit in vermeintlich «alternative Therapien» gesteckt. Weil ein durchschlagender Erfolg ausblieb, hatte sie die Hoffnung auf Heilung fast verloren. In einer solchen Situation kostet jeder weitere Termin sehr viel Kraft, und da kann man moralische Unterstützung genauso gut gebrauchen wie Begleitung, die mit zuhört und mit einordnet, was gesagt wird. Denn wer kennt das nicht: Vor Nervosität vergisst man in der Sprechstunde, was man eigentlich erzählen oder fragen wollte – erst recht, wenn alles husch, husch gehen muss.

Bei uns ist das anders. Wir nehmen uns beim Erstbesuch viel Zeit, wenn nötig, über eine Stunde. Und: Wir hören zu. Julia Meiers Geschichte erzähle ich hier – selbstverständlich mit ihrem Einverständnis –, weil sie so typisch ist für das, was gegenwärtig oft schiefläuft bei der Behandlung von Neurodermitis, und für das, was mit neuen Behandlungsansätzen möglich ist.

«Bei mir ging es bereits in der zehnten Lebenswoche los mit einem Ausschlag am ganzen Körper», beginnt Meier ihre Geschichte, «meine Mutter befürchtete, ich hätte Masern. Doch der Kinderarzt sagte gleich: Nein, ich habe schlechte Neuigkeiten für Sie, das ist Neurodermitis.» Trotz sechsmonatiger Stillzeit und anschließender Ernährung ausschließlich mit hypoallergener Spezialnahrung kamen als Säugling Asthma und Allergien auf zeitweise nahezu alle Lebensmittel hinzu, die Eltern waren verzweifelt.

«Sie stellten meine Ernährung um, liefen mit mir von Arzt zu Arzt», weiß Meier aus Berichten ihrer Eltern. «Einige Lebensmittelallergien verschwanden wieder, etwa die auf Obst. Doch meine Haut war als Kind dauerhaft am ganzen Körper wund, nur die Fuß- und Handflächen blieben verschont. Und alles juckte.» Als Kind, diese Erinnerung ist noch sehr wach, war sie «ständig nur am Kratzen».

Während der Pubertät wurden die Schübe etwas seltener, doch die psychische Belastung nahm zu. Trägertops? Kurze Hosen oder Röcke? Ausgeschlossen, die angegriffene Haut zu zeigen! Bettwäsche, die mit unbekanntem Waschmittel gewaschen wurde? Zu riskant, auf Übernachtungspartys oder in den Urlaub nahm sie stets ihre eigene mit, in der war sie sicher. «Für Gesunde ist es schwer vorstellbar, aber mein ganzes Leben drehte sich um diese Krankheit. Und das meiner Eltern fast ebenso.»

Neben den «großen» Entscheidungen prägt Neurodermitis auch die «kleinen» des Alltags. Was kann das Kind essen? Wie schützen wir es vor neuen Schüben? Wie halten wir es vom Kratzen ab – und die Familie am Laufen? Wie fast alle Eltern liefen auch Meiers von Arzt zur Ärztin, von der Heilpraktikerin über den chinesischen Akupunkteur zum selbsternannten Heiler und wieder zurück – stets in der Hoffnung, Hilfe zu finden. Eigenbluttherapie. Urintherapie. Homöopathie. Bioresonanztherapie. Nichts half, auch als junge Erwachsene nicht. Kein Wunder, denn es gibt keine wissenschaftlichen Belege für die Wirksamkeit dieser vermeintlichen «Therapien».

Auch diverse Empfehlungen, Nahrungsmittel wegzulassen – «Iss keinen Weizen mehr!», «Hör auf mit Zucker!», «Verzichte auf Alkohol» usw. –, sorgten nur dafür, dass Meier immer dünner wurde. Einziger Lichtblick: Ihr Asthma und ihre allergischen Reaktionen auf einzelne Lebensmittel ließen etwas nach.

«Kortisoncremes habe ich wirklich nur im schlimmsten Fall aufgetragen», sagt Meier. «Meine Eltern und ich, wir hatten Angst vor den Nebenwirkungen. Wir glaubten, dass Kortison ungesund ist. Dass die Haut davon dünn wird, sich daran gewöhnt und alles nur noch schlimmer wird.»

Wenn ich solche Geschichten höre, und es sind viele, muss ich jedes Mal tief durchatmen. 2006 lautete der Titel meiner Antrittsvorlesung als Privatdozentin in München klassisch bayerisch: «Derma nix oder derma Kortison drauf?» Damals hatten wir tatsächlich noch wenig Ahnung, was alles hinter einer Neurodermitis steckt und was wirklich hilft. Die Theorie war simpel: Die Haut ist entzündet und schuppt und juckt – und wir behandeln sie mit Kortison. Der Stoff war kein Allheilmittel, aber er linderte die Entzündung und so die Beschwerden zumindest zeitweise, gab den Betroffenen eine kurze Pause. Mehr hatten wir damals medizinisch nicht zu bieten, so bitter es klingt.

Doch das ist 20 Jahre her. Seither hat das weltweite «Team Neurodermitis» intensiv zur Entstehung der atopischen Dermatitis geforscht – unter anderem lautet der Titel meiner Habilitation «Ekzem und Allergie: Mechanismen und Einflussfaktoren» (2002). Und so haben wir kontinuierlich mehr und mehr verstanden. Über Kortison wie über neue Wirkstoffe.

Kortison gestern und heute

Kortison ist nicht mehr das «Hammermedikament» von früher, sondern ein fein gesteuertes Präparat, das, richtig eingesetzt, wirksam und sicher ist. Chemie macht's möglich.

Was ist Kortison? Kortison ist ein lebenswichtiges Hormon. Es gehört zu den Glukokortikoiden, wird in der Nebennierenrinde gebildet und vor allem morgens ausgeschüttet. Für seine Entdeckung gab es einen Nobelpreis, 1950, an drei Herren. Der Amerikaner Marion Baldur Sulzberger war der Erste, der Kortison auf der Haut testete, mit durchschlagendem Erfolg. Seine Arbeiten machten Kortison zur Standardtherapie bei systemischen Entzündungen und auch bei Ekzemen.

Wie wirkt Kortison? Kortison wirkt wie eine Software, die

Computerprogramme repariert: Es durchdringt die Zellmembran, geht direkt ins Steuerzentrum und gestaltet dort die Abläufe um – im Falle der Haut die Entzündungsabläufe. Das Ergebnis: Entzündungsbotenstoffe werden heruntergeregelt, beruhigende Signale verstärkt, und die Haut kann sich erholen. Kortison als Tablette bewirkt dasselbe im ganzen Körper.

Was kann es? Kortison war ein Durchbruch in der kompletten Entzündungsmedizin, denn es kann Entzündungen stoppen bzw. bremsen und hat vielen Menschen das Leben gerettet. Doch wenn es abgesetzt wird, geht die Entzündung wieder von vorne los – manchmal schlimmer als vorher.

Warum hat es so einen schlechten Ruf? Die ersten Kortisonpräparate waren wirksam – aber chemisch wenig selektiv, das heißt: Sie wirkten nicht nur entzündungshemmend, sondern griffen breit in den Zellstoffwechsel ein. Das führte zu erheblichen Nebenwirkungen, sowohl lokal in der Haut als auch systemisch im ganzen Körper: Hautverdünnung, Gefäßerweiterungen, sogar Knochenschwund (Osteoporose) waren bekannte Folgen. Seinen schlechten Ruf bekam Kortison aber vor allem wegen jahrelanger Überanwendung und fehlender Aufklärung.

Was hat sich bei den modernen Salben verändert? Das Molekül wurde so weiterentwickelt, dass die Nebenwirkungen abgeschwächt und der Wirkstoff erst in der Haut aktiviert wird – ähnlich wie ein Medikament mit Zeitschaltuhr. Diese gezielte Freisetzung sorgt dafür, dass das Kortison nur dort wirkt, wo es gebraucht wird, und danach rasch abgebaut wird. Andere Kortisone wiederum sind zwar aktiv, werden aber so schnell in der Haut gebunden oder abgebaut, dass sie kaum in den Körper gelangen.

Woher kommt die Neurodermitis?

Heute wissen wir, dass die genauen Ursachen der Entstehung komplex sind, kennen aber die entscheidenden Risikofaktoren.

1. Genetische Veranlagung

Wenn Eltern Allergien oder selbst Neurodermitis haben, ist das Risiko deutlich erhöht, auch daran zu erkranken. Die Gene der Mutter sind in diesem Fall «wichtiger» als die des Vaters: Hat sie eine Allergie, vererbt sie diese mit einer höheren Wahrscheinlichkeit als er. Ein zentraler Grund ist ein Defekt im Filaggrin-Gen, das für ein Schlüsselprotein der Hautbarriere verantwortlich ist.

2. Umwelt und Lebensstil

Lange galten Neurodermitis und Allergien als ausschließlich genetisch bedingt. Umweltfaktoren hatte niemand auf dem Zettel. Doch unsere Gene ändern sich seit vielen Jahrhunderten nur wenig, sind fast stabil. Eine Erkrankung, die fast exponentiell zunimmt in einer Bevölkerung mit konstantem Genpool, kann daher nur schwerlich allein genetisch bedingt sein. Was sich hingegen rasant geändert hat in den letzten 150 Jahren, ist der Zustand unserer Umwelt. Und tatsächlich kann man sagen, dass die «Pandemie» der Haut- und Allergiekrankheiten im vergangenen Jahrhundert begonnen hat.

Früher gingen wir davon aus, dass es immer nur «Endotypen» gibt – also Erkrankungsbilder, die wir nach Mustern von patienteneigenen Blutwerten oder Botenstoffen in der entzündeten Haut eingeteilt haben (*endo* = von innen). Heute wissen wir, dass bei der Entstehung der Neurodermitis (wie bei vielen anderen chronisch-entzündlichen Erkrankungen) alles viel komplexer ist und sich sogenannte «Exotypen» der Erkrankung zeigen (*exo* = von außen wirkend).

So gelten viele Umweltfaktoren als Trigger oder Wegbereiter, und zwar von der Schwangerschaft bis ins mittlere Alter. Rauchen die Eltern, hat das Auswirkungen auf die Haut und auch auf die Gene, genau wie Stress während der Schwangerschaft sowie schlechte Luft im frühen Kindesalter.

Und es scheint so, als ob sich je nach Person und Erkrankungsmuster in gewissen Lebensphasen ein ganz spezifischer Umwelttriggertyp herauskristallisiert. Diese Erkenntnisse haben wir unter anderem aus großen Kohortenstudien wie etwa der ProRaD-Kohorte erlangt (siehe S. 37). Bei Erwachsenen kann das Wolle sein, auf die die Haut auf einmal überreagiert, UV-Strahlung, auch Hormone spielen eine Rolle, emotionaler Stress oder, wie gesagt, Unverträglichkeiten gegenüber chemischen Bestandteilen von Cremes, Make-up, Klebstoffen usw. Doch wo auch immer die Auslöser schlummern (meist sind es mehrere): Gemeinsam haben alle Betroffenen, dass ihre Hautbarriere gestört ist – Stichwort: «Sie sind nicht ganz dicht.»

Und damit zurück zu meiner Patientin Julia Meier. Auch sie hatte ein genetisches Päckchen zu tragen. Beide Elternteile litten unter Allergien, ihr Vater zudem unter einer leichten Schuppenflechte. Milchprodukte vertrug in der Familie keiner richtig gut. Was war noch?, fragte ich Meier. «Meine Eltern grübelten endlos, ob ich im Mutterleib unbekannterweise Schadstoffen ausgesetzt oder als Säugling einem besonderen Reizstoff. Doch sie fanden nichts», erzählt sie. Damit geht es ihr wie vielen: Warum ausgerechnet sie so schwer erkrankte, lässt sich nicht nachvollziehen.

All die Jahre kämpfte sie sich irgendwie durch. Durchs Studium, durch den ersten Job, durch die Phase der eigenen Kanzleigründung 2022. «Die Arbeit lenkte mich ab von der ständigen Versuchung zu kratzen, selbst wenn es schwer war, mich zu konzentrieren, wenn ich vor lauter Juckreiz nur zwei, drei Stunden schlafen konnte.»

Nach einer Australienreise ist die junge Frau am absoluten Tiefpunkt angekommen: Ihre Haut ist so entzündet wie nie zuvor. Meier ist überzeugt: Da steckt noch mehr dahinter. Sie vermutet, in einem der Hotelbetten von Milben befallen worden zu sein – ein typisches «Traveller-Schicksal». Doch mehrere Ärztinnen, die sie konsultiert, wiegeln ab: Sie erleide nur wieder einen Schub, der Stress im Job, das gehe sicher vorbei. «Es ging aber nicht vorbei, es wurde immer schlimmer», sagt Meier und klingt immer noch sehr wütend. «Niemand nahm mich ernst.»

Sie weist sich selbst in eine Hautklinik ein, muss den Chefarzt beknien, dass er sie gegen Milben behandelt. Der Oberarzt hält ihre Vermutung für «Hirngespinste». Zu Unrecht: Das Anti-Milben-Medikament schlägt an. Julia Meiers Haut heilt wieder auf «den üblichen» Stand. Doch die junge Frau hat ihren Glauben an die Dermatologie endgültig verloren. Als ihre Frauenärztin ihr Ende 2019 erstmals einen Termin bei mir in der Umweltambulanz Augsburg empfiehlt, winkt sie ab. «Ich war fertig mit den Hautärzten.»

Ich kann sie verstehen. Gleichwohl war das in ihrem Fall ein unglückliches Timing. Denn 2020 waren wir gerade so weit, neue medizinische Leitlinien für Neurodermitis zu formulieren. Das sind sozusagen die Gebrauchsanweisungen oder Empfehlungen für Ärztinnen und Ärzte. Von Expert:innen des jeweiligen Fachs zusammengefasst, basierend auf klinischen Studien und solider wissenschaftlicher Evidenz. Daher übernehmen die Krankenkassen auch die Behandlungskosten. In einer perfekten Welt müssten diese Leitlinien in jeder dermatologischen Praxis zum Abc gehören, zur Basislektüre. Und alle Ärztinnen und Ärzte sollten ihre Behandlung nach ihnen ausrichten. Doch das klappt leider nicht immer. Julia Meier wurde erst 2025 richtig behandelt (direkt zum Happy End geht's auf S. 60).

Was wissen wir heute über Neurodermitis – und was ist Systemtherapie?

Auch heute sind die Hauptziele der Therapie noch immer: Schübe verhindern, Symptome lindern, Lebensqualität verbessern. Doch der Zaubersatz lautet nicht mehr «Kortison – sonst nix», sondern «Systemtherapie». Was ist damit gemeint?

Systemtherapie heißt, dass die Medikamente «das ganze System» behandeln. Sie müssen sich ein Ekzem vorstellen wie einen Eisberg. Was wir auf der Haut sehen, ist nur die Spitze – doch zum kompletten System, das chronisch entzündet ist, gehört auch alles unter dem Wasser. Sprich: viel mehr als nur die Hautoberfläche. Und manchmal sogar viel mehr als nur die Haut. So wissen wir, dass gerade ältere Menschen mit schwerer Neurodermitis auch häufig unter Herz-Kreislauf-Erkrankungen leiden, die auf dieselben systemischen Entzündungen zurückzuführen sind (das gilt auch für Menschen mit Schuppenflechte).

Neue Therapien werden daher nicht mehr nur lokal als Creme verabreicht, sondern als Tabletten oder als Spritze, auch schon bei moderaten Fällen. Diese neuen Medikamente greifen präzise in die sogenannte Entzündungskaskade ein und bringen sie bestenfalls zum Stillstand.

Um zu erklären, was dahintersteckt, müssen Sie mich auf einen kleinen Exkurs in die Neurodermitis-Forschung begleiten. In den letzten 15 Jahren haben wir herausgefunden, was sich bei einem Schub auf und in der Haut abspielt. Eine Entzündungskaskade, die man sich vorstellen kann wie eine Reihe von Dominosteinen – losgetreten, fällt die Kaskade. Und wir kennen jeden einzelnen Stein sehr gut. Und, wir wissen, dass diese Entzündungskaskade von unterschiedlichen Seiten losgetreten werden kann. Von außen, etwa durch Mikroben, Allergene etc. Aber auch von innen, wenn Immunzellen überreagieren, etwa bei Allergien,

Autoimmunprozessen oder unter Stress. Und schließlich kann die Haut selbst der Ausgangspunkt sein – wenn ihre Barriere gestört oder das Mikrobiom verarmt ist und aus dem Gleichgewicht gerät. Auch deswegen gehen wir heute davon aus, dass es nicht nur EINE Neurodermitis gibt, sondern viele unterschiedliche Typen mit unterschiedlichen Kaskaden, die auch noch unterschiedlich angestoßen werden können. Klingt kompliziert, ist es auch.

Mit Kortison haben wir ganz ungerichtet einfach alle Steine der Entzündungskaskade weggenommen. Aber nur, bis der nächste Trigger, der nächste Schubs sie wieder aufstellte und zu Fall brachte. Dann ging es von vorne los. Seit zehn Jahren sind wir deutlich weiter. Wir kennen jeden Stein mit Namen und wissen nun, dass Botenstoffe (sogenannte Zytokine) die Entzündung steuern. Und wir haben heute ganz spezifische Blocker an der Hand, die in der Lage sind, die Kaskade zu stoppen. Das heißt keineswegs, dass wir alle «klassischen» Behandlungswege aussortiert haben. Wir ergänzen sie aber durch moderne, systemtherapeutische Optionen.

Bei moderaten und schweren Formen

Für belastete Patient:innen gibt es mittlerweile moderne Medikamente, die gezielt gegen die Entzündungskaskade eingesetzt werden und das Immunsystem regulieren. Diese gezielten Therapien nehmen einen Stein aus der Kaskade – und sie fällt nicht mehr. Wir unterscheiden Biologika, die als Spritzen gegeben werden, und sogenannte JAK-(Janus-Kinase-)Inhibitoren in Tablettenform, die die zentralen Schaltstellen der Botenstoffproduktion blockieren.

Diese neuen Therapien wirken bei vielen Betroffenen extrem gut und schnell und werden, wie gesagt, von den Krankenkassen übernommen. Leider wissen wir bis heute nicht genau, bei wem welches Medikament warum wirkt. Sie sind wie ein neuer Werkzeugkoffer – pharmakologisches Feinwerkzeug. In Augsburg verschreiben wir diese neuen, zielgerichteten Medikamente bei moderaten und schweren Formen gemäß der Leitlinie – jede Praxis kann das.

Auch Julia Meier hatte von Biologika noch nie etwas gehört, obwohl ihre Odyssee durch die Praxen nach 2020 weiterging. Erst Anfang 2025 wies ihre Gynäkologin sie erneut auf unsere umweltmedizinische Praxis hin; sie hatte eine andere Patientin, die wir gut behandelt hatten, und empfahl ihr wärmstens, sich bei mir zu melden.

«Ich war skeptisch: Was hatte man mir schon alles versprochen?», erinnert sich Julia Meier. «Aber schließlich machte ich einen Termin aus, meine Mutter und mein Lebenspartner begleiteten mich. Und was soll ich sagen?» Meier muss ihre Tränen runterschlucken. «Ich bekam diese Spritze, und nach wenigen Tagen ließ der Juckreiz nach, eine Woche später war die Erleichterung deutlich spürbar.»

Einen Monat später zog sie zum ersten Mal seit Ewigkeiten kurze Ärmel an. Im Sommer 2025 sagte sie: «Ich habe kaum mehr Beschwerden – außer wenn ich mit nackten Beinen durchs Gras laufe, das war früher unvorstellbar! Und ich werde sogar braun! Ich kann mein Glück wirklich kaum fassen!»

Für mich als Ärztin ist wichtig zu betonen: Ich bin keine Wunderheilerin. Ich wende an, was die Wissenschaft herausgefunden und in strengen Studien erprobt hat. Meine ersten Worte, nachdem ich Frau Meier in der Praxis begrüßt und mit einem Blick gesehen hatte, an was sie litt, waren: «Ich kann Ihnen helfen.» Nach einem ausführlichen Gespräch holte ich die Spritze aus dem Kühlschrank und setzte sie ihr ins Bauchfett, wie eine Thrombosespritze. Kein großes Ding, jede und jeder schafft das auch alleine. Ich habe viele Betroffene wie Frau Meier, bei den allermeisten ist das Resultat vergleichbar.

Wichtig zu wissen: Die Therapie ist teuer. Eine Injektion kostet ca. 750 Euro, alle zwei Wochen braucht es eine neue. Im Jahr sind das 18 000 Euro, die die Krankenkassen bezahlen, wenn die Behandlung sich an die Leitlinien hält. Rechnet man den hohen Leidensgrad dagegen, physisch wie psychisch, die vielen schlaflosen Nächte, den Schul- oder Arbeitsausfall an ganz schlimmen Tagen, die unzähligen Besuche bei Ärztinnen und Ärzten, relativieren sich die Kosten schnell.

Für Betroffene ist die Erleichterung durch die neuen Medikamente jedenfalls enorm, und sie haben, Stand Sommer 2025, kaum bekannte Nebenwirkungen. Eine Tendenz zu Bindehautentzündungen bei einer der Spritzen. That's it. Für Ärztinnen und Ärzte stehen alle derzeit verfügbaren Systemtherapeutika als übersichtliche Tabelle in den Leitlinien zur Verfügung.[5] Doch zu meinem Unverständnis sind sie auch heute noch kaum bekannt. Unsere Daten zeigen, dass es eine gravierende Unter- und Fehlversorgung von Betroffenen mit moderater bzw. schwerer Neurodermitis gibt. Das bedeutet, dass die Betroffenen systemisch Kortison bekommen, als Depotspritze mit massiven Nebenwirkungen und eben nicht die modernen Medikamente, die gut wirken und wenig nebenwirken; seit 2022 ist ein Systemtherapeutikum sogar für Säuglinge zugelassen (ab dem 6. Lebensmonat).

Und bei weniger schlimmen Fällen?

Bei «leichten und mittelschweren» Fällen müssen gar nicht unbedingt systemische Medikamente her. Oft hilft auch eine lokale Behandlung – wie bei einem meiner sehr jungen Patienten: Ein vierjähriges Kind kam mit seinen Eltern zu mir in die Sprechstunde. Der Kleine litt stark. Er kratzte sich ständig, auch während des Gesprächs, und konnte nachts kaum schlafen – ebenso wenig die Eltern. Die Familie war erschöpft und verunsichert. Typisch für sein Alter, zeigten sich Ekzeme im Gesicht, am Rumpf und an den

Fußrücken, besonders ausgeprägt rund um den Mund. Dort ist die Hautbarriere sehr empfindlich. Ich erklärte den Eltern, dass genau an dieser Stelle beim Essen ein Risiko besteht: Über die undichte Haut können Nahrungsmittelbestandteile eindringen – und so Allergien entstehen.

Beim weiteren Gespräch stellte ich fest: Die Eltern hatten große Angst vor Kortison, das ihnen der behandelnde Kinderarzt verschrieben hatte. Sie wollten es am liebsten gar nicht einsetzen. Und wie so häufig mischten sich auch bei ihnen Schuldgefühle hinein: *Haben wir etwas falsch gemacht?* Ich nahm mir Zeit, die Sorgen ernst zu nehmen und aufzuklären. Ich sagte ihnen: «Mit einer wirksamen Kortison-Therapie haben wir die Chance, zu verhindern, dass eine Allergie entsteht.» Einer meiner Standard-Sätze hier ist auch, dass Kortison weniger «Nebenwirkungen» hat als das Ekzem. Zugegeben – der Vergleich hinkt *etwas*, aber im Gespräch mit den Betroffenen oder deren Eltern hilft diese Argumentation. Sie verstehen dann, dass ein Nicht-Cremen von Kortison oder anderen antientzündlichen Cremes folgenreicher für ihr Kind ist als das Auftragen des Kortisons selbst.

Die richtige Strategie: Leitlinienbasierte Neurodermitis-Therapie 2025

Basistherapie

Creme, Salbe oder Lotion – was braucht die Haut bei Neurodermitis?

Bei Neurodermitis gilt eine einfache Faustregel: je trockener und chronisch entzündeter die Haut, desto fettreicher die Pflege, je akut entzündeter die Haut, desto wasserreicher die Grundlage.

- Lotionen enthalten viel Wasser und wenig Fett. Sie eignen sich als Basistherapie für leicht trockene Haut, für warme

Tage oder behaarte Körperstellen. Bei akuten Schüben sind sie mit starken Kortisonen das Werkzeug der Wahl.
- Cremes sind ausgewogen bzgl. Fett und Wasser. Sie sind der Allrounder für den Alltag, gut bei mäßig trockener Haut und gut für die regelmäßige Basispflege geeignet.
- Salben sind nahezu wasserfrei und besonders fettreich. Sie kommen bei sehr trockener, rissiger Haut zum Einsatz – vor allem nachts oder im Winter. Sie stärken die Barriere am effektivsten, fühlen sich aber schwerer an. Bei starker Entzündung geht nur «fett-feucht», also Salbe (+ Kortison) plus feuchte Umschläge.

Entscheidend ist die konsequente, zur Hautsituation passende Anwendung. Die Haut braucht Pflege nicht «bei Bedarf», sondern regelmäßig – auch in erscheinungsfreien Phasen. Man kann die Basispflege mit der Insulin-Spritze des Diabetikers vergleichen.

Expositionsvermeidung

Das liegt auf der Hand, aber ich erwähne es dennoch: Menschen mit sensibler Haut und bekannten «Triggern» sollten versuchen, diese zu meiden und sich möglichst wenig Reizstoffen und Allergenen auszusetzen. Dazu gehört z. B. auch, Hausstaubmilben zu bekämpfen (mit milbendichten Bett- und Matratzenüberzügen, oder Wollpullis auszusortieren). Fast selbstverständlich scheint mir, dass Eltern nicht vor ihren Kindern rauchen. Und generell sollte gelten: weniger Chemie, weniger Duftstoffe, weniger Plastik, so gut es eben geht (siehe Kapitel «Prävention»).

Intensivierte Lokalbehandlung – Behandlung von Schüben

«Nur behandeln» war gestern – heute lautet das Motto: «Schüben vorbeugen.» Das heißt, man behandelt einen Schub mit entzündungshemmender Creme. Heute gibt es neben dem klassischen

Kortison auch Calcineurininhibitoren (hemmen gezielt die Entzündungskaskade und auch lokale JAK-Inhibitoren [für das Handekzem zugelassen]). Man schleicht dann das Kortison langsam aus – über Wochen! Gerade bei den schweren Formen hört man nie ganz auf, sondern geht beim Eincremen tageweise raus, bis man auf einmal pro Woche kommt. Viele meiner Patienten kommen inzwischen gut zurecht mit einem «Kortisontag» pro Monat, selbst wenn mittlerweile nichts mehr sichtbar ist.

Bei dem kleinen Jungen hatte die Neurodermitis neben der körperlichen Belastung auch soziale Probleme zur Folge: Im Kindergarten glaubten andere Kinder, die Ekzeme seien ansteckend, weswegen er ausgegrenzt und gehänselt wurde, was den Eltern zusätzlich Sorgen bereitete. Umso wichtiger war es, die Familie nicht nur medizinisch, sondern auch psychosozial zu begleiten. Dafür meldeten wir sie bei AGNES an, dem Dachverband für Neurodermitis-Schulungsprogramme in Deutschland. Dort werden Eltern und Bezugspersonen betroffener Kinder und Jugendlicher noch mal persönlich über die Krankheit aufgeklärt und bekommen praktische Bewältigungsstrategien vermittelt – etwa wie man proaktiv auf das Kita-Personal zugeht und es über Neurodermitis informiert (siehe dazu das Kapitel «Prävention» ab S. 258). Ziel dieser Schulungen ist stets, die Lebensqualität und die Krankheitsbewältigung der Patienten und ihrer Angehörigen zu verbessern. Sie folgen standardisierten Qualitätsvorgaben, werden oft von Krankenkassen übernommen und können über die AGNES-Homepage bei zertifizierten Schulungszentren in der Nähe gefunden werden. Mit der Lokaltherapie aus Kortison, täglicher Basispflege und antimikrobiellen Substanzen heilte die Haut vollständig ab. Heute, einige Jahre später, ist die Haut des Kindes stabil. Allergien haben sich bislang nicht entwickelt. Das ist der optimale Verlauf!

Und bei leichten Fällen?

Auch wer nur leicht unter Neurodermitis leidet, kann heute dank neuer Medikamente viel besser damit leben. Ein klassisches Beispiel dafür bin ich, die Co-Autorin dieses Buches. Meine ganze Familie hat eine Allergie-Geschichte, meine Schwester litt als Teenager zusätzlich stark unter Neurodermitis. Bei mir ging es am Ende des Studiums los, seither blühte im Gesicht immer wieder der gleiche Ausschlag auf: rote, trockene Flecken von den Wangen bis in die Halsgegend, die stark juckten.

Besonders anfällig war ich im Winter, bei trockener Heizungsluft und Wollpullovern; dagegen ließ sich etwas tun. Anders sah es bei einem weiteren Trigger aus: In stressigen Phasen, manchmal auch direkt nach einem Streit oder vor schwierigen Gesprächen, reagierte meine Gesichtshaut und wurde selbst dann nicht mehr «normal», wenn wieder alles im Lot war. Bislang hatte ich auf Anraten meines Hautarztes ein leichtes Kortison aufgetragen. Doch seit etwa zwei Jahren zogen die Flecken weiter an die Oberarme. Sie juckten, sahen nicht gut aus – und wollten nicht mehr verschwinden.

Als wir gerade mit der Planung des Buches begonnen hatten, machte ich Fotos und schickte sie Claudia über WhatsApp: «Kannst du dir das bitte mal angucken?» Sie rief sofort zurück, «verordnete» mir einen Termin in Augsburg und verschrieb mir schließlich eine Salbe, deren Wirkstoff sehr gut wirkt: Tacrolimus, ein Calcineurininhibitor. Seither ist mein Gesicht «fleckenfrei». Bei den Armen kommt eine Kortisonsalbe zum Einsatz, und wenn ich mich außerdem täglich eincreme, halte ich die Ekzeme gut im Griff.

Die gute Nachricht: Vor Neurodermitis und der Verschlechterung von Neurodermitis kann man sich schützen – genau wie vor Allergien. Die beiden Erkrankungen hängen sehr eng zusammen, im Sinne von: Behandeln wir die Neurodermitis frühzeitig, verhindern wir damit die Entwicklung von Allergien. Und wenn Neurodermitiker:innen bereits Allergien haben, können wir über deren Behandlung neue Schübe verhindern. Daher finden Sie viele praktische Tipps im Kapitel über Präventionsmaßnahmen (ab S. 258).

Weitere Risiken bei Neurodermitis-erkrankter Haut

Manchmal kommt zum Pech auch noch fehlendes Glück dazu, z. B. wenn geschädigte Haut zum Einfallstor für Bakterien, Pilze und Viren wird. Durchs Kratzen dringen diese in tiefere Hautschichten vor, und weil bei Erkrankten gleichzeitig die körpereigenen Abwehrmechanismen geschwächt sind, kommt nicht selten noch eine Infektion on top. Im schlimmsten Fall wächst sich diese zu einer Superinfektion aus, die den Krankheitsverlauf dramatisch verschlechtert. Daher folgende Übersicht:

Bakterien: Besonders bedeutsam ist *Staphylococcus aureus*. Dieses Bakterium heftet sich an die vorgeschädigte Haut und produziert Giftstoffe (*Enterotoxine*). Einige davon wirken als Superantigene und heizen das Immunsystem extrem stark an. Wichtig ist die Unterscheidung zwischen bloßer Besiedelung (Kolonisation) und echter Infektion. Fast alle Patient:innen mit Neurodermitis sind stark mit *S. aureus* kolonisiert, d. h., die Bakterien sitzen auf der Haut, ohne gleich eine Infektion zu verursachen. Die entsteht erst, wenn die Bakterien in die Haut eindringen und eine akute Entzündung hervorrufen. Typische Zeichen sind nässende Stellen, gelblich honigfarbene Krusten oder Eiterbläschen. Eine Basistherapie mit antimikrobiell wirksamen Stoffen wirkt hier vorbeugend. Ich mische in die Basistherapie fast immer antimikrobielle Substanzen ein – maßgeschneidert für Betroffene.

Pilze: Auch Hefepilze wie *Pityrosporum ovale* (heutiger Name: *Malassezia furfur*) können die Beschwerden verschlimmern, besonders bei Ekzemen im Gesicht oder am Kopf/Nacken. Manche Patienten zeigen eine allergische Reaktion auf diese Pilze. In dem Fall helfen gezielte antimikrobielle Therapien – z. B. lokale Antiseptika (mehr zu Pilzen siehe S. 74).

Viren: Die Verursacher von Dellwarzen (*Molluscum contagiosum* – pinkfarbene oder weiße Knötchen, in der Mitte eine Delle) zählen zu den harmlosen Pockenviren, aber lassen sich gut behandeln. Gefürchtet ist hingegen das *Eczema molluscatum* – wenn die ganze Haut mit Dellwarzen übersät ist. Auch sehr gefürchtet: das *Eczema herpeticatum*, eine schwer verlaufende Komplikation durch *Herpes-simplex*. Dabei breiten sich plötzlich zahlreiche schmerzhafte Bläschen über große Hautareale aus, oft begleitet von Fieber und starkem Krankheitsgefühl. Es gibt heute nicht mehr viele Hauterkrankungen, die dringend stationär behandelt werden sollten – das *Eczema herpeticatum* bei Neurodermitis ist eine!

Skabies: Ein weiteres Beispiel ist Skabies (Krätze). Die Milben verursachen starken Juckreiz und schädigen zusätzlich die Hautbarriere. Manchmal wird dadurch eine Neurodermitis überhaupt erst sichtbar oder flammt auf. Umgekehrt kann auch eine bestehende Neurodermitis eine Skabies verschleiern – wie bei Julia Meier (siehe S. 57). Hinzu kommt: Die Behandlung der Skabies selbst belastet die Hautbarriere stark. Dadurch kann das Ekzem zunächst schlimmer werden. Deshalb ist es entscheidend, beides im Blick zu behalten – den Milbenbefall konsequent zu therapieren und gleichzeitig die Hautbarriere zu stabilisieren. Gegen all diese zusätzlichen Übel helfen in der Regel spezielle Therapien – doch vorab muss die richtige Diagnose gestellt werden. Insistieren Sie zur Not bei Ihren Hautärzt:innen, wenn sich keine

Besserung einstellt oder die Situation verschlechtert, dass sie evtl. eine Zweiterkrankung checken, die die Ersterkrankung triggert.

Hitze: Neurodermitis-Erkrankte spüren die Klimakrise im wahrsten Sinne hautnah, weil Hitze starken Juckreiz verursacht. Das erfährt jede:r Betroffene nicht nur in der Sauna, sondern auch unter der Bettdecke oder an heißen Sommertagen. Erinnern Sie sich an die alte Dame aus dem ersten Kapitel, die ich im Zug traf und ansprach, weil ihre Haut so stark entzündet schien? Sie war gesund in den Urlaub aufgebrochen, doch dann musste sie ihn frühzeitig abbrechen, weil sie es einfach nicht mehr aushielt. In der Dachgeschosswohnung, die sie als Ferienunterkunft gemietet hatte, herrschten 35 Grad, bei Nacht kaum weniger. Ihre eigentlich gesundete Haut «drehte durch», an Erholung war nicht mehr zu denken. Medizinisch erklären wir das so: Die Hitze setzt Botenstoffe frei, die weiße Blutkörperchen in die Haut locken und die Entzündung neu oder stärker entflammen. Die Dame musste buchstäblich vor den heißen Temperaturen fliehen.

Die schlechte Nachricht: Die Hitze wird zunehmen. Der Deutsche Wetterdienst spricht von einem «Hitzetag», wenn die maximale Lufttemperatur mehr als 30 Grad Celsius beträgt. Aus seinen Wetterdaten ist herauszulesen: In den meisten Sommern der 1970er- und 1980er-Jahre gab es deutschlandweit jeweils kaum eine Handvoll Hitzetage; im Süden mehr, in Norden weniger. In den 25 Jahren seit der Jahrtausendwende wiederum gab es schon elf Sommer mit mehr als zehn Hitzetagen, die meisten davon in der jüngsten Vergangenheit. Spitzenreiter ist 2018 mit 20,4 heißen Tagen – das sind drei Wochen. 2024 gab es 12,5, 2025 waren es im Schnitt «nur» 9,9, in Baden-Württemberg als wärmstem Bundesland in 2025 17 Tage über 30 Grad – das sind zweieinhalb Wochen. Im langjährigen Trend betrachtet, wird die Zahl der heißen Tage in Deutschland weiter ansteigen. Das ist Klimakrise live. Wenn es dann wieder abkühlt, heilen nur leider die durch Hitze getriggerten Entzündungen nicht ab. Wir müssen also wieder antientzündlich therapieren. Ursachenbekämpfung heißt hier ganz klar: die weitere Klimaerwärmung stoppen.

Blick in die Zukunft: Wie geht es weiter in der Neurodermitis-Forschung?

Mich interessiert vor allem die Hautbarriere, vor allem das Hautmikrobiom. Denn ich bin überzeugt, dass eine bessere Kenntnis helfen kann, den Verlauf einer Erkrankung vorherzusagen und auch bessere Behandlungskonzepte zu entwickeln. Unsere Haut ist ja, wie eingangs erklärt, gerade kein «Panzer», sondern ein aktives und komplexes Ökosystem, das eine wichtige Rolle im Immunsystem spielt.

Achtung, jetzt wird es kurz komplexer: Im Ökosystem Haut gibt es viele unterschiedliche Bakterien – die meisten sind gut für uns. Man kann sich die Haut vorstellen wie eine bunte Wiese. Von Neurodermitis Betroffene zeigen ein fast monochromes Bild auf der Haut – fast nur *Staphylococcus aureus*, der alle anderen Keime verdrängt. Durch moderne molekulare Methoden haben wir zeigen können, dass sich das Bakterium auf der Haut ausbreitet, je mehr Entzündung da ist – und auch andersherum: Je entzündeter die Haut ist, umso mehr kann sich *S. aureus* ausbreiten.

Bei Menschen mit Neurodermitis findet man oft eine besondere Form von *Staphylococcus aureus*, die durch eingebaute Viren (sogenannte Phagen) zusätzliche krank machende Eigenschaften bekommt. Diese Erkenntnis ist wichtig, weil wir in Zukunft genau diese «hochpotenten» Bakterien gezielt ausschalten oder verändern können, um damit bessere Therapien zu entwickeln. Ebenso interessant ist die besondere Zusammensetzung des Darm-Mikrobioms. Hier zeigte eine von unseren Studien: Wenn «nützliche» Bakterien bei Kindern im Darm vorhanden waren und damit auch ein Stoffwechselprodukt, welches «Futter» für die guten Bakterien darstellt (Butyrat – Buttersäure), waren die Kinder vor Neurodermitis und Allergien geschützt. In Finnland gibt es dazu ein hervorragendes Präventionsprogramm (siehe S. 258).

Zusammen mit meinen Kolleg:innen schließen wir daraus, dass das Mikrobiom und seine Stoffwechselprodukte schon im ersten Lebensjahr eine wichtige Rolle für die Erkrankungsprävention spielen. Da müssen wir ansetzen, um künftige Generationen trotz ungünstigerer Umweltbedingungen gesund zu halten.

Wenn Umwelt unter die Haut geht: Kontaktallergien, Pilze & Co

Kontaktdermatitis

Die Kontaktdermatitis gehört zu den häufigsten Hauterkrankungen überhaupt. Im akuten Schub zeigen sich nässende, gerötete und juckende Ekzeme. Bei längerem Verlauf verdickt sich die Haut, wird rau und schuppig. In Deutschland ist sie als Berufskrankheit anerkannt – unter der BK-Nr. 5101 – und macht den Großteil aller gemeldeten beruflich verursachten Hauterkrankungen aus. Besonders die allergische Form spielt eine große Rolle. Der «Vorteil» einer Kontaktallergie gegenüber anderen Hauterkrankungen ist jedoch, dass die Symptome nicht wiederkommen, wenn der Kontakt mit dem «Schuldigen» gekappt wird. Manchmal liegt der auslösende Stoff auf der Hand, manchmal braucht es seine Zeit, bis er ermittelt wird. Dann ist wieder unser Detektivsinn gefragt.

Beispiel: Nickel

Ein klassisches Beispiel ist Nickel. Es steckt etwa in Schmuck, Knöpfen, Brillengestellen oder BH-Verschlüssen und ist eines der verbreitetsten Kontaktallergene weltweit. In den 1990er-Jahren war die Nickelallergie eine regelrechte Volkskrankheit: Rund ein Drittel der Frauen und knapp zehn Prozent der Männer reagierten allergisch. Erst als eine EU-Verordnung den Nickelgehalt in Modeschmuck stark einschränkte, gingen die Zahlen zurück – ein eindrucksvolles Beispiel dafür, wie sinnvolle Regulierung die Gesundheit vieler Menschen verbessern kann.

Meine eigene Forschungsreise zur Kontaktallergie begann schon während meines AIPs in Aachen. Das AIP – das «Arzt im Praktikum» – war eine Art Übergangszeit zwischen Studium und Assistenzarztzeit: Halbes Gehalt, volle Arbeit – so lautete der Running Gag. Damals begann ich, mich intensiv mit der Kontaktdermatitis zu beschäftigen, und schrieb meinen ersten eigenen Forschungsantrag. Auslöser war weniger das Thema selbst als eine Person: Andrea Cavani, den ich auf dem SID-(Society-of-Investigative-Dermatology-)Kongress in Washington kennengelernt hatte. Der Römer beeindruckte mich mit seiner unkonventionellen, radikal neugierigen Art zu forschen – und inspirierte mich, tiefer einzusteigen.

Mit einem Stipendium der Deutschen Forschungsgemeinschaft (DFG) durfte ich nach Rom ans Istituto Dermopatico dell'Immacolata. Die Atmosphäre dort war eine ganz besondere. Als Deutsche erwartete man von mir preußische Strenge – und fand dann eine fröhliche, aber manchmal auch erstaunlich chaotische Deutsche mit eigenwilligen modischen Vorstellungen: Sandalen mit Socken, damals verpönt, heute wieder Trend! Ich lernte in wenigen Monaten Italienisch und auch, dass man im Istituto den Laborkittel nur an Ostern trug – beim gemeinsamen Gottesdienst.

In dieser Umgebung konnte ich als erste Wissenschaftlerin eine entscheidende Beobachtung machen: Es sind ganz bestimmte weiße Blutkörperchen, die nickelspezifischen T-Zellen, die die allergische Entzündung antreiben. Sobald Nickel auf die Haut trifft, wandern sie ein und greifen die Hautzellen – die Keratinozyten – direkt an. Unter dem Mikroskop sah ich mit eigenen Augen, wie sie die Zellen abtöten. Genau dadurch entstehen die typischen ekzematösen Hautveränderungen. Meine Beobachtung schaffte es im Jahr 2000 in das damals sehr renommierte *Journal of Immunology* – und war im Prinzip meine Eintrittskarte in die Welt der Forschung.[6]

Wie wird eine Kontaktallergie festgestellt – und therapiert?
Der Standard ist der Epikutantest, auch Patchtest genannt. Dabei werden kleine Pflaster mit Nickel oder anderen verdächtigen Substanzen auf den Rücken geklebt und nach 48 sowie 72 Stunden abgelesen. Zeigt sich dort ein rotes, juckendes Ekzem, ist die Diagnose eindeutig: eine Kontaktallergie. Häufig gibt die betroffene Stelle schon einen Hinweis auf den Verursacher. Nach der medizinischen Anamnese, der Berufs-Anamnese und einem genaueren Haut-Allergietest haben wir ihn meist identifiziert. Wenn sich ein Kontakt vermeiden lässt – z. B. indem man die Ohrringe mit Nickel oder die neuen Arbeitsschuhe nicht mehr trägt –, ist die Therapie dann sehr einfach: Abwarten und Tee trinken, der Ausschlag heilt mit antientzündlichen Cremes schnell ab. Leider können wir heute die Kontaktallergie noch nicht so heilen wie eine Pollenallergie. Hyposensibilisierung gibt es hier – noch – nicht … (siehe dazu S. 97).

Noch ein Beispiel mit Happy End: Methylisothiazolinon (MI)
Ein weiterer Krankmacher in unserer Umwelt, der sich erfolgreich ausschalten ließ, ist der Konservierungsstoff *Methylisothiazolinon*

Kontaktallergie: Was wirkt wo?

Körperregion	Allergen	Mögliche Auslöser
Gesicht	Konservierungsmittel, Duftstoffe, Pflanzenstoffe	Kosmetika, Sonnenschutzmittel
Kopfhaut	Phenylendiamin, Ammoniumpersulfat u. v. a.	Haarfärbemittel, Tönungen
Periorbitalregion (Hautregion um die Augen)	Konservierungsmittel, Duftstoffe, Arzneistoffe, Metallionen, Weichmacher	Kosmetika, Augentropfen, Brillen
Perioralregion (Hautregion um den Mund)	Kunststoffe, Latex	Schnuller, Flaschensauger usw.
Ohren	Nickel, Kobalt, Konservierungsmittel	Ohrschmuck, Ohrentropfen
Gesicht, Dekolleté, Hände	aerogene Kontaktallergene	Lacke, Aerosole, Stäube
Handgelenke	Nickel, Kobalt, Kaliumdichromat, Weichmacher	Schmuck, Uhren, Armbänder
Achseln	Duftstoffe, Konservierungsmittel	Deodorantien
Brust	Textilfarbstoffe, Kleber, Nickel	Büstenhalter
Arme	Konservierungsmittel, Inhaltsstoffe, Duftstoffe	Körperpflegeprodukte, Sonnenschutzmittel
Beine	Textilfarbstoffe	Hosen
Oberschenkel	Kunststoffe, Kunstharze, Desinfektionsmittel	Toilettensitze, Haushaltsreiniger
Unterschenkel	Pflanzenstoffe, Weichmacher, Kaliumdichromat, Gummi-Inhaltsstoffe	Gräser, Schienbeinschoner, Strümpfe, Lederstiefel
Nabel	Nickel, Kobalt	Piercings
Subumbilikalregion (Hautregion um den Nabel)	Nickel, Kobalt	Hosenknöpfe, Gürtelschnallen
Windelbereich	Konservierungsmittel, Duftstoffe, Klebstoffe	Windeln, Körperpflegeprodukte
Perianalregion (Hautregion um den After)	Arzneistoffe, Lubrikantien, Duftstoffe	Suppositorien, Gleitmittel, Toilettenpapier
Füße	Gummi-Inhaltsstoffe, Kaliumdichromat	Schuhe, Strümpfe, Sandalen

(*MI*). Er war lange Zeit allgegenwärtig: in Farben, Reinigungsmitteln, Shampoos, Cremes oder Feuchttüchern. Doch er hatte eine Schattenseite – er löste massenhaft Kontaktallergien aus. Als dieses Ausmaß klar wurde, zog die EU die Reißleine: Seit 2017 ist MI in Cremes, Lotionen und Feuchttüchern (sogenannten «Leave-on»-Produkten) komplett verboten. In Shampoos oder Duschgels («Rinse-off»-Produkten) darf er nur noch in winzigen Spuren vorkommen. Die Zahl der Allergien auf *Methylisothiazolinon* ist seitdem messbar zurückgegangen. Das zeigt, wie wirkungsvoll Regulierung sein kann – und dass Prävention im Alltag funktioniert. Und gleichzeitig, wie präzise, aber auch gnadenlos unser Immunsystem arbeitet.

Wenn Salbe die Haut noch kränker macht

An einen Patienten erinnere ich mich noch genau. Er kam 2024 zu mir, mit schwerer Neurodermitis und völlig verzweifelt. Dabei war er eigentlich stolz auf sich – denn er gehörte zu den Männern, die ihre Hautpflege ernst nehmen. Täglich cremte er gewissenhaft, während, sein O-Ton, «andere Herren das gerne mal vernachlässigen». Sein Problem: Je mehr kortisonhaltige Creme er auftrug, desto schlimmer wurde der Zustand seiner Haut: Das Ekzem breitete sich aus, die Haut brannte, er hatte das Gefühl, die Salbe, die ihm sein Hautarzt verschrieben hatte, sei eher Gift als Hilfe. «Es ist, als ob meine Haut gegen die Behandlung rebelliert», sagte er mir.

Ich bat ihn, mir das kleine Töpfchen mitzubringen, das ihm in der Apotheke persönlich angerührt worden war. Beim Blick auf die Zusammensetzung wurde ich stutzig: Neben dem Kortison hatte der Hautarzt in der Verschreibung aus unerfindlichen Gründen auch Perubalsam zugefügt – ein starker Allergieauslöser. Ein Allergietest bestätigte meinen Verdacht. Wir setzten die Creme ab und stellten auf eine kortisonhaltige Zubereitung ohne Perubalsam um. Ab da heilte seine Haut Schritt für Schritt ab.

Noch eine gute Nachricht: Solche Fälle gehören heute der Vergangenheit an. Seit 2005 ist Perubalsam in Cremes und Kosmetika in der EU wegen seiner starken Allergenität verboten. Für Patient:innen mit Ekzemen ist das ein stiller, aber sehr wirksamer Fortschritt: ein gefährlicher Auslöser weniger.

Und doch bleibt das Thema aktuell: Auch heute können Cremes Allergien auslösen – etwa durch Inhaltsstoffe wie *Cetylstearylalkohol* oder *Lanolin*, die nach wie vor in manchen Salben enthalten sind. Wessen Haut trotz konsequenter Therapie immer schlechter wird, sollte deshalb auch heute noch an eine Kontaktallergie auf Zusatzstoffe denken.

Pilzerkrankungen: alte Erreger, neue Gefahren

Pilzinfektionen klingen harmlos oder eklig. Doch sie sind weit mehr als eine kleine Lästigkeit. Sie reichen von oberflächlichen Infektionen bis hin zu lebensgefährlichen invasiven Erkrankungen. Und sie sind im Wandel: Immer neue Erreger tauchen auf, Resistenzen gegen gängige Medikamente nehmen zu, und die Klimakrise schafft zusätzlich Nischen, in denen Pilze gedeihen können.

Alte Erreger in neuer Umgebung

Ich erinnere mich noch genau an einen Fall, der uns 2004 in München beschäftigte: Eine Familie kam mit zwei Kindern ans Biederstein, Klinikum rechts der Isar. Beide Kinder hatten kahle, schuppige Stellen auf der Kopfhaut, die einfach nicht heilen wollten. Wir setzten eine Kultur an, um herauszufinden, ob ein Pilz dahintersteckt, und es gab eine große Überraschung: *Microsporum audouinii.* Dieser Pilz hatte jahrzehntelang in Deutschland praktisch keine Rolle mehr gespielt – bis die Familie ihn aus einem Urlaub in Mosambik unbemerkt mitbrachte, vermutlich durch den Kontakt mit Katzen oder Hunden. Bald meldeten sich weitere Fälle: im Kindergarten, bei Spielkameraden, sogar bei Erwachsenen im Umfeld der Familie. Am Ende zählten wir 16 Kinder und vier Erwachsene. Manche hatten nur sehr leichte Symptome, doch genau das machte den Ausbruch so tückisch.

Die Eindämmung war enorm aufwendig: Kinder durften monatelang nicht in den Kindergarten (für die Eltern ein übler Vorgeschmack auf die COVID-Pandemie 16 Jahre später), alle Erkrankten mussten systemische und lokale Therapien erhalten – also Tabletten schlucken und Pilz-Salben auftragen –, weitere Familienmitglieder vorsorglich Pilzshampoo benutzen. Ganze Kindergärten wurden intensiv gereinigt, sogar Vorhänge mussten desinfiziert werden, denn selbst dort hatten wir Pilzsporen gefunden – vermutlich waren die Kinder beim Versteckspiel hineingekrochen. Erst nach fast 40 Wochen erklärten wir die Epidemie für beendet. Die Kosten: rund 380 000 Euro – für einen Erreger, den viele schon vergessen glaubten.

Für mich war dieser Ausbruch ein Schlüsselmoment: Er zeigte, dass «alte» Keime jederzeit zurückkehren können – z. B. durch eine harmlose Urlaubsreise, bei der man vermeintlich süße Katzen oder Hunde streichelt. Und dass man bei Kindern mit hartnäckigen Kopfhautveränderungen immer auch an Pilze denken sollte.

Der Hautpilz aus dem Barbershop

Ein weiteres Beispiel ist der «Ringerpilz» oder «Mattenpilz» – oder neu: «Barber-Pilz». Sein lateinischer Name *Trichophyton tonsurans* verrät: Auch er zählt zu den Fadenpilzen und hat eine weite Reise hinter sich. Ursprünglich stammt er aus Australien und

Südostasien. In der Kolonialzeit breitete er sich nach Südamerika aus und gelangte von dort durch internationale Kampfsportwettkämpfe und Migration nach Europa und in die USA. Dort wie im Iran und der Türkei hat heute im Durchschnitt bereits jeder dritte Ringer Erfahrung mit dem «Ringerpilz» (*Tinea gladiatorum* – so der medizinische Fachbegriff).

Warum? Reiben Ringer beim Kampf ihre Köpfe aneinander, rieseln bei Erkrankten Hautschuppen mit Pilzsporen auf die Matte. Dort kann sie sich jeder einfangen. Seit ein paar Jahren, mit dem Trend zur fachmännischen Rasur mit dem Messer und sorgsam rasierter Frisur, ist der Pilz allerdings gewandert: von Kampfsporthallen in Barber- und Friseurshops. Und mit etwas Verzögerung beobachten nun dermatologische Praxen einen starken Anstieg von Patienten (meist Männer oder Jungs) mit Pilzinfektionen am Kopf, am Nacken, im Gesicht oder den Halsfalten.

Werden beim Friseur oder Barber die Rasiermesser und Rasiergeräte nicht sorgfältigst gereinigt und nach jedem Kunden desinfiziert, lässt sich eine Übertragung kaum vermeiden; selbst bei höchsten Hygienestandards ist das Risiko nicht ganz ausgeschlossen. Denn die scharfe Rasur verursacht auf der Haut kaum sichtbare Mini-Verletzungen. Ist der Pilz erst mal «im Haus», können seine Sporen über diese sogenannten Mikrotraumen ganz einfach eindringen.

Resistenzen auf dem Vormarsch

In meiner Ausbildungszeit zur Assistenzärztin am Klinikum rechts der Isar galten Pilzinfektionen als «leicht behandelbar». Doch diese Gewissheit bröckelt; besonders bei Dermatophyten wie *Trichophyton* oder *Microsporum* – das sind Fadenpilze, die die Hautkrankheit Dermatophytose (*Tinea*) verursachen. Sie können sich als Fußpilz, Nagelpilz oder Ringelflechte äußern und entwickeln zunehmend Resistenzen gegen Standardtherapien.

In Südasien etwa breitet sich *Trichophyton indotineae* aus – häufig resistent gegen Terbinafin, unseren wichtigsten Wirkstoff. Inzwischen gibt es auch Fälle in Europa und den USA. Und neue Studien zeigen: Auch die Pilze *Trichophyton mentagrophytes* und sogar *Trichophyton rubrum*, die wir bei unseren heimischen Patienten zwischen den Fußzehen oder am Nagel sehen, entwickeln Resistenzen; teils durch Mutationen in ihren Genen, auf die die Medikamente anzielen.

Candidozyma auris (bis 2024 hieß der Pilz *Candida auris*) wiederum ist ein Hefepilz, der neuerdings in der EU zu Infektionsfällen in den Krankenhäusern führt, trotz hoher Hygienestandards. Er zeigt sich gern dort, wo es feucht ist: in Hautfalten, im Ohr, in der Vagina. In einigen Ländern werden recht hohe Zahlen vermeldet, in anderen fast keine, was vermutlich daran liegt, dass die nationalen Meldesysteme unterschiedlich gut sind – und dass unterschiedlich stringent auf den Pilz getestet wird.

Mit ihm haben wir gleich mehrere Probleme: Dieser Sprosspilz wird häufig mit den üblichen Candidaarten verwechselt und hat die Eigenschaft, dass er sich sehr gut an Oberflächen anhaften kann und dort lange schlummert. Er ist übertragbar und kann «Ausbrüche» auslösen.

Das größte Problem-Duo: Er blüht infolge der Klimakrise mit den wärmeren Temperaturen deutlich auf – und ist häufig resistent gegenüber den herkömmlichen Antimykotika. Bei schlechten Abwehrkräften (Immunschwäche, nach Chemotherapien) besteht das Risiko, dass der Pilz das ganze System Mensch infiziert, was im schlimmsten Fall zu einer Sepsis führen kann. Zusammengefasst ist offensichtlich: Pilzinfektionen werden hartnäckiger, Therapien gestalten sich langwieriger, und Fehldiagnosen sind gefährlicher. Und Resistenztests, die wir früher NIE bei Hautpilzen machten, sollten bei Pilzen genau wie bei Bakterien zur Routine werden.

Warum ist das wichtig für die Umweltmedizin?

Die Geschichte der Pilze ist auch eine Geschichte von Anpassung – an Medikamente, an Klima, an den Menschen selbst. Sie zeigt: Selbst scheinbar «banale» Hauterkrankungen können enorme Folgen haben; medizinisch, sozial und finanziell. Gleichzeitig beweist sie, wie wichtig Aufmerksamkeit in der Medizin ist: Wer genau hinsieht, kann alte Muster erkennen, neue Gefahren frühzeitig bemerken und so Ausbrüche eindämmen, bevor sie außer Kontrolle geraten.

Der Münchner *Microsporum audouinii*-Ausbruch zeigt exemplarisch, was die Umweltmedizin auszeichnet: Krankheiten entstehen nicht isoliert, sondern im Zusammenspiel von Umwelt, Klima, Globalisierung, Reisen und Immunsystem. Ein Pilz, den man fast vergessen hatte, konnte durch eine Urlaubsreise zurückkehren – und plötzlich standen ganze Kindergärten still.

Heute verschärfen der Klimawandel und Umweltbelastungen dieses Problem. Denn anders als wir Menschen profitieren Pilze von der Erderhitzung. Nach Naturkatastrophen wie Überschwemmungen, Tsunamis oder Erdbeben wurden immer wieder ungewöhnliche Hautinfektionen durch Umweltpilze beschrieben. Wärme, Feuchtigkeit und zerstörte Lebensräume schaffen ideale Bedingungen, und verletzte Haut ist ein leichter Eintrittsort. «Global warming» bedeutet nicht nur höhere Durchschnittstemperaturen, sondern auch mehr extreme Wetterlagen – und damit neue Chancen für Pilze, auch in Regionen, wo sie früher nicht vorkamen.

Umweltmedizin denkt diese Entwicklungen zusammen – von der lokalen Klinik bis zum globalen Kontext. Sie verbindet klinische Beobachtung mit ökologischer Analyse und zeigt: Nur wenn wir Umweltfaktoren in unsere Medizin einbeziehen, können wir auf zukünftige Bedrohungen vorbereitet sein.

Schwarzer Hautkrebs – wenn hinschauen Leben rettet

Meinen jüngsten ernsten Hautkrebs-Fall entdeckte ich nicht in der Praxis, sondern bei uns zu Hause, während einer Geburtstagsfeier. Ein kleiner Fleck am Unterarm einer Freundin, unscheinbar – aber mein Blick blieb daran hängen. Für mich war klar: Das könnte ein Melanom sein, im Frühstadium.

Ich konnte meiner Freundin sofort eine Kollegin in einer Klinik in ihrer Nähe vermitteln, die meinen Verdacht bestätigte. Das war der bestmögliche Fall, der eintreten kann: Die Erkrankung wurde so früh erkannt, dass keine Folgen zu erwarten sind – noch bevor meine Freundin krank wurde, wurde sie geheilt. Die bösartigen Zellen waren in einer Hautschicht, in der sie sich nicht auf den Weg machen können, Tochtergeschwülste zu säen, deswegen heißt das Melanom *in situ* (ganz lokal auf die Epidermis beschränkt).

So was passiert mir häufig. Immer wieder zeigen mir Freunde, Familienmitglieder oder auch wildfremde Menschen, wenn sie erfahren, dass ich Dermatologin bin, ihre Hautveränderungen. Oft sind sie harmlos – manchmal aber eben auch nicht. So kam eine Patientin zu mir wegen einer ausgeprägten Schuppenflechte. Wie immer bestand ich auf eine vollständige Hautuntersuchung. Ich gehe dabei schrittweise vor, zuerst die Arme, dann der Oberkörper, schließlich die Beine. Am Ende stand sie vor mir in Socken. «Da brauchen Sie nicht schauen, da ist keine Schuppenflechte», sagte die Patientin. «Trotzdem, bitte einmal die Socken ausziehen», bat ich. Fast ein wenig genervt tat sie es – und da entdeckte ich am kleinen Zeh eine dunkle, leicht blutende Stelle. «Ach, das», winkte sie ab. «Andere Ärzte haben schon geschaut. Selbst der Fußpfleger meinte, das sei nix.» Aber es war doch etwas: ein *acrolentiginöses malignes Melanom* – eine besonders aggressive Form des schwarzen Hautkrebses.

Auch hier hat sich gezeigt, wie entscheidend es ist, sich Zeit zu nehmen und genau hinzusehen. Natürlich war die Schuppenflechte das Thema, mit dem die Patientin kam, und auch die habe ich später behandelt. Aber in diesem Moment musste ich Prioritäten setzen: erst das lebensbedrohliche Melanom, dann die chronische Hautkrankheit. Heute ist beides behandelt – in der richtigen Reihenfolge.

Prävention und Früherkennung

Diese beiden Geschichten zeigen, worum es beim Hautkrebs geht: Früherkennung. Hautkrebs nimmt seit Jahrzehnten zu – weißer mehr als schwarzer Hautkrebs. Ursache ist vor allem die UV-Strahlung durch Sonne, Solarien und unser Freizeitverhalten. Mit dem Klimawandel verändern sich die Bedingungen zusätzlich: Es ist wärmer, wir tanken mehr Sonne, sind mehr im Freien unterwegs, setzen uns veränderten Strahlungsverhältnissen aus. Doch unsere Haut vergisst nichts. Eine Überdosis UV-Licht schädigt das Erbgut der Zellen. Die Haut kann diese Schädigung zwar reparieren, aber diese Mechanismen funktionieren mit der Zeit immer weniger. Der «Arztreport» der Barmer Krankenkasse 2025 zeigt, dass sich die Diagnosen von schwarzem Hautkrebs (*malignes Melanom*) mehr als verdoppelt haben: von 29 250 im Jahr 2005 auf mehr als 71 150 Fälle 2023. Auch die Diagnose «weißer Hautkrebs» wird immer häufiger gestellt – die Zahlen stiegen von rund 112 200 auf 295 000 Fälle.

Besonders betroffen ist laut dieses Reports die «Babyboomer-Generation», also Menschen, die zwischen 1950 und 1964 geboren sind und das «Bronzen» erfanden. Wer Geld hatte, fuhr in den Urlaub nach Süden, warf sich in die Sonne und zeigte seine Bräune mit Stolz. Wer keins hatte, legte sich ins Solarium. Erst in den 1980er-Jahren, nach dem Wahrnehmen des Ozonlochs, wuchs langsam die Erkenntnis über das Risiko von Sonnenbestrahlung: Sie ist neben Arsen und Zigarettenrauch eines der schlimmsten Krebsgifte.

Die gute Nachricht: Die Menschheit kann selbst verursachte Probleme sehr wohl lösen. Bestes Beispiel: der Kampf gegen das Ozonloch. Mitte der 1970er-Jahre warnten Wissenschaftler zum ersten Mal laut davor, dass FCKW (Fluorchlorkohlenwasserstoffe) die Ozonschicht in der Atmosphäre schädigen.

Als die Völkergemeinschaft das große Risiko erkannte, reagierte sie schnell und umfassend: 1985 beschlossen 189 Länder, die Produktion und Verwendung dieser Stoffe weitestgehend zu stoppen, und hielten sich auch daran. Seither hat sich das Ozonloch deutlich verkleinert.

In zahlreichen Ländern ist Sonnenmilch an vielen Stränden heute umsonst. Für die Gemeinschaft kommt diese Form der Prävention wesentlich günstiger, als wenn sie Kliniken für Hautkrebs finanzieren muss. Die Umweltmedizin denkt all das zusammen: die Umweltfaktoren, das individuelle Risiko, die gesellschaftlichen Entwicklungen und mögliche Präventionsmaßnahmen. Nur so können wir Hautkrebs rechtzeitig erkennen, ihm vorbeugen und ihn behandeln.

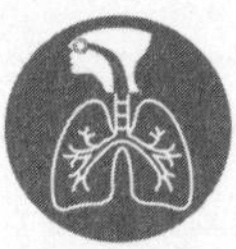

ATEMWEGE: Die «United Airways» unseres Körpers

Wir atmen rund 20 000-mal am Tag ein und aus – im Laufe eines Lebens strömen dabei im Schnitt 300 Millionen Liter Luft durch unsere Atemwege – genug, um den ganzen Himmel mit Luftballons zu füllen.

Mit jedem Atemzug tritt unsere Innenwelt in Kontakt mit der Außenwelt. Die Luft, die wir einatmen, passiert die Nase, den Rachen, die Luftröhre und feinste Bronchien, bis sie in den Alveolen landet. Das sind winzige Lungenbläschen, in denen der Gasaustausch stattfindet. Würde man sie ausfalten, kämen sie auf eine gewaltige Fläche: etwa 100 Quadratmeter, so groß wie eine stattliche Wohnung. Diese Wohnung, um im Bild zu bleiben, hat hauchdünne Wände, die die Grenze zwischen Innen und Außen bilden. Hier entscheidet sich, ob die eingeatmete Luft gesund hält oder schadet. Denn hinter den Alveolen verlaufen feine Blutgefäße, über die die eingeatmete Luft Sauerstoff an das Blut abgibt – an jede einzelne Zelle des Körpers. Gleichzeitig nehmen die Alveolen das Kohlendioxid auf, das der Körper durchs Ausatmen wieder loswerden will. Dieses ständige Ein- und Ausatmen hält uns am Leben. Atemzug für Atemzug.

Überall entlang des Luftweges durch die «United Airways» schützen uns spezialisierte Zellen mit Minihärchen, Schleimschichten und Immunzellen als Barrieren und bewahren uns vor groben Schadstoffen wie Staub, aber auch vor Pollen und diversen Krankheitserregern. Genau wie unsere Haut Fremdkörper der Außenwelt abwehrt, tun dies auch die Schleimhäute der Atemwege. Beide Systeme reagieren nach denselben biologischen Prinzipien – und beide sind empfindlich.

Asthma und Neurodermitis, Allergie und Atemwegserkrankungen zeugen von derselben Verwundbarkeit an unseren «Grenzflächen». Es klingt wie eine Binse, doch gerät oft in Vergessenheit: Alles, was wir als Gesellschaft in die Luft lassen – in die Räume, in denen wir uns bewegen, wie in die Atmosphäre, die unsere Erde umgibt –, kommt über die Atmung auch wieder zu uns zurück. Ist die Luft sauber, können unsere Alveolen uns optimal mit Sauerstoff versorgen, wir atmen frei und sind fit. Leben wir an einem Ort, wo viele Fabriken, Kamine, Auspuffe oder Zigarettenrauch eine Mischung aus Feinstaub, Stickoxiden, Ozon, Metallen oder flüchtigen organischen Verbindungen ausstoßen, kehren diese in die feinsten Verästelungen der Lunge zurück. Sie erschweren das Atmen und reisen über die Alveolen in unserem Blut weiter bis in unsere Organe. Und sogar bis ins Gehirn.

Bekanntermaßen gibt es nur sehr wenige Lebewesen, die kaum Sauerstoff brauchen zum Überleben – der Wattwurm etwa. Wir Menschen gehören jedenfalls nicht dazu. Daher ist der Zustand unserer Umwelt, vom Klima über die Schadstoff- bis zur Pollenbelastung, so entscheidend. Und deshalb ist Luftverschmutzung in Kombination mit der zunehmenden Erderhitzung ein massives Problem. Für alle Menschen, jedoch besonders für Kinder und all jene, die bereits unter Erkrankungen ihrer Atemwege leiden.

Es fliegt was in der Luft

Menschen leben länger und gesünder, je sauberer die Umgebungsluft ist, die sie einatmen. Was verschmutzt die Luft?

Feinstaub (PM2,5 – siehe S. 30) bezeichnet Kleinstpartikel, die in der Luft schweben, etwa von Ruß, Plastik, Reifenabrieb, Dünge- oder Abfallrückständen. Je kleiner, umso tiefer können sie in die Lunge und über den Blutkreislauf in den ganzen Körper gelangen.

Flüchtige organische Verbindungen (VOCs für *volatile organic compounds*) sind das, was man an stark befahrenen Straßen riecht: gasförmige Kohlenstoffverbindungen, die z. B. aus dem Auspuff kommen und durch Verbrennungsprozesse entstehen. Sie können auch auf natürliche Weise (z. B. Zitrusduft) entstehen, aber vor allem beim Verdunsten von Chemikalien (wie Lacken, Klebstoffen, Parfüm etc.).

Kohlenmonoxid (CO) ist ein geruchloses Gas, das bei der unvollständigen Verbrennung von Brenn- und Treibstoffen entsteht. In höheren Konzentrationen wirkt CO als starkes Atemgift. (**Kohlendioxid** [CO_2] ist kein Luftschadstoff, sondern für das Leben auf der Erde unverzichtbar. Die übermäßige Zunahme der CO_2-Konzentration in der Atmosphäre trägt wesentlich zum menschengemachten Treibhauseffekt bei.)

Stickoxide (NO_x): gelten als die am stärksten toxischen Schadstoffe in Städten. Sie entstehen, wenn fossile Brennstoffe wie Öl, Gas, Kohle oder Holz verbrennen, etwa zum Heizen, für Automotoren (v. a. Diesel). Eine lange NO_2-Belastung erhöht das Risiko von Herz-Kreislauf-Erkrankungen. Bei Pflanzen färbt es die Blätter gelb, lässt neue allergene Eiweiße entstehen. Außerdem schädigt es Böden und Gewässer. Im Sommer tragen Stickoxide in Städten zur Bildung von Ozon bei (s. u.).

Schwefeldioxid (SO_2) riecht nach «Abgasen» und entsteht, wenn Schwefel in fossilen Brennstoffen wie Kohle und Öl oxidiert. Dank effektiver Schutzmaßnahmen sind Gesundheitsprobleme durch SO_2 in Deutschland nicht mehr zu befürchten; Gleiches gilt für den «sauren Regen», der unsere Wälder zerstörte.

Bodennahes Ozon (O_3) hat nichts mit der Ozonschicht zu tun, sondern ist Teil von Smog in Nasenhöhe. Es entsteht, wenn Sonnenlicht mit Stickoxiden oder anderen chemischen Verbindungen reagiert. Bei hoher Ozonbelastung steigt das Risiko für Herz-Kreislauf-Beschwerden.

Die gute Nachricht: Im Vergleich zu vor 100 Jahren und auch im Vergleich zu vor 25 Jahren hat sich die Luftqualität in Deutschland bereits erheblich verbessert. Als der saure Regen in den 1980er-Jahren begann, unsere Wälder zu zerstören, mussten Fabriken Filter in ihre Schlote einbauen. Jedes moderne Auto ist inzwischen mit einem Katalysator ausgestattet, wer keine grüne Plakette hat, darf nicht mehr in Innenstädte fahren. Wir haben viel erreicht und damit ganz sicher Hunderttausende Menschenleben gerettet. Der globale Lancet Countdown, ein Bericht, der seit 2016 jedes Jahr von einer internationalen Gruppe akademischer medizinischer Einrichtungen, der Weltgesundheitsorganisation und mehreren anderen UN-Organisationen erstellt wird, zeigt 2024: Durch weniger Schadstoffe in der Luft, vor allem Feinstaub (PM2,5) aus fossilen Brennstoffen, konnten weltweit 156 000 Todesfälle zwischen 2016 und 2021 verhindert werden. Die Zahl der Todesfälle durch PM2,5 sank von 2,25 Millionen auf 2,09 Millionen, also um fast sieben Prozent. Mehr als die Hälfte dieses Rückgangs (59 Prozent) ist auf die geringere Verbrennung von Kohle zurückzuführen, vor allem in Ländern mit hohem Lebensstandard.[1]

Trotz dieser Erfolge liegt die globale PM2,5-Belastung weiterhin mehr als viermal über dem WHO-Grenzwert. Es ist also noch viel Platz nach oben – und zum Glück gibt es auch genügend Vorschläge, wie wir als Individuen und als Gesellschaft die Luft und damit auch uns selbst gesünder machen können (siehe das Kapitel «Prävention»). Wir müssen sie nur umsetzen.

Um die Zusammenhänge besser zu verstehen, haben wir am Institut für Umweltmedizin Krankendaten und Diagnosen mit Wetterdaten der vergangenen Jahre verknüpft. Ziel war es, herauszufinden, wer bei Hitzewellen oder extremer Kälte wann und mit welchen Beschwerden medizinische Hilfe braucht, um Ärztinnen, Ärzte und Krankenhäuser künftig besser auf solche Belastungssituationen vorzubereiten. Das Ergebnis: Extreme Temperaturen – ob heiß oder kalt – belasten vor allem die Atemwege, aber auf unterschiedliche Weise.

Hitze wirkt sofort: Schon nach den ersten Tagen stiegen Arztbesuche und Krankenhausaufnahmen wegen Atemwegserkrankungen deutlich an. Besonders betroffen waren Menschen mit Asthma und COPD. Hitze verschärft diese Krankheiten, weil sie Entzündungsprozesse anregt und gleichzeitig Ozon- und Feinstaubbelastung zunimmt. Danach flacht der Effekt wieder ab – ein Muster, das auch in anderen Ländern beobachtet wurde. Kälte wirkt dagegen verzögert: Direkt nach einem Kälteeinbruch passiert meist wenig. Erst nach ein bis drei Wochen nehmen die Atemwegserkrankungen deutlich zu.

In den vergangenen Jahren haben vor allem die kurzfristigen Folgen von Hitze stark zugenommen – immer mehr Menschen müssen kurz nach heißen Tagen wegen Atemwegserkrankungen medizinisch behandelt werden. Unsere Analyse zeigt auch, wer besonders gefährdet ist: Männer reagierten im ambulanten Bereich besonders empfindlich auf Hitze, kleine Kinder (0–5 Jahre) litten besonders unter Kälte, vermutlich, weil ihr Körper die Temperatur noch nicht gut regulieren kann. Frauen hatten das höchste kurzfristige Risiko für eine Krankenhauseinweisung, und ältere Menschen reagierten sowohl auf Kälte als auch auf Hitze.

Diese Ergebnisse zeigen klar: Extreme Temperaturen treffen bestimmte Gruppen härter als andere. Das Wissen darüber hilft, gezielte Präventionsmaßnahmen, Aufklärung und Schutzstrategien zu entwickeln – damit gefährdete Menschen in Zukunft besser geschützt sind.

Allergien – der Körper im Fehlalarm

Dieses Kapitel ist eng mit dem vorherigen über unsere Haut verknüpft. Zum einen suchen uns Allergien, wie bereits erläutert, über dieselbe Eingangspforte heim wie die Neurodermitis, nämlich über geschädigte Haut. Zum anderen schreiben wir hier auch eine Erfolgsgeschichte weiter: Wir verstehen heute schon viel besser, wie Allergien, Heuschnupfen und Asthma entstehen – und können gezielt eingreifen. Niemand muss sich mehr mit einer dauerhaft laufenden Nase herumplagen oder nächtliche Hustenanfälle hinnehmen. Neue Therapien setzen direkt bei den Mechanismen der Krankheit an, wir sprechen von «disease modification» – der Veränderung des Krankheitsverlaufs mit dem Ziel, gut damit leben zu können.

Die schlechte Nachricht ist, dass wir den Allergie-Tsunami noch nicht ansatzweise abgeschwächt haben. Im Gegenteil: Länder des globalen Südens, über die die Allergiewelle bislang noch nicht geschwappt ist, erleben sie nun ebenfalls, umso heftiger, je mehr sie die «moderne Lebensweise» der Industrieländer kopieren.

Auch Asthma ist heute in den meisten Fällen gut behandelbar (siehe S. 104). Was früher als chronische, schwer kontrollierbare Erkrankung galt, lässt sich nun in vielen Fällen präzise steuern.

Dank moderner, personalisierter Therapien gelingt es, das Immunsystem wieder in Balance zu bringen und vielen Betroffenen ein Leben fast ohne Symptome zu ermöglichen. Manche Asthma-Erkrankte können sogar sportliche Spitzenleistungen erbringen – so wie Haile Gebrselassie, der mehrfache Weltrekordläufer und Olympiasieger, der trotz Asthma Marathon-Geschichte schrieb. Auch Pop- und Rockstars wie U2-Sänger Bono, Billy Joel, P!nk und Avril Lavigne legen trotz Asthma großartige Auftritte auf der Bühne hin. Das macht doch Mut, oder?

Die wichtigste Botschaft dieses Kapitels ist folgende: Allergien sind keine Lappalie, sondern eine Erkrankung, die das Leben tiefgreifend beeinträchtigt. Bei einigen wenigen kann sie auch zur tödlichen Gefahr werden – siehe Kasten Anaphylaxie (S. 94 sowie S. 135 zu Nahrungsmittelallergien). Ich empfehle daher allen, allergische Symptome wie Heuschnupfen nicht zu «ertragen», sondern unbedingt zu behandeln – und zwar so früh wie möglich. Nur so verhindern Sie, dass der Schnupfen den gefährlichen «Etagenwechsel» von Augen und Nase zu Atemwegen und Lungen vollzieht und sich zu Asthma oder einer noch schwereren Systemkrankheit auswächst.

Pollenallergien – die neue Volkskrankheit

Die Nase juckt, läuft im Dauermodus, ist verstopft. Sie müssen ständig niesen, sich die ebenfalls juckenden und tränenden Augen reiben. Auch die Haut juckt, rötet sich. Womöglich kommt Husten dazu. Erst leichter, dann immer quälender, es folgen regelrechte Hustenattacken. Sie werden kurzatmig, bekommen immer schlechter Luft, bis hin zum Asthma. In so einem Zustand zu arbeiten oder zu lernen, ist schwierig. Das Haus verlassen, spazieren gehen, Sport machen: nahezu unmöglich. Drinbleiben und das Fenster geschlossen halten? Ätzend, aber es geht nicht anders.

Klingt dieses Szenario für Sie bekannt? Leben Sie auch mit allergischen Symptomen – oder kennen Sie sie von Ihren Kindern, Eltern, Freund:innen, Partner:innen, Kolleg:innen? Dann sind Sie in guter oder, sagen wir, eher in großer Gesellschaft: Allergien haben sich in den vergangenen Jahrzehnten epidemieförmig ausgebreitet. Mittlerweile leiden in Europa mehr als 128 Millionen Menschen an Allergien, in Deutschland sind es 20–30 Millionen, Tendenz aufwärts, darunter mehr Frauen als Männer.[2] Etwa acht Prozent der 80 Millionen Deutschen leiden unter Asthma.[3] Manche nur für ein paar Tage im Jahr, viele für ein paar Wochen, nicht wenige eine ganze Saison lang und ganz Unglückliche fast das ganze Jahr über. Gerade in der jüngeren Bevölkerung hat jede dritte Person eine Pollenallergie, und es geht auch immer früher im Kindesalter los mit den Beschwerden. 128 Millionen Kinder und Erwachsene, die mit verstopfter Nase, geschwollenen Augen etc. aufwachen – das ist nicht nur für jede:n persönlich unangenehm, mindert nicht nur die Lebensqualität und die Laune, sondern auch die Leistungsfähigkeit in der Schule, in der Ausbildung, im Beruf.

Wie sehr das schon früh im Leben ins Gewicht fällt, zeigte eine britische Studie[4] mit 1800 Schüler:innen zwischen 15 und 17 Jahren: Bei Prüfungen während der Pollensaison hatten diejenigen mit akuten Allergiesymptomen oder entsprechender Medikation ein im Schnitt um rund 40 Prozent höheres Risiko, in wichtigen Fächern wie Mathe, Englisch oder Naturwissenschaften eine Note schlechter abzuschneiden. Im Berufsleben wird die Belastung nicht geringer. Somit leidet letztendlich auch die Gesellschaft als Ganzes. Mit meinem Kollegen Torsten Zuberbier von der Charité Berlin habe ich das einmal hochgerechnet: Demnach verursachen Allergien in Europa sozioökonomische Schäden in Höhe von 151 Milliarden Euro pro Jahr. Und gleich sind wir fertig mit den schlechten Nachrichten, aber diese bitte ich Sie noch zu verinnerlichen: Wenn wir nicht schleunigst gegensteuern, wird sich die Situation durch die Klimakrise und die Luftverschmutzung weiter verschlechtern.

Und nun Auftritt Mehmet Gökkaya. Vater zweier Kinder, verheiratet, 1986 geboren in der Türkei, mit 15 Jahren Umzug nach Stuttgart, wo er seither lebt – wenn er nicht irgendwo anders studiert oder forscht. Mehmet ist in meinem Berufsalltag wie in diesem Buch in doppelter Rolle unterwegs, ich könnte auch sagen: als doppelter Hoffnungsträger – als Patient und als Wissenschaftler.

In meinem Team forscht er als Gruppenleiter über Allergien und sucht Antworten darauf, wie Bioinformatik helfen kann: Er entwickelt mathematische Modelle, die individuell vorhersagen können, wie stark die Symptome in der aktuellen Saison auftreten (dazu später mehr, S. 270). Gleichzeitig ist Mehmets persönliche Allergiegeschichte mit all ihren Hochs und Tiefs ziemlich «klassisch» – abgesehen davon vielleicht, dass sie nicht im Zentrum Deutschlands begann, sondern im Zentrum der Türkei.

Mehmet Gökkaya wuchs in einer ländlichen Gegend auf und teilte mit seiner Familie eine kulinarische Leidenschaft: «Wir liebten Äpfel!», berichtete er mir. «Jede Woche kauften wir zehn Kilo, wir konnten nicht genug davon bekommen!» Weder seine Eltern noch seine Geschwister litten in der Türkei an einer Allergie. Und sie blieben auch erst mal gesund, als die Familie 2001 nach Stuttgart nachzog, wo der Vater bereits arbeitete. Mehmet war damals 15. Doch als er von der Werkrealschule im Stadtzentrum Stuttgarts auf eine neue Schule im Vorort Vaihingen wechselte, fingen bei ihm erste Beschwerden an. «Der Schulhof war umgeben von Wiesen und schönen alten Bäumen. Birken», erinnert er sich. «Kaum trugen die ihre Kätzchen, war meine Nase zu, die Augen juckten, alles war dicht. Auf Hasel- und Erlenpollen reagierte ich im Jahr darauf ebenso allergisch.»

Jedes Frühjahr suchte ihn wochenlang dieselbe Qual heim – auch während der Abiturprüfungen. «Die Abi-Prüfungen finden ja in der Pollen-Hochsaison statt, super Timing! Ich hatte die Wahl, mich mit triefender Nase und geschwollenen Augen an den Schreibtisch zu setzen oder Allergietabletten zu nehmen, die mich müde machen. Wäre ich nicht wirklich sehr motiviert gewesen, hätte ich mein Abi sicher nicht geschafft. Anderen gelingt das unter solchen Bedingungen vielleicht nicht.»

Es blieb nicht bei den Pollenallergien. Mein Kollege entwickelte allergisches saisonales Asthma und dazu diverse Kreuzallergien (siehe S. 96) gegen Pflaumen, Kiwis, Nektarinen, Birnen – und gegen seine geliebten Äpfel. «Ein Biss, und die Adern in meinem Gaumen schwollen so an, dass ich sie mit dem Finger spüren kann», schildert er das Symptom, das in der Medizin «orales Allergiesyndrom» genannt wird. «Es fängt an zu jucken, nichts hilft. Ich dachte zunächst, viel Wasser trinken würde mir helfen, aber das Einzige, was wirkte, war, abzuwarten, bis die Symptome nachlassen.» Bald darauf passierte ihm dasselbe beim Verzehr von Karotten, Erdbeeren sowie Nüssen. «Mein Speiseplan wurde immer ärmer. Bei jedem Gericht, das wir nicht selbst kochen, muss ich aufpassen, etwas weglassen oder einzelne Zutaten rauspicken. Dabei esse ich so gern! Und probiere so gern auch Neues aus!» Sein Fazit: «Die Allergien schränken mich und meine Lebensqualität wirklich stark ein.»

Ebenfalls typisch an Mehmets Fall ist, dass seine Eltern und Geschwister seine allergischen Reaktionen anfangs nicht besonders ernst nahmen. «Probier doch noch mal!», wiederholten sie immer wieder. «Es kann doch gar nicht sein, dass du auf einmal keine Äpfel mehr essen kannst.» Oder: «Das hört sicher wieder auf.»

Zum Glück fand er in Stuttgart schließlich einen sehr guten Allergologen. Der verschrieb ihm zuallererst ein Kortisonspray und Antihistaminika-Tabletten, erklärte en détail, wie Allergien entstehen – und weckte damit Mehmets Interesse am Thema. Wie erfolgreich die Behandlung verlief und wie es ihm heute geht, dazu kommen wir gleich.

Wie entstehen Allergien?

Unhappy Birthday: Das Wort «Allergie» feiert im Jahr 2026 seinen 120. Geburtstag. Erfunden hat es 1906 der Wiener Kinderarzt Freiherr Clemens von Pirquet, der sich für das damals noch junge Forschungsfeld der Immunologie interessierte – im gängigen Wortschatz auch Lehre vom «Abwehrsystem» genannt (siehe dazu das Kapitel «Das Immunsystem» ab S. 142). Von Pirquet fand unter anderem heraus, dass Antikörper im menschlichen Blut nicht nur vor Krankheiten schützen, sondern selbst auch Erkrankungen oder Überempfindlichkeitsreaktionen auslösen können – also eine andere (auf Griechisch *állos*) Arbeit (auf Griechisch *érgon*) erledigen als erwartet oder erwünscht.

Bis heute trifft es das ziemlich gut, finde ich. Ich fasse Allergien immer zusammen als eine chronische Überempfindlichkeitsreaktion des Immunsystems auf eigentlich harmlose Umweltsubstanzen, die Allergene. Das können Eiweiße von Birkenpollen sein, Erdbeeren, Hausstaubmilben oder Erdnüsse, die beim Einatmen, beim Essen, bei Kontakt oder einem Stich in den Körper gelangen. Das Immunsystem von Betroffenen lernt über die Zeit irrtümlich, die Allergene als «fremd» einzustufen, und produziert als fehlgeleitete Schutzreaktion Antikörper des Immunglobulin-E-Typs (IgE – siehe S. 96).

Ursprünglich schützt IgE den Körper vor Parasiten- und Wurminfektionen. Es hängt sich an die Oberflächen sogenannter Mastzellen, wo es in eine Art Winterschlaf fallen kann. Im Fachjargon der Allergologie wird diese Phase «Sensibilisierungsphase» genannt: Der Mensch ist sensibilisiert, sein Immunsystem scharf gestellt, hat aber (noch) kein Problem. Wann der Kipppunkt zur Allergie kommt und was dieser bei den einzelnen Patient:innen auslöst, haben wir noch nicht ganz verstanden. Es gibt dementsprechend auch noch keinen Test, der das Kippen vorhersagen kann, doch wir arbeiten dran.

Klar ist: Die sogenannten regulatorischen T-Zellen spielen bei der Abwehr eine wichtige Rolle. Sie steuern die Fähigkeit des Körpers, die Toleranz gegenüber harmlosen Stoffen aufrechtzuerhalten – und wurden im Oktober 2025 weltberühmt: Ihre drei Entdecker Mary E. Brunkow, Fred Ramsdell (beide USA) und Shimon Sakaguchi (Japan) bekamen den Medizin-Nobelpreis. Irgendwann jedoch, nach Wochen, Monaten oder auch Jahren, wenn die sensibilisierte Person erneut in Kontakt mit dem Allergen kommt, erwacht das Immunsystem. Urplötzlich schlagen unter anderem weiße Blutkörperchen und Antikörper Alarm und produzieren entzündungsfördernde Botenstoffe wie Histamin. Aktiviert ein Allergen diese Zellen, wird Histamin freigesetzt und erweitert die Blutgefäße. Dadurch gelangen Abwehrzellen schneller an den Ort der Reaktion, verursachen die typischen Allergiesymptome und lösen eine Entzündungskaskade aus. Die akute Entzündung entsteht zunächst am Ort des Kontaktes, z. B. im Auge, wenn so ein hundertstel Millimeter kleiner Pollen hineingeweht wird. Von dort kann sie sich weiterverbreiten: in die Nase, die Bronchien etc. und in sehr seltenen Fällen auch schwere allergische Reaktionen auslösen.

Anaphylaxie

Die gravierendste Reaktion bei Allergien ist ein anaphylaktischer Schock. Dann schwellen die Schleimhäute zu, die Haut zeigt rote Flecken oder Quaddeln, das Atmen fällt immer schwerer.

Schließlich kann die massive Freisetzung von Histaminen zu einem Kreislaufkollaps führen oder die Funktion von Organen beeinträchtigen, gar den gesamten Organismus erfassen. Wenn dann nicht schnell behandelt wird, besteht akute Lebensgefahr.

Bei Pollenallergien passiert das zum Glück selten. Bei Lebensmittelallergien, etwa gegen Erdnüsse, ist das Risiko höher. Die meisten Todesfälle bei Erwachsenen nach einem anaphylaktischen Schock werden durch Wespen- oder Bienenstiche verursacht (im Schnitt 20–25 pro Jahr in Deutschland[5]). Bei Kindern führen Hyperreaktionen auf Nahrungsmittel (hauptsächlich Erdnüsse und Schalentiere) die traurige Statistik an.

Wer unter einer Anaphylaxie leidet, sollte daher immer (!) ein Notfallkit bei sich tragen. Dazu gehören Antihistamine, ein Kortisonpräparat (beides in Flüssigform) sowie ein Adrenalin-Autoinjektor (FastJekt/EpiPen). Adrenalin verengt die Gefäße bei einem Blutdruckabfall in Minutenschnelle und stabilisiert dadurch Kreislauf und Blutdruck.

Das größte Problem bei erst mal harmlosen Symptomen: Allergien können im Lauf des Lebens einen sogenannten Etagenwechsel durchlaufen. Die erste Etappe ist meist ein Ekzem, das bei Babys um den dritten Lebensmonat auftaucht – wie bei meiner Patientin Julia Meier (siehe S. 51). Über diese Schwachstelle in der Haut nimmt der Körper Allergene auf, damit geht der Ärger los. Ab dem Alter von einem Jahr folgt manchmal Etappe zwei: eine Nahrungsmittelallergie. Und im Teenageralter wie bei Mehmet Gökkaya Etappe drei: eine Überreaktion gegen Pollen, häufig mit diversen Kreuzreaktionen, die erst Heuschnupfen auslösen und bei schwereren Verläufen hinunter in die Bronchien ziehen. Neuere Studien zeigen jedoch: Der Verlauf ist nicht bei allen gleich. Manche Kinder entwickeln keine weiteren Allergien, andere in anderer Reihenfolge. Der atopische Marsch ist also kein festes Gesetz, sondern ein mögliches Muster, das von Genen, Umwelt und individueller Empfindlichkeit abhängt.

KLEINES ALLERGIE-GLOSSAR

Ein **Allergen** ist eine eigentlich harmlose Substanz, meist ein Eiweiß etwa aus Pollen, Tierhaaren oder Nüssen, die bei sensibilisierten Menschen eine Abwehrreaktion auslöst.

Sensibilisiert heißt: Dem Immunsystem ist ein Allergen «vorgestellt worden», das es sich merkt – es reagiert aber noch nicht darauf. Gleichwohl ist es auf Habtachtstellung.

Allergisch heißt: Jetzt ist die Erkrankung da mit konkreten Symptomen, Niesen, Asthma, Nesselsucht, Durchfall. Das Immunsystem toleriert das Allergen nicht mehr, sondern baut eine Immunantwort auf, die eine Entzündungskaskade auslöst.

IgE ist ein Antikörper im Blut, der bei Allergien überempfindlich reagiert. Er identifiziert harmlose Stoffe wie Pollen oder Tierhaare fälschlich als gefährlich und löst eine Abwehrreaktion aus.

Histamine sind Botenstoffe, die der Körper bei einer allergischen Reaktion ausschüttet. Sie sind verantwortlich für Juckreiz, tränende Augen oder gar einen anaphylaktischen Schock.

Kreuzallergien entstehen, weil das Immunsystem Eiweißabschnitte verschiedener Allergene aufgrund ihrer Ähnlichkeit verwechselt. So kann ein IgE-Antikörper gegen Birkenpollen auch ähnliche Eiweißstellen in Hasel- oder Erlenpollen identifizieren, sogar bei Nahrungsmitteln wie Äpfeln, Karotten, Sellerie oder Petersilie.

Prick-Tests sind Hauttests, bei denen winzige Mengen von Allergenen durch einen Pieks in die oberste Hautschicht gebracht werden. Wenn es dort anschließend juckt oder sich rötet, spricht das für eine Allergie gegen diesen Stoff.

Molekulare Allergiediagnostik (auch komponentenbasierte Diagnostik) geht einen entscheidenden Schritt weiter: Sie bestimmt die IgE-Antikörper gegen einzelne Allergenmoleküle, also gegen die Bausteine innerhalb eines Allergens, die tatsächlich die Reaktion auslösen. Damit ist sie viel spezifischer als herkömmliche Tests.

Eine **Hyposensibilisierung** (auch spezifische Immuntherapie [SIT] oder Allergen-Immuntherapie [AIT]) soll das Immunsystem an einen bestimmten Allergieauslöser gewöhnen. Dazu wird das Hauptallergen über einen Zeitraum von drei Jahren regelmäßig und in steigender Dosis verabreicht – entweder als Spritze oder als Tablette bzw. Tropfen. Im Laufe der Therapie bilden sich schützende Antikörper (IgG4), die die allergieauslösenden IgE-Antikörper «überstimmen» und so die allergische Reaktion verhindern.

Allergien behandeln 2026: molekulare Allergendiagnostik als Wegweiser

Mehmet Gökkayas erster Besuch bei seinem Stuttgarter Allergologen liegt 20 Jahre zurück. Doch der Arzt schlug dem jungen Mann schon damals genau das Richtige vor: eine Hyposensibilisierung

(s. o.). Diese Therapie hat das Ziel, dass das Immunsystem Toleranz entwickelt: Durch die wiederholte Begegnung mit kleinen Mengen des Allergens lernt es nach und nach, ruhig zu bleiben, statt Alarm zu schlagen. Schon vor 20 Jahren hatten Hyposensibilisierungen gute Erfolgsquoten. Heute sind sie noch besser. Doch damals wie heute brauchen sie Zeit, um Erfolg zu zeigen – drei Jahre insgesamt. Und Kontinuität ist ganz wichtig: Ein vorzeitiger Abbruch führt fast immer dazu, dass die Wirkung ausbleibt oder die Allergie zurückkehrt.

Das musste auch mein Kollege am eigenen Leib erfahren. Alle paar Wochen (je nach Präparat) einen Termin in der Praxis wahrnehmen, um sich eine Spritze geben zu lassen – für einen jungen Menschen wie Mehmet mitten in der Ausbildung war das schwierig bis unmöglich: Biochemie-Studium in Tübingen, Austauschjahr in Rumänien, wo die Hyposensibilisierung noch nicht Standard ist, Forschungspraktikum in Korea, wo er die Wirkstoffe hätte durch den Zoll bringen müssen ... «Die Therapie wirkte, es ging mir besser», resümiert er. «Aber ich konnte sie nicht so durchziehen, wie es hätte sein müssen.» Nach knapp zwei Jahren brach er sie endgültig ab.

2016 landete er dann bei mir in Augsburg, erst als Mitarbeiter, dann auch als Patient. Wir starteten 2021, nach dem ersten COVID-19-Pandemiejahr, erneut eine Hyposensibilisierung mit einem Birkenextrakt – diesmal allerdings sublingual, also in Form von Tabletten, die unter der Zunge schmelzen. Ich bevorzuge diese Therapie, weil meine Patient:innen dann unabhängig von mir sind. Mehmet wurde so sein eigener Arzt. Und das Ergebnis war bemerkenswert: Die Birkenallergie besserte sich deutlich. Nur leider verstärkte sich seine Reaktion auf Hasel, ein häufiger «Verwandter» der Birke.

Sein Beispiel zeigt, wie komplex Allergien sein können und warum die molekulare Allergiediagnostik heute so wichtig ist.

Sie erlaubt uns, genau zu sehen, gegen welche einzelnen Eiweiße (Allergenkomponenten) das Immunsystem reagiert und welche Kreuzreaktionen zu anderen Pollen bestehen. Diese Methode ist wesentlich empfindlicher und kann in vielen Fällen mehr leisten als herkömmliche Testverfahren: Sie zeigt, ob eine Allergie echt ist oder auf verwandte Proteine zurückgeht (Kreuzallergie), und sie hilft, das Risiko für schwere Reaktionen besser einzuschätzen.

In den letzten Jahren ist die Zahl der bekannten und kommerziell verfügbaren Allergenmoleküle stark gestiegen. Die Diagnostik wird dadurch immer genauer. Man kann heute fast von einem «molekularen Allergie-Fingerabdruck» sprechen, der die Grundlage für eine maßgeschneiderte Hyposensibilisierung bildet.

Mit diesem Wissen planen Mehmet und ich nun einen dritten Versuch: eine breiter angelegte Hyposensibilisierung, die Birke, Hasel und Erle gemeinsam umfasst. So wollen wir sein Immunsystem gezielt an die «ganze Familie» verwandter Pollen gewöhnen, um eine dauerhafte Toleranz aufzubauen und so die Allergie tatsächlich zu heilen. Mein werter Mitarbeiter muss also leider noch mal von vorn beginnen. Doch da er inzwischen sesshafter geworden ist und als Ehemann und Vater etwas weniger um die Welt gondelt, sind wir beide zuversichtlich, dass er bald schnupfenfrei durchs Frühjahr kommt – und vor allem wieder seine geliebten Äpfel essen kann.

Dazu habe ich noch eine weitere, erstaunliche Neuigkeit: Alte Apfelsorten können tatsächlich helfen, pollenassoziierte Apfelallergien zu überwinden – also das sogenannte orale Allergiesyndrom, bei dem nach dem Essen von rohem Obst oder Gemüse der Mund juckt oder anschwillt. Unter anderem Studien aus Deutschland zeigen,[6] dass Menschen mit Heuschnupfen und Apfelallergie durch eine gezielte «Apfel-Immuntherapie» ihre Beschwerden deutlich lindern. Dabei essen sie täglich kleine Mengen bestimmter Sorten – anfangs besonders verträgliche wie Santana oder

Alkmene, später auch stärker allergene Varianten. Die Dosis wird langsam gesteigert, bis sich das Immunsystem an die Apfel-Eiweiße gewöhnt hat. Bis zu 80 Prozent der Teilnehmenden vertrugen nach der «Therapie» auch hochgezüchtete Supermarkt-Äpfel ohne Probleme. Auch im Blut zeigte sich eine messbare Verbesserung der Immunreaktion.

Wichtig: Diese Form der Immuntherapie eignet sich nur bei pollenassoziierten Nahrungsmittelallergien, also wenn die Allergie von einer Pollenallergie herrührt – nicht bei «echten» Nahrungsmittelallergien, die zu schweren, anaphylaktischen Reaktionen führen können (siehe S. 94). Noch ist die Methode keine Routinebehandlung, aber sie gilt als vielversprechender, natürlicher Weg zu mehr Toleranz – und vielleicht zurück zum unbeschwerten Apfelgenuss.[7]

Allergien sollte man behandeln – konsequent und rechtzeitig

Die Zahlen der European Academy of Allergy and Clinical Immunology (EAACI) sind erschreckend: Neun von zehn Betroffenen werden gar nicht oder nur unzureichend therapiert.[8] Weniger als 10 Prozent der Betroffenen bekommen eine spezifische Immuntherapie. Gründe dafür sind oft fehlende Diagnosen, zu wenig Aufklärung oder einfach Unwissen über die Therapieoptionen.

Darum ist es mein erklärtes Ziel, Allergien früh zu erkennen, sie von Beginn an ernst zu nehmen und gezielt zu behandeln. Nur so können wir verhindern, dass aus einem saisonalen Problem eine chronische Erkrankung wird – und stattdessen den Weg zur Heilung ebnen.

Dass dieser Weg auch steinig sein kann, dafür ist Mehmet Gökkayas Geschichte ein Paradebeispiel. Viele meiner Patientinnen und Patienten leiden unter *Rhinitis allergica* (Heuschnupfen), haben die Therapie immer wieder aufgeschoben oder abgebrochen, weil sie den Aufwand scheuen oder die Beschwerden für harmlos halten. Doch ich sage es noch mal: Das geht nach hinten los! Vielmehr versuche ich, jede Patientin und jeden Patienten mit allergischer Rhinitis zu behandeln – sofern sie oder er es zulässt und wir uns in der richtigen Jahreszeit befinden. Wenn eine SIT (siehe S. 95) möglich ist, empfehle ich sie unbedingt.

Wenn Patient:innen (noch) keine spezifische Immuntherapie beginnen möchten, behandle ich proaktiv während der Pollensaison mit einer Kombination aus entzündungshemmendem Nasenspray (Kortison plus Mastzellstabilisator) und Augentropfen. So lässt sich die Entzündung früh eindämmen und das Risiko für schwerere Verläufe senken. Liegt zusätzlich Asthma oder eine Neurodermitis vor, was häufig der Fall ist, kommen heute neue, hochwirksame Medikamente zum Einsatz – sogenannte Biologika (siehe S. 59). Diese greifen gezielt in den Allergie-Entzündungskomplex ein und wirken gleichzeitig bei Heuschnupfen, Asthma und Neurodermitis. Die meisten meiner Hautpatient:innen haben ebenfalls Allergien, wenn auch oft milder als Mehmet Gökkaya. Trotzdem gilt: Behandeln lohnt sich immer.

Die Umwelt macht's

120 Jahre nachdem der Begriff «Allergie» eingeführt wurde, steht fest: Unsere Gene sind nicht allein verantwortlich, weil menschliche Gene seit Jahrhunderten sehr stabil sind. Was sich aber rasant verändert hat, ist unsere Umwelt. Eine der stärksten Hypothesen, die sich wie ein roter Faden durch die medizinische Fachliteratur zieht, lautet: In der modernen westlichen Welt verarmt die Diversität. Die «Artenvielfalt» auf unserem Teller, im Mikrobiom (der komplexen WG aus Bakterien, Pilzen und Viren auf unserer Haut, in unserem Darm und in anderen Körperregionen – siehe S. 46) schrumpft in einem ähnlich katastrophalen Tempo wie die Ar-

tenvielfalt unserer heimischen Insekten oder der tropischen Regenwälder, und das leider irreversibel. Insofern klingt die These schmerzhaft plausibel. Doch wie das eine mit dem anderen zusammenhängt und welchen Einfluss jedes davon auf die Entwicklung von Allergien hat, lässt sie offen.

Neue Erkenntnisse aus den vergangenen Monaten weisen darauf hin, dass die sogenannte «trainierte Immunität» als Teil der angeborenen Abwehr – zu der Zellen wie Makrophagen oder natürliche Killerzellen gerechnet werden – ein Gedächtnis entwickeln kann. Das ist völlig neu, früher dachte man, dass dieser Teil des Immunsystems NICHT lernen kann, sondern immer wieder neu und völlig naiv auf Eindringlinge wie Bakterien oder Viren reagiert. Immunolog:innen haben herausgefunden, dass diese trainierte Immunität durch Umweltreize, Infektionen oder Impfungen «programmiert» wird und bei erneuter Begegnung schneller reagieren kann. Und jetzt kommt wieder die Umweltmedizin ins Spiel: Wir stellen die Hypothese auf, dass die Umwelt entscheidet, wie dieses Training ausfällt. Eine «schädliche Umwelt» – etwa Feinstaub, Luftverschmutzung, Chemikalien und fehlende Diversität – könnte die Immunzellen fehltrainieren. Das Immunsystem bleibt in Alarmbereitschaft, Entzündungen entstehen leichter – und Allergien werden begünstigt.

Eine «gesunde Umwelt» mit vielfältigen Mikroben, wie auf einem traditionellen Bauernhof, trainiert dagegen Toleranz und Balance. Moderne Allergen-Immuntherapien nutzen bereits heute dieses Prinzip: Sie versuchen, das Immunsystem gezielt umzuprogrammieren – weg von Überreaktion, hin zu Gelassenheit.

Die Bauernhof-These/Hygiene-These

Heute will es natürlich jede:r schon irgendwie gewusst haben. Doch 2007 fand meine Kollegin Erika von Mutius, die bei Helmholtz Munich als Professorin das Institut für Asthma- und Allergieprävention leitet, als Erste heraus, dass Kinder von Bauernfamilien in den Alpen, die eng mit Tieren, Stall und Heu lebten, dramatisch weniger Allergien und Asthma hatten.[9] Ein paar Jahre danach hatte ich den amerikanischen Allergologen Mark Holbreich getroffen, der Erikas «Farm Effect» in den USA bekannt gemacht hat. Er erzählte mir, dass er in einer Gegend, wo Amish-People leben, kostenlose Allergiesprechstunden angeboten hatte – aber fast niemand kam. Die Amish sind eine täuferische Glaubensgruppe, die Fortschritt ablehnt und sehr traditionell lebt, wie unsere Vorfahren: Pferdefuhrwerke, enge Stall- und Tiernähe, keine chemischen Reinigungsmittel. Sie fanden Marks Angebot nett, aber hatten keinen Bedarf – weil von ihnen kaum jemand unter Allergien leidet. Mark rief Erika an: «Du musst herkommen. Das gibt's nicht. Die haben nichts!» So begann eine der spannendsten Vergleichsstudien der Allergieforschung: Amish vs. Hutterer.[10]

Die Hutterer sind auch eine täuferische Glaubensgemeinschaft, ebenfalls Bauern, aber mit moderner, mechanisierter Landwirtschaft: große Betriebe, modern, sauber, fast steril. Das Ergebnis war eindeutig: Die Hutterer hatten viel mehr Allergien und Asthma – nicht nur im Vergleich zu den Amish, sogar mehr als die Allgemeinbevölkerung. Erika sagte einmal zu mir: «Die putzen wirklich alles. Ich glaube, die schrubben sogar die Wände.»

Ich habe genau einmal in meinem Leben eine Wand geputzt – nachdem mein Jüngster sich aus dem Hochbett erbrochen hatte, aber das zählt nicht, glaube ich. Jedenfalls machte der Vergleich klar: Bauernhof allein reicht nicht. Entscheidend ist der Kontakt mit Staub, Mikroben, Tieren. Erika fand heraus: Der Staub in den Häusern der Amish enthält bis zu siebenmal mehr mikrobielle Bestandteile als auf modernen Farmen. Genau diese Vielfalt trainiert das Immunsystem von klein auf. Es lernt, gelassen auf harmlose

Reize zu reagieren statt allergisch. Amish-Kinder haben mehr regulatorische T-Zellen – also Immunzellen, die für Balance sorgen – und weniger allergieauslösende Antikörper.[11] Selbst Mäuse, die mit Amish-Hausstaub «behandelt» wurden, reagierten später weniger empfindlich auf Allergene.

Kurz gesagt: Ein bisschen «Dreck» aus der Natur schadet nicht, im Gegenteil. Wer früh mit der Natur (und ihren Mikroben) in Kontakt kommt, stärkt sein Immunsystem nachhaltig. Aber merke: Vielfalt ist nicht gleich Schmutz! Wenn Ihre Kinder die Fenster im Bus ablecken, sollten Sie ihnen erklären, dass das keine gute Idee ist.

Asthma – warum wir saubere Luft brauchen

Wenige wissen es, daher betone ich es hier: Mit Asthma wird man nicht geboren – man erkrankt an Asthma. Asthma ist auch keine einheitliche Krankheit, sondern viele verschiedene unter einem Namen. Manche Betroffene bekommen beim Sport schwer Luft, andere nachts, wieder andere nur in der Pollensaison. Doch fast alle bei Smog in der Luft. Und das führt mich zur Geschichte von Ella, einem kleinen Mädchen, das an Luftverschmutzung starb. Ihr Tod bewegte alle, die sich für saubere Luft einsetzen. Und sollte noch viel mehr all jene bewegen, die durch ihre Politik und Lobbyarbeit für fossile Energien und Verbrennermotoren immer wieder verhindern, dass unsere Luft gesünder wird.

Asthma

Asthma ist eine Sammelbezeichnung für unterschiedliche Entzündungsprozesse in den Atemwegen, die verschiedene Ursachen haben und durch verschiedene Mechanismen ausgelöst werden (genau wie Neurodermitis). Grob unterscheidet man zwischen einem allergischen Asthma und einem nicht allergischen Asthma. Diese Erkenntnis hat das Verständnis der Krankheit revolutioniert: Statt alle Betroffenen gleich zu behandeln, können wir heute gezielter therapieren – mit Medikamenten, die exakt an den Entzündungsquellen ansetzen.

Wie bei Allergien sind die ersten Lebensjahre eines Kindes auch für die Entstehung von Asthma bedeutsam. Virusinfektionen der unteren Atemwege, insbesondere mit dem respiratorischen Synzytialvirus (RSV) oder dem Rhinovirus, erhöhen das Risiko, später an Asthma zu erkranken. So haben Kinder, die früh eine RSV-Infektion durchmachen, ein bis zu dreifach erhöhtes Risiko, im Schulalter Asthma zu entwickeln. Impfungen gegen RSV können davor schützen!

Ella Kissi-Debrah lebte mit ihrer Mutter und ihren Geschwistern im Süden Londons, nur wenige Meter von einer der meistbefahrenen Straßen der Stadt entfernt – der South Circular Road. Sie war ein fröhliches Mädchen, klug, neugierig, voller Energie. Ich erinnere mich gut an den Moment, als ich ihre Mutter, Rosamund Kissi-Debrah, zum ersten Mal sah: Bei einer Videokonferenz während der 26. Klima-COP in Glasgow 2021 erzählte sie ruhig, fast sachlich, vom Schicksal ihrer Tochter, obwohl jedes Wort unermesslichen Schmerz trug. Sie erzählte, wie Ella mit sechs Jahren plötzlich Atemprobleme bekam. Wie die Anfälle häufiger wurden, immer heftiger. Wie sie in den letzten drei Jahren ihres kurzen Lebens 27-mal wegen akuter Atemnot ins Krankenhaus eingeliefert werden musste. Rosamund erzählte auch, dass sie begonnen hatte, ein Tagebuch zu führen – über jedes Fieber, jedes Husten und jede Nacht, in der Ella keine Luft bekam. Erst später zeigte sich, dass diese Einträge eine erschütternde Korrelation aufwiesen: Die schlimmsten Anfälle fielen genau auf jene Tage, an denen die Luftverschmutzung in London besonders stark war. Am 15. Februar 2013 erlitt Ella ihren letzten schweren Asthmaanfall. Die Notärzte konnten sie nicht mehr retten. Das Mädchen wurde nur neun Jahre alt.

Wie viele Kinder sterben auf ebenso tragische Weise? Niemand weiß es, niemand zählt sie. Doch Ella ist das erste Kind weltweit, bei dem auf der Sterbeurkunde «Luftverschmutzung» als Todesursache vermerkt wurde. Das war im Jahr 2020 – sieben Jahre nach ihrem Tod. Ein britischer Gerichtsmediziner, der sogenannte *Coroner*, kam nach einer gründlichen Untersuchung zu dem Schluss: «Ella starb an Asthma, ausgelöst durch übermäßige Luftverschmutzung.» Ein Wendepunkt, der justiziabel machte, was wir in der Umweltmedizin schon lange wissen: dass Feinstaub, Stickstoffdioxid und Ozon Leben kosten.

Ellas Geschichte ging um die Welt. Sie wurde zu einem Symbol für all jene, deren Leid in Statistiken verschwindet. Ihre Mutter gründete eine Stiftung, spricht in Schulen, vor Politiker:innen, Ärzt:innen und Forschenden. Ihr Engagement motivierte Londons Bürgermeister Sadiq Khan, die Luftreinhaltung in London zur obersten Priorität zu erklären, eine Informationskampagne zu lancieren und vor allem strikte Maßnahmen für «Clean Air» durchzusetzen.[12]

Außerdem verklagte Rosamund Kissi-Debrah drei Ministerien auf Schadenersatz wegen Körperverletzung aufgrund der Erkrankung und des vorzeitigen Todes ihrer Tochter: das Ministerium für Umwelt, Ernährung und ländliche Angelegenheiten, das Verkehrsministerium und das Ministerium für Gesundheit und Soziales. Dafür zitiert sie immer wieder den Coroner, der in seinem Bericht schrieb: «Der Tod dieses Kindes hätte verhindert werden können. Die Gesetze zum Schutz der Bevölkerung vor Luftverschmutzung sind unzureichend.»

Im Oktober 2024 wurde der Rechtsstreit durch eine Schadenersatzzahlung beigelegt, und ein Statement der beklagten Ministerien machte klar: Sie sind voll auf Kissi-Debrahs Seite. «Ihre Worte [...] haben eine beträchtliche Wirkung erzielt. Kleine Kinder wie Ella sollten nicht unter unserer Luft leiden müssen. Wir sind Ihnen für Ihre unermüdliche Arbeit dankbar und hoffen sehr, dass wir in den kommenden Jahren gemeinsam noch mehr erreichen können, um nicht nur die Qualität der Luft, die wir atmen, zu verbessern, sondern auch das Bewusstsein für die gesundheitlichen Auswirkungen der Luftverschmutzung zu schärfen.»[13]

Die gute Nachricht: Heute gilt London als eine der Städte mit den strengsten Luftreinhalteplänen Europas. Wichtigster Hebel war die Einführung hoher Gebühren für Autos, die durch Londons Zentrum fahren wollen, gleichzeitig wurde der öffentliche Nahverkehr gestärkt. 2023 weitete Bürgermeister Sadiq Khan diese sogenannte «Ultra-low Emission Zone» (ULEZ – auf Deutsch würde man «Umweltzone» sagen) auf die gesamte Stadt aus[14] und machte somit sein Versprechen wahr, «die größte Clean-Air-Zone der Welt» (Saubere-Luft-Zone) zu schaffen.

«Der Gegenwind war natürlich stark», erzählt die stellvertretende Bürgermeisterin Shirley Rodrigues bei einem Pressegespräch im Oktober 2025. ‹London wird sterben›, prophezeite die Autolobby wieder und wieder. Aber nein, die Stadt lebt noch, und zwar besser und gesünder als je zuvor!» Zahlreiche Studien können dies belegen: Dank der Umweltzone ging die Belastung durch giftiges Stickstoffdioxid um fast die Hälfte zurück, und im Vergleich zum Rest des Landes hat London zwischen 2016 und 2020 seine Schadstoffwerte fünfmal schneller gesenkt.[15]

Und in Deutschland?

Jedes Mal, wenn ich an Ella denke oder mich an das Zoom-Gespräch mit ihrer Mutter Rosamund erinnere, denke ich an unsere Städte – an München, an Augsburg, an Düsseldorf, Berlin. Und an all die Kinder, die auch hier mit Asthma kämpfen, mit entzündeten Atemwegen, mit einer Haut, die auf jeden Luftwechsel reagiert.

Und ich bin zutiefst enttäuscht. Denn ein juristischer Ausgang wie bei Ellas Tod ist in Deutschland, in der gesamten EU kaum möglich. Der Europäische Gerichtshof (EuGH) hat im Jahr 2022[16] entschieden, dass Privatpersonen keinen Schadenersatz verlangen können, wenn Luftgrenzwerte überschritten werden. Selbst wenn klar ist, dass Menschen dadurch krank werden, bleibt die Verantwortung abstrakt – systemisch, ohne Haftung. Der Gerichtshof entschied sich damit gegen die Empfehlungen seiner eigenen Generalanwältin Juliane Kokott, die Einzelpersonen durch die EU-Richtlinie prinzipiell ein Recht auf Schadenersatz zugestanden hätte.

Dabei ist die wissenschaftliche Evidenz unmissverständlich: Luftverschmutzung verursacht jedes Jahr Hunderttausende vorzeitige Todesfälle in Europa. Auch hier in Deutschland atmen Kinder Luft, die sie krank macht, leise, schleichend und unsichtbar – außer es liegt Schnee, auf dem der Ruß graue Schlieren hinterlässt. Apropos Schnee: Dass er immer seltener wird, dass die «normalen Winter» ausbleiben – auch daran tragen die Emissionen der Autos und anderer Schlote Schuld.

Es ist Ihnen vermutlich nicht entgangen: Ellas Geschichte hat mich sehr bewegt und bewegt mich noch immer. Sie ist ein Weckruf – für die Politik, die Medizin und die Gesellschaft gleichermaßen. Sie erinnert uns daran, dass saubere Luft kein Luxus ist, sondern ein Grundrecht sein sollte. Und dass die Gesundheit unserer Kinder die ehrlichste Messgröße dafür bleibt, wie ernst wir es meinen mit dem Schutz unseres Planeten.

Best Practice: Verkehrspolitik in Kopenhagen und Paris

Fünfmal so viele Fahrräder wie Autos, 60 % der Menschen radeln zur Arbeit, maximal 10 Minuten Fußweg zur nächsten U-Bahn, die mindestens alle 10 Minuten fährt – und eine Innenstadt mit vielen Fußgängerzonen, Grünflächen und Parks, aber wenig Parkplätzen, um keine Autos anzulocken: Dass Kopenhagen seit Jahren eine vorbildliche Verkehrsplanung macht, ist bekannt. Die Folge: Die Qualität der Stadtluft erreicht Platz drei im Ranking der EU-Hauptstädte über 500 000 Einwohner:innen. Platz eins und zwei belegen Stockholm und Helsinki, wo die Regierungen ebenfalls eine entschiedene Gesundheitspolitik verfolgen, um ihre Bevölkerung vor Luftverschmutzung zu schützen.

Athen hat europaweit die schlechteste Luft, Berlin und Paris liegen im Mittelfeld. Doch Paris hat seine Luftqualität in den vergangenen Jahren enorm verbessert und ist damit beim «Nachholen» Vorbild: Im Vergleich zu 2012 atmen die Pariser:innen heute über 40 % weniger Stickstoffdioxid und 28 % weniger Feinstaub ein, in besonders belasteten Quartieren ging diese Belastung um 31 % zurück. 80 % davon wurden durch Verkehrsmaßnahmen erreicht: über 20 000 öffentliche Mietfahrräder, neue Radwege, verkehrsberuhigte und autofreie Zonen, Umrüstung der öffentlichen Flotte auf E-Motoren. 12 % der Pariser:innen fahren inzwischen auf dem Rad zur Arbeit, im Zentrum 20 %. Win-win: Seit 2012 hat allein die Feinstaub-Reduzierung in der Luft 61 Milliarden Euro an Gesundheitskosten eingespart. Der Aufwand dafür macht nur ein Zehntel der vermiedenen Schäden aus.

Unsere Atemwege und die Klimakrise

Unsere Atemwege haben nicht nur mit fossilen Luftschadstoffen zu kämpfen. Sie leiden zudem an Folgen der Klimakrise, die ihrerseits durch Abgase angeheizt wird – ein sich selbst verstärkender Teufelskreis. Ich erläutere Ihnen das an zwei Beispielen.

Waldbrände

Waldbrände sowie außer Kontrolle geratene «Wild Fires» haben in den vergangenen Jahren weltweit dramatisch zugenommen. Längere Trockenzeiten, Hitze und eine nicht nachhaltige Landschaftsnutzung machen sie häufiger und intensiver – auch in unseren Urlaubsländern in Europa, auch in Deutschland. Die Folge: Immer mehr Menschen atmen Rauch und Feinstaub (PM2,5) ein – winzige Partikel, die tief in die Lunge eindringen und dort Entzündungen auslösen.

Bei den verheerenden Bränden rund um Los Angeles im Winter 2024/25 stieg der Air Quality Index (AQI) zeitweise auf über 400 – Werte, die als «lebensgefährlich» gelten. Das kann man sich in etwa so vorstellen, als würde jeder Mensch eine Packung Zigaretten pro Tag inhalieren. Rauch von «Wild Fires» ist allerdings noch gefährlicher und schon gar nicht zu verwechseln mit «Lagerfeuer-Rauch», sondern ein chemischer, toxischer Cocktail: Neben Feinstaub enthält er Gase und giftige Rückstände aus brennenden Möbeln, Metallen, Kunststoffen, Autos usw.

Dies reizt die Schleimhaut um ein Vielfaches mehr, für Menschen mit Asthma wird es lebensbedrohlich. Wiederholte oder dauerhafte Belastungen können die Atemwege sogar umbauen («Remodelling») und die Krankheit dauerhaft verschlechtern.

Eine aktuelle Übersichtsstudie[17] eines amerikanischen Forschungsteams, mit dem ich zusammenarbeite, zeigt leider auch, dass der zunehmende Rauch durch Waldbrände viele Erfolge der Luftreinhaltung zunichtemacht. Die Autor:innen betonen, wie dringend Anpassungs- und Präventionsmaßnahmen nötig sind: Frühwarnsysteme, feuerresistente Bauweisen, saubere Innenräume, sichere Rückzugsräume und medizinische Notfallteams für betroffene Regionen.

Pollen

Die zunehmende Erwärmung unseres Planeten entflammt nicht nur Wälder, sie verändert auch das Wachstum von Bäumen, Pflanzen und Pilzen mitsamt ihren Pollen und Sporen. Für Allergiker und Allergikerinnen sowie Asthmakranke hat das problematische Folgen, die wir im Folgenden näher beleuchten werden.

Neue Allergene aus der Pflanzen- und Tierwelt

Bäume, Sträucher und Kräuter mit hohem Allergiepotenzial, denen es bei uns früher zu kühl oder zu feucht war, fühlen sich auf einmal heimisch. Bestes Beispiel ist Ambrosia, auch Beifußblättriges Traubenkraut genannt. Das «Unkraut» gilt in den USA seit Langem als Hauptauslöser für Allergien und wuchert seit einigen Jahren auch in Deutschland, gern an Standorten, wo es anderen Arten zu trocken geworden ist. Es verlängert die Pollensaison bis in den tiefen Herbst hinein.

Andere fremde Arten wie Olivenbäume oder Zypressen holen wir selbst in unsere Gärten, weil sie so schöne Urlaubsstimmung verbreiten. Dabei sind Zypressenpollen in Italien als häufigstes Allergen berüchtigt und Olivenbäume in ganz Südeuropa als Hauptallergieauslöser bekannt. Auch die Japanische Zeder ist ein beliebter Zierbaum, obwohl sie halb Japan zum Schniefen bringt. Wie kann man den Schaden durch allergene Bäume begrenzen? Ganz einfach: indem man andere Arten pflanzt.

Ein Beispiel aus der Tierwelt habe ich in meiner Umweltambulanz in Augsburg erlebt. Ein Forstwirt kam in die Sprechstunde, weil er seit einigen Tagen heftig juckende, rote Quaddeln an Armen, Hals und Nacken hatte, dazu gereizte Augen und Hustenreiz sowie leichtes Fieber. Er vermutete erst eine Pollenallergie, doch bei genauerem Nachfragen stellte sich heraus: Er hatte in der Woche zuvor mehrere Eichen gepflegt, die von Raupen des Eichenprozessionsspinners befallen waren. Schon beim Entfernen der Nester hatte er ein «Brennen auf der Haut» gespürt, das sich abends deutlich verschlimmerte. Meine Diagnose war eindeutig: eine Raupendermatitis.

Eichenprozessionsspinner sind Nachtfalter – und Klimawandel-Profiteure. Sie legen ihre Eier gern in der Baumkrone älterer Eichen ab, aus denen circa im Mai Raupen schlüpfen. Milde Winter und warme, trockene Frühjahre lassen ihre Populationen explodieren. So werden sie für Menschen eine echte Gefahr. Denn ihre mikroskopisch feinen Brennhaare enthalten das Nesselgift Thaumetopoein. Sie brechen leicht ab, werden vom Wind verweht und können sich mit ihren Widerhaken auf der Haut festsetzen oder in die Lunge geraten.

Ich behandelte meinen Patienten mit antihistaminhaltigen und entzündungshemmenden Cremes sowie einem Kortikosteroid-Nasenspray, damit er wieder frei atmen konnte. Nach einigen Tagen besserte sich sein Zustand zum Glück. Doch solche Fälle sehen wir inzwischen immer häufiger – besonders bei Landschaftsgärtner:innen und Forstarbeiter:innen, aber auch bei Spaziergänger:innen oder Kindern auf Spielplätzen in betroffenen Regionen. Ein unscheinbarer Nachtfalter zeigt uns exemplarisch: Die Klimakrise löst neue Gesundheitsrisiken aus, die wir bislang kaum auf dem Radar hatten (mehr dazu ab S. 152).

Längere Blütezeiten, kürzere pollenfreie Phasen

Viele Allergiker:innen spüren am Anfang des Jahres bereits erste Symptome, obwohl die heimischen Pflanzen noch gar nicht zu blühen begonnen haben. Es liegt am Wind, der Pollen Hunderte Kilometer durch die Luft transportieren kann. Richtig los geht es mit dem Geschniefe, wenn die Natur vor dem eigenen Fenster (oder auf dem Schulhof wie bei meinem Kollegen Mehmet) ihre Pollen produziert. Dieser Zeitpunkt unterscheidet sich je nach Wohnort.

In Deutschland wandert die «Blühfront», grob gesagt, vom Oberrhein Richtung Usedom. Vom Aufblühen einer Hasel in Lörrach bis zum Aufblühen einer Hasel an der Ostsee können gut drei Wochen vergehen. Wer auf Frühblüher wie Hasel oder Erle reagiert, spürt Winterwochen ohne Frost buchstäblich am eigenen Leib: Die Kätzchen hängen schon nach Silvester an den Bäumen. Dann beginnen innerhalb weniger Tage Pappel, Weide, Ulme und Birken zu blühen. Auf sie folgen Ende März, Anfang April Buche, Eiche, Ampfer und Roggen und schließlich die Gräser, die den ganzen Sommer über blühen. Der heimische Beifuß beendete bislang die Pollensaison, nun wird sie von *Ambrosia* verlängert, erst recht bei einem goldenen Herbst.

Vergleiche der vergangenen fünf Jahrzehnte haben gezeigt, dass sich die Phase ohne Pollen im Schnitt um etwa 2 Wochen verkürzt hat. Gleichzeitig hat sich mit der Vegetationsperiode die Leidenszeit der Betroffenen verlängert. Haselnussbäume und Erle blühen heutzutage im Schnitt 15 bzw. 13 Tage früher als noch vor fünfzig Jahren. Der außergewöhnlich warme Winter 2006/2007 verlegte die Haselblüte sogar um 64 Tage nach vorne – das sind gute 2 Monate!

Phänologischer Pollenkalender 2017–2025, Augsburg

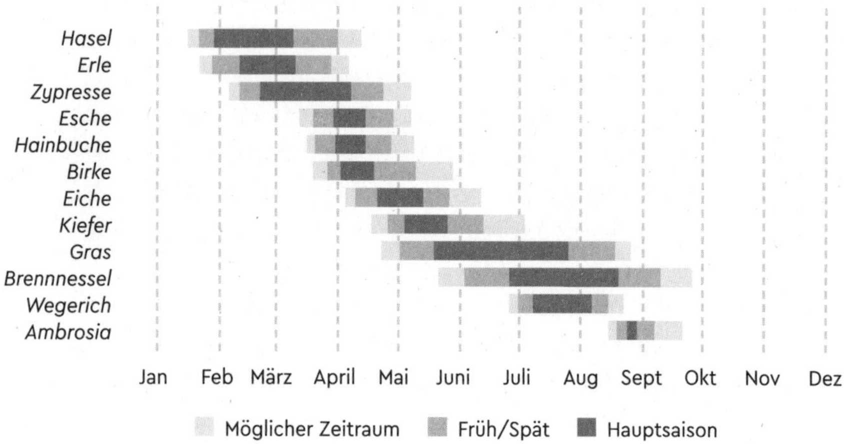

Mehr Pollen pro Tag

Haben Sie schon mal von Pollenfallen gehört? Sie stehen in Deutschland auf Dächern oder meteorologischen Messtürmen, um die Belastung der Luft zu messen. Auch bei uns in Augsburg. Eigentlich müssten sie Pollensauger heißen, denn sie funktionieren wie ein Staubsauger mit anschließender Inhaltsanalyse: Sie saugen Pollen aus der Luft, und alle paar Tage wird unter dem Mikroskop oder neuerdings mit KI ausgelesen, wann was in welcher Menge durch die Luft flog. Am Ende steht eine gemittelte Zahl Pollen pro Kubikmeter Luft.

Für unsere Pollenfalle in Augsburg ist das Ergebnis eindeutig: Wie auf der gesamten Nordhalbkugel hat sich die Pollensaison verlängert. Experimente meines Teams bei Helmholtz Munich erklären wiederum, woran es liegt: Die Mischung aus mehr Wärme und mehr Kohlendioxid in der Atmosphäre – also genau das, was die Klimakrise bewirkt – boostet das Wachstum der Blütenpollen wie ein hyperaktives Düngemittel. Unser Labor dort ist das

«Phytotron»: ein weltweit einzigartiges Hightech-Gewächshaus. Genau gesagt, sind es acht hermetisch abgeriegelte Gewächshäuser in der Größe von Bushaltestellen, in denen Baby-Birken und Ambrosia-Pflanzen wachsen, unsere Versuchsspezies.

In diesen sogenannten Klimakammern können wir unterschiedliche Umweltbedingungen künstlich herstellen. So simulieren wir für unsere Versuchspflanzen wahlweise ein Ambiente wie im Hochgebirge oder wie an einer versmogten Hauptverkehrsstraße; eines, das den Klimaverhältnissen von vor 50 Jahren entspricht oder solchen, die für 2050 prognostiziert sind. Wir sammeln die Blütenstände ein, um ihre Pollenmenge zu vergleichen. Ich mache es kurz: Je wärmer und je mehr Kohlendioxid – je mehr Klimakrise –, umso mehr Pollen produzieren die Pflanzen.

Aggressivere Pollen

Doch nicht nur die Quantität steigt, auch die allergene «Qualität». Woher wir das wissen? Nachdem wir die Pollen aus unseren Klimakammern gezählt haben, untersuchen wir sie im Labor auch auf ihr allergenes Potenzial: auf Proteine sowie andere Botenstoffe, die der Pollen freisetzt. Auch hier ist der Befund eindeutig: Ozon, Feinstaub und Stickoxide verändern den Pollen. Unter dem Einfluss der Umweltschadstoffe bildet er mehr allergieauslösende Proteine und sogar neuartige Allergene. Pollen beherbergen außerdem ein spezifisches Mikrobiom auf ihrer Oberfläche, also ein eigenes Mini-Ökosystem aus Mikroorganismen. Auch dieses Mikrobiom wird durch Umweltschadstoffe negativ beeinflusst, besonders durch die Konzentration von Stickstoffdioxid und Ozon.

Den größten Allergieschub beobachteten wir ausgerechnet bei Ambrosiapollen, die mit einer Dosis CO_2 begast und zusätzlich unter Trockenstress gesetzt wurden – ähnlich so, wie sich das Klima in vielen Gebieten Deutschlands entwickelt.

Bleibt die Frage: Spüren Allergiker:innen diese molekularen Veränderungen innerhalb der Pollen? Um sie zu beantworten, steigen wir buchstäblich in die Bäume. Falls Sie in Augsburg im Frühjahr Menschen auf Birken herumklettern sehen: Das sind Forschende aus meinem Team! Sie sammeln am ganzen Baum Birkenkätzchen – zum einen entlang einer Hauptverkehrsstraße, zum anderen in einem ruhigen Wohngebiet.

Gleichzeitig rekrutieren wir freiwillige Patient:innen und tragen ihnen per Pricktest die wässrigen Extrakte von Pollen von unterschiedlich exponierten Birken auf die Haut auf. Ergebnis: Bei den Birkenpollen, die neben der Hauptverkehrslage heranwachsen, reagierte die Haut mit größeren Quaddeln als bei denen von weniger schadstoffbelasteten Bäumen. Dasselbe passiert bei Ambrosia aus der Kammer, die mit Stickstoff bedampft wird. Es ist also offensichtlich: Wenn wir die Natur schädigen, bekommen wir die Reaktion buchstäblich hautnah zu spüren.

Gewitterasthma – wenn der Himmel zum Kipppunkt wird

Ich erinnere mich gut an die Geschichte eines Patienten: ein leidenschaftlicher Radfahrer, trainiert, kerngesund. Er erzählte, wie er eines Sommers während einer Radtour in ein starkes Gewitter geriet und kurz darauf plötzlich keine Luft mehr bekam – sein erster Asthmaanfall. Seither leidet er unter einer Gräserpollenallergie und wiederkehrenden Asthmaattacken. Vor dem Gewitter war sein Immunsystem sehr wahrscheinlich nur sensibilisiert, aber symptomfrei. Dann brachte der Sturm den Kipppunkt.

Auch mein Sohn reagiert bei Gewitter immer wieder mit Asthmaanfällen, obwohl er keine Allergie hat. Gewitter können also auch bronchiale Reaktionen triggern, durch Druckveränderungen, elektrische Ladung, Schadstoffe und mikroskopisch kleine Reizpartikel in der Luft. Ich schätze, viele Allergiker:innen sind nun verwundert. Denn sie kennen eher das Gegenteil: Nach

Regen atmen sie leichter, die Pollen sind ausgewaschen, die Luft ist klar. Doch bei starken Sommergewittern lässt die feuchte, turbulente Luft Pollen platzen, wirbelt winzige Bruchstücke auf, die tief in die Lunge eindringen können. Das Phänomen nennt man «Thunderstorm Asthma», auf Deutsch Gewitterasthma. Im australischen Melbourne wurde es zum ersten Mal «medizinisch aktenkundig». Am 21. November 2016 zog dort nach einem heißen Tag mit massivem Gräserpollenflug ein Sommergewitter auf – und binnen Stunden stürmten fast 4000 Menschen wegen Atemnot die Notaufnahmen der Krankenhäuser. Die Intensivstationen waren überfüllt, zehn Personen konnten nicht gerettet werden.[18]

Auch bei uns in Augsburg erforschen wir die Zusammenhänge zwischen Gewitter, Pollenflug und Asthmaanfällen. Wir sehen inzwischen klare Korrelationen, besonders während der Gräserpollensaison. Noch – und das betone ich – wurden in Deutschland keine so schweren Fälle beobachtet wie in Australien. Aber mit zunehmender Klimaerwärmung, mit mehr Hitze, heftigeren Starkregen und Gewittern könnte sich das ändern. Deshalb ist Aufklärung so wichtig – für Betroffene ebenso wie für das medizinische Personal in den Notaufnahmen.

Pilze als neue Allergene

Meine Forschung, die von dem größten Medizinprojekt der Kühne-Stiftung – CK-CARE – unterstützt wird, führt mich regelmäßig ins schweizerische Davos. Dort liegt auf 1590 Metern Höhe die Hochgebirgsklinik: Heute eine Reha-Einrichtung mit Schwerpunkt Kardiologie, galt sie lange Zeit als Zufluchtsort für Lungenkranke – wie das weltberühmte Vorbild in Thomas Manns *Zauberberg*.

Davos und Thomas Manns Zauberberg

Die Geschichte von Davos ist eng mit Thomas Manns Roman *Der Zauberberg* verbunden, erschienen 1924. Seine Inspiration fand Mann bei einem Besuch seiner lungenkranken Frau Katia, die 1912 in einem Sanatorium bei Davos ihre vermeintliche Tuberkulose behandeln ließ – später stellte sich heraus: Sie war nie an Tb erkrankt, sondern höchstwahrscheinlich an Asthma. Im Roman ist der lungenkranke Patient Hans Castorp der Hauptprotagonist. Er erzählt über 1000 Seiten von den wohlsituierten Patient:innen, die bei ihren «Liegekuren» auf den Sonnenbalkonen des «Sanatoriums Berghof» eine fast zeitlose Existenz führen – bis der Erste Weltkrieg ausbricht.

Begründet hat den «Davos-Mythos» ein Deutscher: Alexander Spengler kam 1849 als politischer Flüchtling in die Schweiz und trat nach seinem Medizinstudium eine Stelle als «Landschaftsarzt» in Davos an. Weil in dem Bergdorf niemand an Tuberkulose erkrankte, propagierte er die Idee, Lungenkranke mit einer Hochgebirgskur zu behandeln. Der Erfolg hielt selbst an, nachdem Robert Koch 1882 herausgefunden hatte, dass Tuberkulose durch Bakterien verursacht wird. Als 1944 mit Streptomycin ein wirksames Antibiotikum gegen Tb gefunden wurde, stellte sich das Dorf pragmatisch um – auf Wintersport.

Einer, den dieser Roman besonders prägte, war Christian Virchow, ein Urenkel des berühmten Pathologen Rudolf Virchow. Als Leiter der Hochgebirgsklinik Davos Wolfgang richtete er sie auf Allergie- und Asthmakranke aus – ein Wendepunkt, der den Grundstein für die heutige Allergieforschung in Davos legte. Virchow war im Besitz eines Röntgenbildes von Katia Mann, der Frau des Schriftstellers, und fand darauf keine Spur von Tuberkulose.

Seither erzählt man in Davos augenzwinkernd, der berühmte «Zauberberg» beruhe auf einer Fehldiagnose.

Was hat es mit Davos als Zufluchtsort für Allergiekranke auf sich? Dieser Standortvorteil ist medizinisch belegt. Hier oben fliegen kaum Pollen, die Luft ist rein und trocken, die Temperaturen bleiben selbst im Sommer erträglich. Auf der Höhe von über 1500 Metern sind Hausstaubmilben quasi nicht überlebensfähig; dasselbe gilt für viele Viren, bakterielle Keime und Schimmelpilze.

Letztere, so warnte im März 2025 die EU-Umweltagentur, nehmen durch veränderte Niederschlagsmuster und Starkregen mit Überflutungen zu und können großen gesundheitlichen Schaden anrichten. Denn sie kontaminieren Lebensmittel, aber auch Wohnräume.[19] Schon heute seien 14 Prozent der Erwachsenen in der EU zu stark mit Giften von Schimmelpilzen belastet, schätzt die EU-Agentur.

In Deutschland liegen die offiziellen Werte deutlich darunter. Ich bin mir allerdings sicher, wir haben hier eine hohe Dunkelziffer. Anders als bei Pollen gibt es weder eine wissenschaftliche Überwachung von Schimmelbefall, noch werden bei ungeklärten Erkrankungen Kulturen von Sporen angelegt – viele Ärzt:innen haben Schimmel als Krankheitserreger nicht auf dem Schirm.

In Davos immerhin besteht keine Schimmelgefahr. Doch seit den Sparmaßnahmen der Gesundheitsreform können nur noch sehr wenige Deutsche bei einer Reha davon profitieren. Eine davon, Frau Imme Weise, ist Patientin meines Kollegen Hans Werner Duchna, der als Chefarzt die Pneumologie an der Hochgebirgsklinik leitet. Weise, geboren 1968, musste ihre Behandlung bei der Deutschen Rentenversicherung mit anwaltlicher Unterstützung durchsetzen, doch letztendlich überzeugte ihr Argument: Nur in Davos findet sie Besserung von ihrer Erkrankung. Seit 2018 kommt sie fast jedes Jahr als Reha- oder Privatpatientin (dann auf eigene Kosten) und war bereit, uns ihre Geschichte zu erzählen.

Imme Weise lebt bei Lübeck und seit ihrer Kindheit mit Asthma und Allergien. Während ihrer Ausbildung in Hamburg wurden die Beschwerden schlimmer – sie war unwissentlich in eine Wohnung gezogen, hinter deren Tapeten Schimmelpilze wucherten. Sie heiratete, zog um und begann mit ihrem Mann im Verein Tischtennis zu spielen: in einer Sporthalle, deren Fußböden und Wände ebenfalls unerkannt verschimmelt waren. Als sie schließlich herausfand, was ihre Symptome zunehmend verschlimmerte, war es bereits zu spät: Sporen von *Aspergillus fumigatus* und *Aspergillus niger* hatten ihre angeschlagenen Atemwege befallen. Seither leidet die heute 57-jährige Schulassistentin unter allergischer bronchopulmonaler Aspergillose, kurz ABPA. Ihre Nasennebenhöhlen sind chronisch entzündet, sie bekommt schlecht Luft. Schon viermal musste sie den Schimmel operativ aus ihren Nasennebenhöhlen entfernen lassen, 21-mal wurde sie bronchoskopiert.

Was passiert bei ABPA? Der Schimmelpilz *Aspergillus fumigatus* ist überall in der Luft – wir atmen seine winzigen Sporen täglich ein. Bei Gesunden werden die Atemwege sie von allein wieder los. Bei Menschen mit Asthma oder Mukoviszidose funktioniert diese Reinigung jedoch schlecht: Zäher Schleim und eine gestörte Flimmerhärchenbewegung verhindern, dass die Sporen abtransportiert werden. Sie bleiben in den Bronchien, keimen aus und bilden Pilzgeflechte. Das Immunsystem reagiert darauf überempfindlich – es bekämpft den Pilz so stark, dass eine chronische Entzündung entsteht. Der zähe, kristallhaltige Schleim verstopft die Atemwege, was zu Husten, Atemnot und bleibenden Lungenschäden führen kann. Diese anhaltende Besiedelung ist keine klassische Infektion mit Fieber oder Eiter, sondern eine chronische Kolonisation. Manche Menschen haben zudem eine genetische Veranlagung, die sie anfälliger macht – auch ohne Mukoviszidose.

Weises Alltag ist durch die Erkrankung schwer eingeschränkt. Doch sie ist ein Kämpfertyp, lässt sich auch vom Training nicht abbringen – im Gegenteil: «Würde ich meine Lunge nicht regelmäßig mit Ausdauer- und Lungensport durchlüften, hinge ich bereits am Sauerstoffgerät», sagt sie. Außerdem profitiert sie, genau wie Julia Meier (siehe das Kapitel «Die Haut», S. 94) von der neuen Generation der Biologika-Medikamente. «Seit ich alle vier Wochen eine Spritze bekomme, hat sich mein Zustand signifikant verbessert!» Das Medikament stärkt ihren Körper bei der Verteidigung gegen die allergischen Reaktionen. Doch die Ursache ihrer Erkrankung – die Schimmelsporen – kann es nicht beseitigen.

In der Höhe von Davos erlebt die Patientin aus dem deutschen Flachland bei jeder Reha eine enorme Verbesserung ihrer Fitness und auch ihres Lungenvolumens. «Diesmal konnte ich bei meiner Ankunft kaum eine Treppe steigen», erzählte sie. «Jetzt, in Woche drei, komme ich schon wieder drei Stockwerke hoch.» Insgesamt vier Wochen wird sie bleiben, ihr Reha-Ziel: so fit werden, dass sie den feucht-kühlen norddeutschen Winter übersteht. «Ich bin auch eine Art Klimaflüchtling», sagt Imme Weise. Und fügt dann ernst hinzu: «Mein Mann und ich träumen davon, uns nach der Rente den Umzug nach Davos in eine für mich gesunde Umwelt leisten zu können. Andernfalls werden wir hier weiterhin längere Zeiträume zur Miete verbringen. Mir ist bewusst: Andere Kranke können sich das nicht leisten. Ich finde, das ist eine große soziale Ungerechtigkeit.»

Die gute Nachricht dieses Kapitels: Wo Menschen gesunde Luft atmen, geht es ihnen besser. Und wo die Luft wieder sauberer wird, erholt sich auch der Körper – Zelle für Zelle, Atemzug für Atemzug. Es ist zu schaffen – London hat es gezeigt, Kopenhagen. Paris. Saubere Luft ist also nicht nur ein Umweltziel, sondern messbare Gesundheitsprävention.

UNSER DARM:
Das hochsensible Grenzorgan

Meine Patientin Julia Meier kennen Sie schon aus dem Haut-Kapitel. Aber es gibt eine weitere Geschichte, die ich von ihr erzählen muss; eine, die sich zunächst fast absurd anhört, aber sie beinahe das Leben gekostet hätte. Wer wie Julia mit einer schweren Nahrungsmittelallergie lebt, weiß, dass es selten die großen, dramatischen Auslöser sind, die gefährlich werden, sondern die kleinen, alltäglichen Momente, in denen niemand mit einer Bedrohung rechnet.

Es war ein ganz normaler Abend. Julia kam nach einem Arbeitstag heim, ihr damaliger Freund nahm sie zur Begrüßung in den Arm, gab ihr einen liebevollen Kuss. Nur Sekunden später veränderte sich alles. Julia zog ihren Kopf zurück, blinzelte, fasste sich an den Hals. «Irgendwas stimmt nicht», brachte sie hervor. Ihre Lippen schwollen an, die Haut an ihrem Dekolleté wurde rot und fleckig. Sie begann zu husten, die Atmung wurde enger. Er erstarrte. «Was ist los? Ich habe doch nichts ...» Und dann schoss es ihm durch den Kopf: Er hatte mittags ein Gericht mit Erdnüssen gegessen. Eine Kleinigkeit, mehrere Stunden her. Doch für Julia reichte der allergenhaltige Speichel eines einzigen Kusses.

Julias Immunsystem schlug Alarm – mit voller Wucht. Die allergische Reaktion breitete sich rasend schnell aus: Juckreiz und

Engegefühl im Rachen. Ein klassischer Beginn eines anaphylaktischen Schocks. Die Art von Situation, die Menschen wie Julia täglich fürchten und Außenstehende selten ernst nehmen. Erdnüsse. Cashews. Sesam. Nur Spuren davon können Auslöser sein, auf einem Messer, in einer Sauce, auf einer Tischplatte: Für Menschen mit schweren Lebensmittelallergien ist das nicht einfach «ein bisschen empfindlich», sondern potenziell lebensgefährlich.

Sie nahm aus ihrem Notfallkit das Antihistaminikum und das Kortison – den Pen brauchte sie nicht. Später erzählte sie mir, dass sie in diesen Minuten nur einen Gedanken hatte: «Wegen eines Kusses werde ich doch jetzt nicht sterben ...» Aber genau das hätte passieren können. Und mit dieser Szene sind wir mitten im Thema dieses Kapitels: wie radikal, wie unmittelbar und wie körperweit der Darm und das Immunsystem auf Nahrung reagieren – und warum die Umweltmedizin diesen Reaktionen ganz anders nachgeht als andere medizinische Disziplinen.

Um zu verstehen, was im Darm passiert, machen wir einen kurzen Abstecher ins 1. Semester Medizin, wo es um die Grundlagen seiner Struktur geht. Wie die Haut ist auch der Darm ein Grenzorgan – nur noch komplexer, denn kein anderes Organ steht so intensiv in Kontakt mit dem, was wir täglich zu uns nehmen. Hier treffen sich Außenwelt und Innenwelt.

Das Erste, was fasziniert, ist die enorme Oberfläche des Darms. Durch die Fältelung der Oberfläche entstehen 30 bis 40 Quadratmeter innere Fläche – also das 15- bis 20-Fache der Haut. Bildlich: Die Haut entspricht der Fläche eines Duschvorhangs, der Darm der einer kleinen Wohnung.

Sein Schutzsystem besteht aus mehreren eng verzahnten Schichten. Versetzen wir uns direkt ins Darmlumen, ganz nach innen. Dort begegnet uns zunächst das Mikrobiom, eine dichte Gemeinschaft aus Milliarden Mikroorganismen, die uns schützen, das Immunsystem trainieren und sogar Vitamine produzieren.

Darunter liegt eine Schleimschicht, die unerwünschte Keime auf Abstand hält und wie ein Filter nur ausgewählten Molekülen den Weg zur Darmwand erlaubt. Es folgt das Darmepithel, eine einreihige, hochspezialisierte Zellschicht – ein palisadenförmiger Wall zwischen Außen und Innen. Diese Zellen stehen in ständigem Austausch mit Mikroben, Nährstoffen und potenziellen Schadstoffen aus der Außenwelt und entscheiden fein abgestimmt, was aufgenommen wird und wie stark das Immunsystem reagieren soll. Sie registrieren Signale aus dem Darmlumen – von Parasiten über Bestandteile des Mikrobioms bis hin zu Viren – und setzen Botenstoffe frei, die gezielte Abwehrprogramme starten. Damit sind sie zentrale Akteure der Darmhomöostase, also des fein abgestimmten Prozesses, der die Immuntoleranz aufrechterhält, Immunreaktionen reguliert und die Reparatur und Regeneration des Darmgewebes gewährleistet.

Zusammen entscheiden die Darmepithelzellen im Millisekundentakt, was reindarf und was nicht: Nährstoffe ja, Pathogene nein. Und auch diese Barriere ist störanfällig, genau wie unsere Haut (siehe S. 44). Das Mikrobiom ändert sich, das Immunsystem wird fehlgeleitet, und dann entstehen entzündliche Darmerkrankungen, Nahrungsmittelallergien oder Unverträglichkeiten.

Auf Zeitreise in die Darmgesundheit der Menschheit

Der 6. November 2024 war ein seltsames, fast surreales Datum. An diesem Tag platzte die Ampelregierung, in den USA war Donald Trump zum 47. Präsidenten gewählt worden, politisch fühlte sich alles wie ein Paralleluniversum an. Und ich? Ich stand in einem Fernsehstudio in Berlin und sollte in zehn Minuten über Klimawandel und Gesundheit referieren.

Während ich mich innerlich für meinen Auftritt sammelte, hörte ich dem vor mir sprechenden, mir bisher unbekannten Wissenschaftler Ben Krause-Kyora zu. «... und das sind meine Probanden ...», sagte er. Auf dem Bildschirm erschien eine Reihe von Totenschädeln. Ich stutzte, hörte genauer zu, und da öffnete sich ein weiteres Paralleluniversum: ein Forschungsbereich namens «Evolutionäre Medizin», zu übersetzen mit «Umweltmedizin trifft Steinzeitforschung».

Ben Krause-Kyora hat Biochemie und Archäologie studiert und leitet heute als Professor das Labor für aDNA – für alte DNA, auf Englisch *Ancient DNA* – der Christian-Albrechts-Universität zu Kiel. 2025 trafen wir uns wieder. Ich hatte ihn für einen Vortrag beim «Global Allergy Forum» in Davos eingeladen, einer internationalen Fachkonferenz zum Thema Allergieforschung, damit er sein Wissen mit der dort versammelten Expertise teilen konnte. Und auch diesmal stellte er zuerst seine Forschungsobjekte vor: Steinzeit-Skelette, Totenschädel, Zahnsteinbrösel und Häufchen von «Paläo-Kot» – ausgegraben aus Tausende Jahre alten Toiletten. Großes Gelächter im Saal. Insgeheim fragten sich sicher viele: Was hat das mit moderner Medizin zu tun? Dann überraschte er sie genau wie mich im Jahr zuvor mit seiner erst mal wild klingenden Idee: Können Genanalysen dieser alten «Patientenproben» unsere Darmgesundheit verbessern? Ben Krause-Kyora zeigt sich jedenfalls überzeugt: «Wenn wir Vergangenheit, Umwelt und Genetik zusammendenken, verstehen wir heutige Darmerkrankungen besser.»

Sein Fernglas in die Vergangenheit sind DNA-Fragmente, die er mit seinem Team aus archäologischen Fundstücken extrahiert. Denn Genvarianten aus verschiedenen Epochen und Weltgegenden geben Auskunft darüber, ob die Menschen damals unter Darmentzündungen litten. Als sich unsere Vorfahren etwa im Neolithikum, vor circa 10 000 Jahren, vom Jagen und Sammeln verabschiedeten, um sesshaft zu werden, Tiere zu halten und Felder zu bestellen, änderte das auch ihren Speiseplan: Statt Fleisch und Rohkost aßen sie auf einmal viel Getreide, Milchprodukte und fermentierte Kost und Getränke – wie etwa Bier. Sie mussten also auch neue Zucker, Bakterien und Pilze verdauen.

«Die Menschen der Jungsteinzeit gewannen durch die Umstellung mehr Energie», erklärt Krause-Kyora. «Aber ihr Darm-Mikrobiom war auf die neue Kost nicht eingestellt. Das führte zu Entzündungsreaktionen im Darm.» Vereinfacht gesagt: Die Bevölkerung wuchs und gedieh, aber bekam Bauchweh.

Im Laufe der Zeit passten sich allerdings einige Gruppen besser an die neue Ernährung an als andere. Das fand sein Forschungsteam heraus, als es Daten zu insgesamt 251 Genomen der vergangenen 14 000 Jahre aus ganz Europa und Anatolien analysierte.[1] «Wir können zeigen, dass die ersten sesshaften Bauernfamilien in Anatolien vor etwa 10 000–12 000 Jahren eine Genvariante besaßen, die einen Schutz vor entzündlichen Darmkrankheiten gewährte», so Krause-Kyora. Sie heißt «IL23R» – und ist heute bekannt dafür, dass sie eine Schlüsselrolle bei der Immunregulation spielt und gegen chronische Entzündungen schützt (neben vielen anderen, die für Darmentzündungen relevant sind und sich ebenfalls nachweisen lassen).

In den folgenden 8000 Jahren haben Wanderungsbewegungen diese Genvariante in Europa verbreitet. Bevölkerungsvermischungen führten dazu, dass sie heute in Südwesteuropa am häufigsten und in Nordosteuropa am seltensten vorkommt. Und nun der Clou: Interessanterweise zeigt sich bei Menschen, die heute unter chronisch-entzündlichen Darmerkrankungen leiden, dieselbe geografische Verteilung: In Nord- und Osteuropa, wo nur fünf Prozent der Menschen IL23R in ihren Genen haben, ist sie am höchsten.

Warum ist das so interessant? Darmentzündungen und auch

Lebensmittelallergien gelten als Beispiel für typische Zivilisationskrankheiten – ausgelöst durch Umweltfaktoren und Lebensmittel, an die sich unser Verdauungssystem vergleichsweise rasant, evolutionär betrachtet geradezu in Lichtgeschwindigkeit gewöhnen musste: hochgezüchtete, hochverarbeitete Produkte mit hohem Zuckeranteil und vielen künstlichen Inhaltsstoffen usw.

«Auch unsere genetischen Voraussetzungen entscheiden, ob wir toleranter oder intoleranter auf bestimmte Stoffe reagieren», erklärt Ben Krause-Kyora. «Daher funktionieren verschiedene Ernährungsweisen oder Diäten nicht bei allen gleich.» Überspitzt formuliert, haben manche vielleicht mehr alte Steinzeit-Gene und vertragen Paläo-Rohkost besser, während andere mehr Ackerbauer-Gene haben und sich mediterran ernähren sollten. Sein Ziel ist nun, mit Forschenden aus Medizin und Gastroenterologie herauszufinden, ob Menschen mit Darmerkrankungen durch eine personalisierte, genetisch informierte Ernährung geholfen werden kann.

Erklingt da also Zukunftsmusik aus der Steinzeit? Nein! Das Prinzip, nach dem die Genvariante IL23R chronisch-entzündliche Darmkrankheiten verhindert, ist längst in der modernen Medizin angekommen. Medikamente, die genau diese evolutionären Mechanismen nachahmen, gehören heute zu den wirksamsten Therapien gegen chronische Darmentzündungen – hocheffizient, gut verträglich und auch an unserer Hochschulambulanz in Augsburg im Einsatz. Deshalb bin ich so ein Fan von Bens Forschung: Sie geht, wie die Umweltmedizin, mit ihrem Blick auf das große Ganze über klassische Diagnosen hinaus. Sie beschreibt, wie moderne Umweltfaktoren über eine gewisse Zeit, von lang bis kurz, Entzündungen antreiben, Barrieren schwächen oder die Darm-Haut-Achse beeinflussen und wie wir dem präventiv entgegentreten können. Umweltmedizin ist die Disziplin, die dort ansetzt, wo Evolution zu langsam und klassische Medizin zu spät kommt.

Doch eines dürfen wir aus alldem keinesfalls ableiten: dass wir «modernen Menschen» uns – wie einst die späten Steinzeitbauern – einfach an unsere moderne Umwelt anpassen werden. Die Evolution hat damals Jahrtausende gebraucht, um auf eine langsame, gleichmäßige Veränderung der Lebensbedingungen zu reagieren. Heute dagegen verändert sich unsere Umwelt schneller, als unser Körper reagieren könnte: Zu den ultraverarbeiteten Lebensmitteln kommen neue Chemikalien, Mikroplastik etc. hinzu.

Wir leben in einer Welt, die sich in Jahrzehnten wandelt – nicht in Jahrtausenden. Genau deshalb können wir nicht warten, bis sich unser Immunsystem oder unsere Gene anpassen. Stattdessen müssen wir selbst handeln: mit Prävention, klugen politischen Entscheidungen und moderner Medizin. Denn die Zukunft gehört nicht der geduldigen Evolution, sondern dem rechtzeitigen, klugen Eingreifen.

Das Darm-Mikrobiom oder Ein Scheiß-Kapitel

Ich könnte diesen Abschnitt mit einer hochtrabenden Definition des Darm-Mikrobioms beginnen. Mache ich aber nicht. Ich beginne lieber mit einer Geschichte aus meinem Praxisalltag – und mit einem tiefen Seufzer. Denn gefühlt jede:r dritte Patient:in sitzt irgendwann vor mir, legt bedeutungsvoll ein Blatt Papier auf den Tisch und sagt: «Ich habe mein Darm-Mikrobiom testen lassen.» Darauf folgt meist die erwartungsvolle Frage: «Was heißt das jetzt, Frau Professorin? Das ist doch die Lösung – oder?»

Meist haben die Leute sehr viel Geld für den Test bezahlt. Manchmal wurde er ihnen sogar ärztlich «empfohlen». Ich muss sie dann leider desillusionieren. So ein Test ist zu simpel: Man schickt eine Stuhlprobe ein, und fast immer zeigt das Ergebnis eine hübsche Ampel aus Grün–Gelb–Rot sowie mehrere Seiten schwer auszusprechender Bakteriennamen und am Ende die eindrucksvolle Botschaft, im Darm sei irgendetwas «aus dem Gleichgewicht». Soso.

Unser eigenes Institutslabor ist seit Jahren auf Mikrobiomanalysen spezialisiert. Allerdings im wissenschaftlichen Zusammenhang und nicht in der simplen Routine-Diagnostik – weil da das Mikrobiom noch längst nicht angekommen ist. Im Hautkapitel habe ich bereits beschrieben, wie komplex so eine Analyse ist. Bei der Analyse des Hautmikrobioms kämpfen wir immer mit zu wenig Material, haben oft nur ein paar Hautschuppen mit einigen Bakterien, was man eben bei einem Abstrich mit einem wattestäbchenartigen «Werkzeug» erhaschen kann. Bei Stuhlproben besteht dieses Problem nicht; da gäbe es ganz andere Geschichten zu erzählen, z. B. über überquellende Röhrchen, die bei uns abgegeben werden. Aber ich verschone Sie an dieser Stelle.

Wichtig ist Folgendes: Was Sie für Ihr teures Geld wirklich kaufen, ist kein Test des Darm-Mikrobioms. Es ist ein Stuhltest. Er zeigt, welche Bakterien am Ende der Verdauungsreise im Enddarm angekommen sind. Und nicht mehr. Das tatsächliche Mikrobiom entlang des gesamten Darms ist dagegen ein hochdifferenziertes, empfindliches, faszinierendes und regional sehr unterschiedliches Ökosystem – das sich durch eine einzige Probe nur sehr begrenzt erfassen lässt.

Zweitens, und das ist der Punkt, an dem Ben Krause-Kyora wieder ins Spiel kommt: In seiner Forschung mit *Ancient DNA* zeigt er, dass unser Darm-Mikrobiom in den vergangenen Jahrtausenden immer «ärmer» geworden ist. Der Reichtum an unterschiedlichen Mikroben schrumpft. Wir wissen, dass Bevölkerungen und vor allem indigene Völker, die auch heute noch weitgehend unberührt von moderner Zivilisation leben, ein deutlich vielfältigeres

Mikrobiom besitzen als wir – die gut ernährten, urbanisierten, «Hamburger fressenden» modernen Menschen.

In den letzten Jahren zeigt sich auch immer deutlicher: Unsere Lebensmittel, vor allem Fleisch, können Bakterien enthalten, die gegen viele Antibiotika unempfindlich geworden sind. Solche Keime entstehen vor allem dort, wo in der Tierhaltung viele Antibiotika eingesetzt werden, also in industriellen Zuchtbetrieben, Legefabriken oder Riesenställen. Und sie können über unsere Teller auch in unseren Darm gelangen. Manche tragen kleine DNA-Stückchen, die sie leicht an andere Bakterien weitergeben können. So verbreiten sich Resistenzen besonders schnell.

Klar ist: Ernährung spielt eine große Rolle. Sie beeinflusst, welche Bakterien in unserem Darm leben und wie sie sich verhalten. Manche Ernährungsweisen fördern eher Vielfalt, andere schaffen Bedingungen, in denen einzelne Arten oder bestimmte Gene leichter überdauern oder weitergegeben werden. Das Bild wird damit klar und einfach: Was wir essen, formt das Ökosystem in unserem Darm – und entscheidet mit darüber, wie gut sich resistente Bakterien dort ausbreiten können.

Trotzdem wissen wir bis heute nicht, was ein «gesundes» Mikrobiom genau ausmacht. Jeder Mensch hat sein eigenes, sehr individuelles mikrobielles Muster. Eine einmalige «Mikrobiom-» aka Stuhlanalyse kann also, wissenschaftlich sauber gesagt, nichts Belastbares aussagen. Das Kuriose aber ist: Die Konsequenzen aus diesen Tests sind erstaunlich vorhersehbar. «Alles unauffällig, machen Sie einfach weiter wie bisher» – das hat mir noch nie jemand berichtet. Dafür aber regelmäßig: «Nehmen Sie bitte dieses bestimmte Probiotikum, idealerweise kombiniert mit diesem zweiten.» Zufälligerweise oft von immer der gleichen Firma. Bisschen auffällig, oder?

Dann gibt es noch eine völlig andere Kategorie von Mikrobiom-Interventionen: die «Kapsel mit Stuhl», also eine Fäkalkapsel für eine Mikrobiom-Transplantation. Das ist eine seriöse, hochwirksame Therapie, aber nur für ganz bestimmte Erkrankungen und keinesfalls eine Wellness- oder Eigentherapiemaßnahme. Rein theoretisch also folgende Info: Nein, man sollte sie nicht kauen, sondern schlucken. Und ja: Das überlassen wir wirklich den Spezialist:innen.

Allergie oder Intoleranz – das ist hier die Frage

Zurück aus der Forschung in meine Praxis. Dort vergeht kaum ein Tag, an dem mich nicht ein Patient oder eine Patientin fragt, ob die Beschwerden – egal, welche – «irgendwie vom Darm» kommen könnten. Und auch abends, in fast jeder privaten Runde, in der man zusammen isst, stehen seit Kurzem zwei Begriffe wie ungebetene Partygäste im Raum: Nahrungsmittelintoleranz und Lebensmittelallergie.

Fast jede:r fühlt sich heute «allergisch», gegen Milch, gegen Gluten, gegen Fructose, gegen Zwiebeln ... die Liste wird immer länger. Verschiedene Umfragen zeigen: Rund ein Drittel der Menschen in Deutschland glaubt, eine Lebensmittelallergie zu haben. Tatsächlich leiden nur schätzungsweise vier Prozent[2] an einer echten, immunologisch nachweisbaren Lebensmittelallergie, Tendenz steigend. Was parallel rasant ansteigt, sind Intoleranzen.[3]

Jetzt hoffen Sie sicher, zu verstehen, was das eigentlich ist, so eine Intoleranz. Ich hoffe das ehrlich gesagt auch schon sehr lange. Wir haben bereits vor Jahren ein großes Forschungskonsortium gegründet, um genau dieser Frage auf den Grund zu gehen. Aber die endgültige Antwort haben wir (noch) nicht gefunden. Sagen wir so: Die Sache ist komplexer, als es in diesen ganzen schlauen Ernährungsblogs klingt, aber auch viel spannender, als man denkt.

Warum glauben so viele Menschen, allergisch zu sein? Weil sie unter unspezifischen Verdauungsbeschwerden leiden. Magenruckeln, Blähbauch, womöglich Durchfall. Das wiederum führt häufig zu Verunsicherung, unnötigen Diäten und Nahrungsergänzungsmitteln, deren Kauf permanent getriggert und angepriesen wird von geschäftstüchtigen Unternehmen. Wirtschaftsprognosen schätzen den sogenannten «Food Allergy Market» in Deutschland als einen dreistelligen Millionenmarkt ein, mit Wachstumsraten von über sieben Prozent pro Jahr![4]

Allergie versus Intoleranz: Was ist eine Allergie – und was nicht?

Nahrungsmittelallergie: Hier reagiert das Immunsystem, meist über IgE-Antikörper, auf eigentlich harmlose Eiweiße. Die Beschwerden treten schnell auf und können gefährlich werden: Atemnot, Erbrechen, Kreislaufprobleme bis zum anaphylaktischen Schock (siehe S. 94). Schon kleinste Mengen reichen aus, um eine Reaktion auszulösen.

Nahrungsmittelintoleranz/Nahrungsmittelunverträglichkeit: Dahinter steckt *keine* Immunreaktion. Der Körper kann bestimmte Stoffe nicht richtig abbauen oder transportieren. Die Symptome sind unangenehm, aber ungefährlich: Blähungen, Bauchschmerzen, Übelkeit, Durchfall. Sie entwickeln sich langsamer und sind dosisabhängig.

Zöliakie:[5] keine Allergie, sondern eine lebenslange Autoimmunerkrankung, bei der eine Immunreaktion gegen Gluten den Dünndarm schädigt. Gluten ist ein Getreideeiweiß, ein sogenanntes Speicherprotein, und kommt in Weizen, Dinkel, Grünkern, Roggen und Gerste vor. Wenn Menschen mit Zöliakie Gluten essen, entstehen im Darm kleine Bruchstücke des Glutens. Ein körpereigenes Enzym im Darm, die Transglutaminase, verändert diese Glutenstücke – dabei entstehen Komplexe, auf die das Immunsystem Antikörper bildet. Typische erste Symptome sind ein Blähbauch oder Durchfall. Eine Zöliakie lässt sich im Blut nachweisen – oder ausschließen – durch einen Antikörpertest. Die endgültige Absicherung der Diagnose erfolgt durch eine Dünndarmbiopsie. Die Behandlung basiert auf einer strikten glutenfreien Ernährung. In Deutschland sind weniger als 0,5 Prozent der Bevölkerung betroffen.

Weizenallergie ist eine IgE-vermittelte Allergie gegen Weizenproteine mit schnellen allergischen Reaktionen. Oft werden andere glutenhaltige Getreide gut vertragen.

Nicht-Zöliakie-Weizensensitivität:[6] weder Allergie noch Autoimmunerkrankung. Die Beschwerden sind unspezifisch (Blähungen, Kopfschmerzen, Müdigkeit) und werden, so der heutige Wissensstand, vermutlich durch Gluten und auch andere Getreidebestandteile ausgelöst. Die Diagnose erfolgt durch Ausschluss. Die Behandlung erfolgt durch das Meiden der Produkte, die Beschwerden verursachen.

FODMAPs[7] sind kurz- und mittelkettige Kohlenhydrate, die im Dünndarm schlecht aufgenommen werden und im Dickdarm rasch fermentieren. Das führt zu Gas, Druck, Schmerzen und Durchfall. Viele vermeintliche «Glutenprobleme» beruhen in Wirklichkeit auf einer FODMAP-Empfindlichkeit. Behandlung auch hier: FODMAP-haltige Lebensmittel meiden.

Und noch eine letzte Geschichte aus meinem Praxisalltag – zum Thema Immunglobulin- oder IgG-Tests gegen Nahrungsmittel (siehe S. 143). Auch mit deren Ergebnissen kommen viele meiner Patient:innen in die Sprechstunde, überzeugt davon, eine «Allergie» entdeckt zu haben. Viele erhalten lange Listen von vermeintlich «unverträglichen» Lebensmitteln – oft mit drastischen Empfehlungen zu Eliminationsdiäten, also einer Ernährung, in der sie vieles weglassen sollen. Auch vieles, das gesund ist. Seufz. Auch hier hat nur das Labor gewonnen, das durch seine vermeintliche Analyse viel Geld verdient hat. Warum?

IgG-Antikörper haben überhaupt nichts mit Nahrungsmittelallergien zu tun. IgG-Antikörper gegen Nahrungsmittel sind ein völlig normaler Befund und zeigen lediglich, dass der Körper mit einem Lebensmittel Kontakt hatte. Je häufiger jemand ein bestimmtes Lebensmittel isst, desto höher sind oft die IgG-Spiegel. Also sage ich dann zu meinen Patientinnen und Patienten: Dieser Test ist vielmehr der Beweis, dass Sie das Lebensmittel essen können!

Ich fasse also zusammen: Viele populäre Angebote rund um den Darm sind leider deutlich mehr Marketing als Wissenschaft und zum Teil auch gefährlich, weil nicht wenige Menschen nach dem falsch interpretierten Ergebnis mit falschen Diäten anfangen, die schnell zu Mangelerscheinungen führen können, insbesondere bei Kindern.

Ich könnte Dutzende Geschichten dazu erzählen. Ein sehr krasses Beispiel ist mir bis heute in Erinnerung – die Familie mit ihrem sechs Monate alten Kind, das unter schwerer Neurodermitis litt. Die Eltern hatten vor unserem Treffen einen vermeintlichen Nahrungsmittelallergie-Test gemacht und von einer vermeintlich geschulten Ernährungsberaterin eine «Diät» angepriesen bekommen, die Neurodermitis heilen könne. Diese Diät jedoch führte bei dem armen Baby zu keinerlei Hautbesserung, aber zu starkem Gewichtsverlust, Vitaminmangel und einem wirklich schlechten Allgemeinzustand. Wir führten einen Allergietest durch, fanden keine einzige IgE-vermittelte Allergie. Die Haut behandelten wir mit modernstem Kortison, und sie verbesserte sich, das Kind durfte wieder normal essen und geht heute gesund und munter in die Grundschule.

Im Einsatz gegen Nahrungsmittelallergien

Auf dem Global Allergy Forum (GAF) in Davos traf ich auch Nadim Ednan-Laperouse, einen sehr beeindruckenden Mann. Er ist kein Wissenschaftler, doch er teilt unser Ziel: Er will das Allergieproblem lösen – auf seine Weise. Ich kannte ihn damals noch nicht persönlich. Aber sehr wohl die tragische Geschichte, die ihn nach Davos brachte.

Zehn Jahre ist es nun her: Im Juli 2016 saß Nadim mit seiner Tochter, der damals 15-jährigen Natasha und einer Freundin in einem British-Airways-Flieger. Ihr Ziel war Nizza. Am Flughafen London Heathrow hatte sich Natasha für die Reise bei der Kaffee-Kette «Pret A Manger» ein belegtes Baguette gekauft. Auf der Packung klebte eine Zutatenliste, die sie wie üblich aufmerksam durchlas. Doch es standen keine Allergeninformationen über den im Teig enthaltenen Sesam darauf – ein Lebensmittel unter vielen, auf das Natasha hochallergisch reagierte. Hochallergisch heißt: so wie meine Patientin Julia Meier, mit der dieses Kapitel begann.

An Bord des Fliegers biss Natasha in ihr Sandwich und entwickelte innerhalb kürzester Zeit eine Anaphylaxie (siehe S. 94). Nadim injizierte seiner kollabierenden Tochter zweimal einen sogenannten EpiPen – vergeblich. Selbst ein an Bord anwesender Arzt, der dem Mädchen eine dritte Dosis Adrenalin verabreichte, konnte sie nicht retten. Direkt nach der Landung in Nizza wurde Natasha in ein Krankenhaus gebracht und dort für toterklärt.

Liebe kann Berge bewegen, sagt man. Nadim und seine Frau Tanya haben ganze Gebirge bewegt. Wir haben Nadim gebeten, auch Ihnen davon zu erzählen. Das sind seine Worte:

«Natashas Tod im Jahr 2016 stürzte unsere Familie in tiefste Trauer. 15 Jahre waren wir, ihre Eltern, ihr Bruder, ihre Freun-

dinnen und Freunde, immer extrem vorsichtig gewesen, damit unsere Tochter ein sicheres, gutes Leben führen konnte. Und dann kollabiert sie in einem Flugzeug, und wir können sie nicht retten. Wegen ein paar Sesamkörnern im Sandwich, die weder sichtbar noch deklariert waren; vor denen uns niemand gewarnt hatte.

Schon früh in unserer Trauerphase begannen wir zu fragen: Wie um alles in der Welt konnte das geschehen? Und was muss getan werden, dass nie wieder ein Kind, oder auch ein erwachsener Mensch, an einer Nahrungsmittelallergie stirbt?

Bei der Suche nach Antworten fanden wir vieles heraus, was wir für unmöglich gehalten hatten. Damals war Großbritannien noch in der EU, und ein EU-Gesetz legte fest, dass Sesam als eines von 14 Allergenen auf allen abgepackten Lebensmitteln deklariert werden muss. Doch es gab eine Gesetzeslücke. Sie sollte eigentlich kleine, unabhängige Sandwichläden und Cafés von der bürokratischen Regel befreien, Produkte nicht einzeln mit Inhaltsstoff-Informationen kennzeichnen zu müssen. Tatsächlich nutzten sie aber auch die großen Fast-Food-Anbieter wie McDonald's oder eben Pret A Manger, die ihr Essen täglich in eigenen Ladenküchen zubereiten. So gelangte das für Natascha tödliche Sandwich ohne Warnung in ihre Hände.

Unsere Schlussfolgerung war klar: Das Gesetz war katastrophal schlecht gemacht. Und um Leben zu retten, musste es so schnell wie möglich geändert werden. Doch ein Gesetz schnell zu ändern, klingt nach einem Widerspruch in sich – erst recht, wenn auf der Gegenseite internationale Lebensmittelkonzerne stehen, die den Mehraufwand einer umfassenden Allergenkennzeichnung und die damit einhergehenden Kosten scheuen.

Wir haben es dennoch geschafft. Das neue, strengere Gesetz trägt sogar den Namen unserer Tochter: ‹Natasha's Law›.

Wie kam es dazu? Ich weiß als Gründer und Manager einer großen Spielzeugfirma, wie Marketing funktioniert. Noch mehr zugute kam unserem Anliegen eine britische Besonderheit: der ‹inquest›. Das ist eine öffentliche Untersuchung, bei der ein Gerichtsmediziner nach einem ungewöhnlichen Todesfall die Todesumstände klärt. 2018 fand der ‹inquest› zu Natashas Tod statt und wurde von einer großen Medienberichterstattung begleitet. Danach erhielten wir unzählige Briefe von Menschen, die uns ihre Erfahrungen mit Allergien schilderten, ihre permanente Angst vor anaphylaktischen Schocks, ihre Ohnmacht beim Einkaufen usw. Sie motivierten mich und meine Frau, zu kämpfen und eine Kampagne für das Natasha-Gesetz zu lancieren. Wir waren beide schon vorher nicht schüchtern. Nun wurden wir furchtlos.

Ich lernte beispielsweise sehr schnell, wie mächtig die Lebensmittellobby ist und dass sie keinerlei Interesse daran hat, ein System zu ändern, mit dem sie Geld verdient. Aber ich lernte auch, dass keine noch so mächtigen CEOs, Lobbyisten oder Politiker:innen es wagen, verwaiste Eltern abzuweisen. Mir und meiner Frau nicht zuzuhören – die öffentliche Wirkung wäre zu verheerend. Zumal die Öffentlichkeit auf unserer Seite stand: Etwa 200 000 Kinder und 420 000 Erwachsene in Großbritannien sind allergisch auf Lebensmittel,[8] in der EU sind es 3,6 Millionen.[9] 83 Prozent der Britinnen und Briten forderten damals laut einer Umfrage, vollständig über die Zutaten ihrer Gerichte informiert zu sein. Nicht zuletzt mit dieser Zahl überzeugte ich viele Gegner, ihren Widerstand gegen Natasha's Law aufzugeben.

Seit 1. Oktober 2021 muss in Großbritannien jedes Lebensmittel, das in denselben Räumlichkeiten zubereitet, vorverpackt und verkauft wird, eine vollständige Zutatenliste tragen. Das Gesetz kostet die Branche Hunderte Millionen Pfund für den Mehraufwand, von der Kontrolle der Rohstoffe bis zur Verkaufstheke. Dafür macht es das Leben von Allergikerinnen und Allergikern sicherer. In meinen Augen ist es damit jeden Cent wert. Ich wünschte nur, das Gesetz wäre auch in der EU gültig, und kann Sie alle nur bestärken, sich dafür einzusetzen.

Ein Gesetz ist aber nicht alles. Um die Menschen generell besser über Allergien aufzuklären und Mittel für die Allergieforschung zu sammeln, haben wir 2019 die Natasha Allergy Research Foundation gegründet. Bislang wurde die Allergieforschung oft an den Rand gedrängt. Um etwas zu bewegen in der Wissenschaft und in der Medizin, braucht es groß angelegte, gut finanzierte und exzellent aufgestellte Forschungsprojekte. Die kosten viel Geld. Also habe ich wieder bei den CEOs der großen Lebensmittelunternehmen angeklopft und um ihre Unterstützung gebeten. Oder sie vielmehr gefordert. Sie kennen und schätzen oder fürchten mich mittlerweile alle, das macht es einfacher.

Seit 2020 unterstützt beispielsweise die Supermarktkette Tesco die Allergieforschung, indem sie 10 Pence von jedem im Rahmen der ‹World Allergy Week› verkauften Produkt der Tesco-Eigenmarke ‹Free From› an unsere Stiftung spendet. Dank Mittel von anderen Unternehmen organisieren wir Allergie-Schulungen in Kindergärten, für Lehrer:innen und für Medizin-Studierende, denn diese lernen im offiziellen Kursus nicht, wie man einen anaphylaktischen Schock behandelt. Das muss man sich mal vorstellen!

Meine Frau und alle Mitarbeitenden der Stiftung haben den Leitspruch: Alles, von was man träumen kann, kann auch passieren. Unser nächstes Ziel ist es, Allergiekranke zu heilen. Nicht mit teuren Medikamenten, sondern durch De-Sensibilisierung. Wir finanzieren große klinische Studien dazu, und ich habe den Eindruck, wir sind auf einem guten Weg. Zumindest in Großbritannien.»

Nadim erzählte Nataschas Geschichte in Davos eindringlich, mit einer Kraft, die man vermutlich nur entwickelt, wenn das eigene Kind fehlt und man trotzdem weitermacht. Natasha ist gestorben – und ihr Vater hat dafür gesorgt, dass ihre Geschichte weiterwirkt. Sie zeigt uns, dass schwerwiegende Allergien nicht Schicksal sein müssen. Und dass Schutz manchmal an etwas scheitert, das sich eigentlich leicht beheben ließe: an klaren Regeln. Der Europäische Rechnungshof hat 2024 erneut bestätigt, wie lückenhaft die freiwillige Allergenkennzeichnung in Europa ist. Diese Lücken kosten Sicherheit – und in einigen Fällen das Leben.

Die gute Nachricht: Es gibt auch Hoffnung auf wissenschaftlicher Seite. Heilung ist möglich. Die spezifische Immuntherapie (SIT, siehe S. 97) hat sich in den letzten Jahren zu einem der vielversprechendsten Ansätze der Allergiemedizin entwickelt. Große Studien, auch unterstützt durch die *Natasha Foundation*, zeigen: Kinder und Jugendliche können auch bei Lebensmitteln eine echte Toleranz entwickeln, das Immunsystem kann umlernen. Nadim kämpft dafür, dass andere Familien nicht dasselbe erleben müssen wie seine.

Unangenehmer Newcomer: Eosinophile Ösophagitis

Zuletzt will ich in diesem Kapitel noch über einen Newcomer unter den Umwelterkrankungen erzählen. Sein medizinischer Titel ist nur mit viel Üben fehlerfrei auszusprechen. Doch Übung lohnt, denn die Zahl der Betroffenen steigt stark an. Ich nenne die Krankheit auch «Neurodermitis der Speiseröhre». Sie ist die häufigste Ursache für Schluckstörungen bei jungen Erwachsenen. Mein Kollege Thomas Greuter, Chefarzt der Klinik für Gastroenterologie an der Schweizer Universität Lugano und *der* aktuelle Experte zum Thema, berichtet von einer aktuellen US-Studie,[10] nach der dort eine/r von 700 Menschen von eosinophiler Ösophagitis betroffen ist.

Womit geht es los? Betroffene bemerken Schluckbeschwerden, haben Schmerzen hinter dem Brustbein, Sodbrennen (saures Aufstoßen, Reflux) und in manchen Fällen auch das Gefühl, dass ein Nahrungsbrocken stecken bleibt. Das ist nicht angenehm. Umso erstaunter bin ich immer wieder, wie viele Betroffene ihre Probleme einfach hinnehmen oder, statt sich in einer Praxis untersuchen zu lassen, Ausweichstrategien entwickeln. Manche schnippeln ihr Essen miniklein, kauen endlos darauf herum oder verabschieden sich komplett von faserig-trockenen Lebensmitteln wie Äpfeln, Kartoffeln oder Fleisch. Dabei können wir ihnen helfen!

Wie bei der klassischen Neurodermitis liegt bei der EoE eine chronisch-entzündliche Erkrankung zugrunde, aber nicht an der äußeren Haut, sondern in der Schleimhaut der Speiseröhre. Dort haben sich bestimmte weiße Blutkörperchen angesammelt, die eosinophilen Granulozyten. Ausgelöst wird die EoE häufig durch Nahrungsmittel, allen voran Kuhmilch. Von außen lässt sich die Erkrankung nur vermuten. Die Diagnose wird mit einer Endoskopie samt Biopsie bestätigt. Hierbei wird ein dünner Schlauch mit einer Kamera in die Speiseröhre eingeführt, um Gewebeproben zu entnehmen. Findet man darin unter dem Mikroskop mindestens 15 eosinophile Granulozyten, ist der Fall klar.

Wie wird behandelt?

Erstens mit einer Diät: Als erster Schritt wirkt besonders der Verzicht auf Milchprodukte – warum genau das so ist, wissen wir noch nicht. Zweitens medikamentös: Magensäure reduzieren und Entzündung hemmen. Seit Kurzem wird auch ein Biologikum verschrieben, das schon bei meinen Neurodermitispatient:innen eine Zeitenwende gebracht hat. Bewährt hat sich auch ein Eingriff, bei dem die Speiseröhre geweitet wird, die sogenannte endoskopische Dilatation. Sie sollte immer nur in Kombination mit entzündungshemmender Therapie eingesetzt werden.

Die gute Nachricht zum Schluss

Wenn man all diese Erkenntnisse zusammennimmt, wird klar, was für ein empfindliches Ökosystem unser Darm ist. Was wir essen, welche Keime wir über Lebensmittel aufnehmen und wie vielfältig unsere Darmbakterien sind – all das bestimmt, wie stabil dieses System bleibt. Die jüngere Forschung hat außerdem herausgefunden, dass es eine direkte Verbindung zwischen Darm und Gehirn gibt, die von Mikroben mitgesteuert wird. Und dass die Vielfalt dieser Mikroben wiederum zusammenhängt mit Allergien: «Mehr Vielfalt im Darm, weniger Allergien» lautete das Ergebnis einer großen US-Studie.[11] All diese Verknüpfungen bieten der Forschung ganz neue Ansatzpunkte für Therapien und Prävention. Geben Sie uns ein bisschen Zeit, um die offenen Fragen zu beantworten – und essen Sie derweil gesund.

DAS IMMUNSYSTEM: Dirigent im Hintergrund

Unser Immunsystem ist kein klassisches Körperorgan wie das Herz oder das Hirn. Aber wir gönnen ihm trotzdem ein eigenes Kapitel, denn es hält, salopp formuliert, den ganzen Laden am Laufen. Hübscher könnte man es beschreiben als ein Netzwerk, das den Garten unseres Körpers pflegt. Mit einem Team emsiger Gärtnerinnen und Gärtner, die sich pausenlos um das Wohlergehen der Pflanzen – unserer gesunden Zellen – kümmern. Die das harmonische und stabile Gleichgewicht zwischen Luft und Erde – unsere mentale und physische Gesundheit – fördern. Die uns bei Bedarf mit gutem Kompost stärken – da denke ich etwa an Glückshormone. Die aber, ohne viel Gewese drum zu machen, störende Eindringlinge – Krankheitserreger etwa – zurück über den Zaun befördern.

Der erste Dienst im Garten unseres Körpers wird vom *angeborenen* Immunsystem übernommen. Es ist von Anfang an da und reagiert sofort. Seine Zellen patrouillieren rund um die Uhr, erkennen typische Gefahrenmuster von Viren, Bakterien oder Schadstoffen und greifen ohne Zögern ein. Die schnellen Ersthelfer: Fresszellen, natürliche Killerzellen und entzündliche Botenstoffe sorgen dafür, dass Bedrohungen früh abgefangen werden – oft, ohne dass wir überhaupt etwas davon merken. Lange galt dieses angeborene Immunsystem als eher grobes Werkzeug: schnell, aber unspezifisch und ohne Gedächtnis. Heute wissen wir, dass dieses Bild nicht mehr stimmt. Denn das angeborene Immunsystem kann lernen. Dieser Lernprozess wird Trained Immunity (vgl. «Allergien», S. 102) genannt. Gemeint ist die Fähigkeit, sich frühere Belastungen zu «merken». Es reagiert beim nächsten Kontakt schneller, stärker oder auch ausgewogener.

Dieser Forschungsbereich explodiert gerade nahezu – und hier können wir noch viel erwarten an Verständnis und Zielstrukturen für Therapien in den nächsten Jahren. *Trained Immunity* ist eine Brücke zwischen unmittelbarer Abwehr und langfristiger Anpassung – ein Schlüsselmechanismus für Prävention, aber auch für chronische Entzündungen, wenn dieses Training aus dem Gleichgewicht gerät. Erst im nächsten Schritt kommt das *erworbene* (adaptive) Immunsystem ins Spiel. Es arbeitet langsamer, dafür hochspezialisiert und sehr spezifisch. Hier übernehmen T-Zellen, B-Zellen und Antikörper die Regie. Besonders wichtig ist dabei das Immunglobulin G (IgG), das Krankheitserreger gezielt erkennt und neutralisiert. Dieses System bildet ein echtes immunologisches Gedächtnis – oft über viele Jahre oder sogar ein Leben lang. Entscheidend ist: Diese beiden Systeme arbeiten additiv und eng verzahnt. Das angeborene Immunsystem gibt den Ton an, das adaptive stimmt ein. Gesundheit entsteht dort, wo diese Zusammenarbeit harmonisch funktioniert – und genau hier setzt moderne Prävention an.

Immunglobuline – Familienaufstellung der Antikörper

Unser Immunsystem bildet verschiedene Antikörper, die unterschiedliche Aufgaben haben:

IgE ist ein Antikörper im Blut, der bei Allergien überempfindlich reagiert. Er identifiziert harmlose Stoffe wie Pollen oder Tierhaare fälschlich als gefährlich und löst eine Abwehrreaktion aus.

IgM ist der «Frühmelder» des Immunsystems. Er erscheint oft zuerst bei Infektionen, ist aber unspezifisch und kann im Labor auch falsch-positive Ergebnisse liefern. Ein IgM-Nachweis allein sagt daher nur, dass eine akute Infektion da ist, aber schlägt manchmal für den falschen Erreger an (siehe Borreliose, S. 150).

IgG ist der Antikörper des Langzeitgedächtnisses. Er bleibt nach überstandenen Infektionen oft jahrelang im Blut – als Zeichen, dass das Immunsystem gelernt hat. Ein erhöhter IgG-Wert bedeutet nicht, dass die Infektion noch aktiv ist, und zeigt auch keine Allergie an (siehe Nahrungsmittelallergie, S. 133).

IgA schützt unsere Grenzflächen: Schleimhäute in Nase, Lunge, Darm und auf der Haut. Er ist besonders wichtig für die Abwehr dort, wo der Körper mit der Umwelt in Kontakt kommt.

Wer von Ihnen gärtnert, der weiß: Ein gesunder, natürlicher Garten hat erstaunliche Fähigkeiten, sich selbst zu regenerieren und immer wieder neu zu erblühen. Doch kritischere Umweltbedingungen machen auch ihm zu schaffen: Er bekommt zu viel Regen ab oder zu wenig, ächzt unter Hitzephasen, Stürme sorgen für Chaos, aus dem Nichts tauchen Schädlinge auf. Genau so geht es derzeit unserem Immunsystem. Es wird stark gefordert – als «Wahrnehmungssystem», als «Stärkungssystem» wie auch als «Abwehrsystem».

Als Umweltmedizinerin interessiere ich mich besonders für drei Herausforderungen:

1. Den Umgang mit Krankheitsüberträgern wie etwa Zecken und Stechmücken und/oder neuen Erregern, die die Klimakrise mit sich bringt – und wie wir uns schützen können.
2. Umweltgetriggerte Fehlleitungen des Immunsystems, wie etwa chronische Entzündungen.

3. Beschwerden, die auf einen Toleranzverlust des Immunsystems zurückgehen wie die Multiple Chemikalien-Sensitivität (kurz: MCS) – und wie wir sie behandeln.

Attacke der Blutsauger – von Borreliose bis West-Nil-Fieber

Was wenige Zehntelgrad Wärme mehr mit Pflanzen und ihren Pollen machen, haben wir im Kapitel über Atemwege beschrieben. In diesem hier geht es um kleine Tierchen: Zecken und Stechmücken sowie noch kleinere Organismen – Vibrionen.

Zecken und Mücken übertragen alte und neue Krankheitserreger und haben tropische Verwandte im Schlepptau, die in der nördlichen Hemisphäre für Unruhe sorgen. Vibrionen sind Bakterien, die unter anderem im aufgewärmten Ostseewasser florieren und bei vorerkrankten Menschen mit offenen Wunden schwere Entzündungen auslösen können. Ihre Gemeinsamkeit ist, dass sie anders als wir Menschen von der Klimaerhitzung profitieren. Ihre Populationen nehmen zu, sie werden häufiger, tauchen früher im Jahr auf, bleiben länger, besiedeln neue Orte, übertragen mehr und hierzulande neue Krankheitserreger. Kurz: Sie kommen uns näher als gewünscht. Kommen sie uns zu nahe, treffen sie auf ein Immunsystem, das – evolutionär betrachtet – wenig Zeit hatte, sich anzupassen.

Aber Achtung: Das Wenigste, was Sie hier gleich lesen, eignet sich für einen Horrorfilm. Zweifellos haben gerade Mücken und Zecken, die exotisch klingende Viren und Bakterien übertragen, einen gewissen Gruselfaktor. Und zweifellos können tropische Krankheiten und Infektionen mit Vibrionen einen sehr schweren, sogar lebensbedrohlichen Verlauf nehmen. Alle diese Infektionen sind daher beim Robert Koch-Institut meldepflichtig, so bestimmt es das Infektionsschutzgesetz. Offensichtlich verläuft wohl ein Großteil davon unbemerkt oder leicht und in dem Fall meist ohne Diagnose oder falsch diagnostiziert.

Für Entwarnung gibt es dennoch keinen Grund. Die Erwärmung auf der Erde wie in den Meeren schreitet fort, und in Bezug auf Zecken, Mücken und Vibrionen schlägt das wie ein Bumerang auf uns zurück. Daher versuchen wir hier eine sorgfältige Analyse der Risiken. Aufpassen müssen Sie alleine.

Zecken

Ich beginne mit dem Fall eines guten Freundes und Patienten, den Sie vermutlich auch kennen: den Arzt, Autor und TV-Moderator Eckart von Hirschhausen. Er hat mir erlaubt, davon zu erzählen, weil die Vorgeschichte kurios war. Außerdem gibt es ein Happy End, und das gefällt uns beiden.

Bis dahin muss ich ein bisschen ausholen. Im November 2023 hatte Eckart mich als Expertin für seine ARD-Dokumentation «Medizin von morgen» angefragt. In der Sendung, die im folgenden Jahr ausgestrahlt werden sollte, ging es um das Thema Umwelt- und Klimagefahren. Mit mir wollte er das Thema Hitze beleuchten. November und Hitze, Sie merken es selbst: passt nicht so gut zusammen. Was filmt man da bloß? Schließlich hatte Eckarts Team die Idee, uns zusammen in eine Sauna zu setzen und schwitzen zu lassen – angezogen wohlgemerkt. Überschrift: Klimaerwärmung ist wie Sauna ohne Tür. Wir fanden das klasse, doch fürs Fernsehen sollte es nicht eine x-beliebige Sauna sein, sondern ein Sauna-Wägelchen vor dem Brandenburger Tor. Und weil man auch als TV-Team nicht einfach eine mobile Sauna vors Brandenburger Tor schieben darf, meldete die Produktionsfirma eine politische Demonstration an. Thema: Hitze-Prävention. Teilnehmerzahl: 7. Eckart, das Drehteam und ich.

Bald darauf saßen wir in dem Sauna-Wagen, ich, wie es sich fürs Fernsehen gehört, im weißen Kittel, und unterhielten uns über Hitzegefahren (siehe S. 84 und 185) und Hitzeprävention (siehe S. 192). Ich erwähnte dabei kurz, dass mit der Hitze auch Krankheiten wie Borreliose zunehmen, und merkte, Eckart wurde hellhörig. Nach dem Dreh gingen wir zusammen eine Pizza essen, und er sagte: «Übrigens, Claudia, ich habe einen seltsamen roten Fleck am Unterschenkel. Seit zwei Wochen, und er wird immer größer.» Nun wurde ich hellhörig. «Zeig mal!» Wir suchten eine abgelegene Ecke in der Pizzeria, landeten schließlich auf der leeren Empore, Eckart zog sein Hosenbein hoch. Auf seiner Wade zeigte sich eine Rundrötung. 10 Zentimeter Durchmesser, keine Schuppung, leicht überwärmt. Ich hegte sofort einen Verdacht: Wanderröte, medizinisch *Erythema chronicum migrans* – das erste Stadium der Borreliose. «Erinnerst du dich an einen Zeckenstich?», fragte ich nach. Er schaute mich skeptisch an. «Zecken, jetzt, im Spätherbst?» Ich nickte. «Im Oktober bin ich viel durch Wiesen gewandert und hatte auch mal eine juckende Stelle. Die war allerdings ganz woanders.»

Wie stechen Zecken?

Zecken beißen nicht, sie stechen – auf sehr raffinierte Weise: Erst reißen ihre Mundwerkzeuge die Haut auf. Dann führen sie ihren Saugrüssel ins Gewebe ein. Der hat einen Widerhaken, mit dem sie kleine Gefäße einreißen und dadurch eine pfützenartige Wunde schaffen. Aus der beginnen sie zu saugen. Blut, Lymphe und Gewebebrei ihrer Opfer – selten Menschen, meist Mäuse, Wildschweine, Hunde etc. – vermischen sich mit dem Zecken-Speichel, der narkotisierende und blutstillende Substanzen enthält. Daher spürt man vom Stich nichts, und die Zecke kann tagelang unbemerkt hängen bleiben. Erst wenn sie sich fallen lässt, beginnt die Einstichstelle bei manchen zu jucken und sich zur röten (aber nicht bei allen).

Übrigens: Wer glaubt, als Stadtmensch sei man vor Zecken geschützt, täuscht sich. Die Blutsauger breiten sich zunehmend auch in Parks und Gärten aus und auch in höheren Lagen. Vor FSME (s. u.) schützt eine Impfung (siehe S. 149).

Die Lage ist so, erklärte ich Eckart beim Essen: Wenn eine Zecke zusticht, passiert erst einmal nichts. Auch wenn sie Borrelien im Darm trägt – das sind die Bakterien, die beim Menschen Borreliose auslösen können –, werden sie nicht sofort übertragen. Die Bakterien brauchen Zeit, um von dort in ihre Speicheldrüsen und über ihren Stechrüssel in unsere Haut zu wandern. Mindestens 24 Stunden, oft eher 36–48 Stunden – so lange dauert dieser kurze Weg. Das FSME-Virus (dazu gleich mehr) ist viel schneller, es braucht nur eine Viertelstunde!

Die Langsamkeit der Borrelien erklärt, warum eine frisch entdeckte und schnell entfernte Zecke fast nie eine Borreliose auslöst. Damit ein Mensch erkrankt, müssen mehrere Dinge zusammenkommen: Die Zecke muss infiziert sein, lange gesaugt haben – und unser Immunsystem muss die Erreger passieren lassen. Meist tut es das nicht. Das Risiko, nach einem Zeckenstich tatsächlich eine Borreliose zu entwickeln, liegt im Durchschnitt nur bei zwei bis fünf Prozent. Unsere Abwehr arbeitet schnell und fängt vieles ab.

Gelingt es den Bakterien, das Immunsystem zu überlisten, reagiert die Haut bei 70 bis 80 Prozent der Infizierten mit der sogenannten Wanderröte, einem roten Fleck, der in aller Regel rund ist und in aller Regel wenige Tage nach dem Stich auftaucht – aber nicht immer. Außerhalb der Regel, wie bei Eckart, lässt er sich auch länger Zeit und zeigt sich ganz woanders am Körper. Das gehört zu den vielen Rätseln unseres Immunsystems. «Ist nichts Schlimmes», beruhigte ich ihn. «Morgen gehst du zum Hausarzt, lässt dir Blut abnehmen und auf Antikörper kontrollieren. Bestätigt sich mein Verdacht, bekommst du 14 Tage Antibiotika, damit ist die Sache geregelt.» Er gehorchte, und siehe da: Volltreffer. Nach zwei Wochen war der Ausschlag weg und Eckart von seiner Borreliose geheilt.

Anders als ihn überraschte mich allerdings nicht, dass die Zecke im Oktober angedockt hatte. Patienten haben mir schon im Januar von ihrem Zeckenstich berichtet. Grund dafür ist, ich muss mich wiederholen, die Klimaerhitzung respektive die milderen Winter. Sie sorgen dafür, dass der Gemeine Holzbock inzwischen fast ganzjährig aktiv ist. Fünf Grad reichen ihm aus, um Wirte zu befallen und Krankheiten wie Borreliose oder/und FSME zu übertragen, die Frühsommer-Meningoenzephalitis. Sie braucht daher eigentlich einen neuen Namen. Wie wäre es mit Ganzjahres-Meningoenzephalitis? Wir kommen gleich auf sie zurück.

Die gute Nachricht: Die Borreliose und das Fleckfieber, das ebenfalls von Zecken übertragen werden kann, lassen sich mit Antibiotika sehr gut heilen – je früher die Symptome richtig diagnostiziert werden, umso besser. Gegen FSME existiert eine hochwirksame Impfung, zu der ich allen, die in FSME-Risikogebieten wohnen oder sie besuchen, wärmstens rate (die aktuelle Karte finden Sie im Internet, ebenso die Impf-Empfehlung des Robert Koch-Instituts).[1]

Jetzt kommt die schlechte Nachricht: Leider ist nicht mal jede:r Fünfte in Risikogebieten geimpft; in Österreich sind es immerhin doppelt so viele. Leute, was soll das? FSME ist wirklich ein anderes Kaliber als Borreliose! Fast jede:r dritte Infizierte ohne Impfschutz entwickelt etwa eine Woche nach dem Stich grippeähnliche Symptome. Bei 10 bis 20 Prozent kommt es zu neurologischen Schäden wie Lähmungen, Sehstörungen, Hirnhautentzündungen, manchmal auch zu Persönlichkeitsveränderungen, die Betroffene samt Angehörige komplett aus ihrem Leben reißen können; besonders bei Erwachsenen.

Wie viele FSME-Infektionen gibt es pro Jahr? Schwer zu sagen, denn nur etwa zehn Prozent davon landen wohl in der Statistik. 2024 waren es 686, die zweithöchste Zahl seit Beginn der Meldepflicht im Jahr 2001. Fest steht jedenfalls: Jede Erkrankung ist ein vermeidbares Drama. Laut RKI fehlte bei 99 Prozent der schwer Betroffenen ein Impfschutz.

Nun muss ich noch ein paar Sätze zur Lyme-Borreliose verlieren, denn über diese Krankheit wird leider leidenschaftlich geschwurbelt. Sie ist die häufigste zeckenübertragene Infektionskrankheit in der nördlichen Hemisphäre, auch in Deutschland.[2] Da nicht alle Bundesländer Meldepflichten haben, kann leider nur geschätzt werden, wie viele Menschen jedes Jahr akut erkranken: zwischen 60 000 und 100 000 pro Jahr. In Bayern wird gemeldet, dort stieg die Zahl von 2900 Fällen im Jahr 2023 über 3500 Fälle 2024 auf 4800 Fälle 2025 (Stand Ende September 2025).[3]

Noch eine gute Nachricht: Borreliose lässt sich zuverlässig über Antikörper nachweisen und sehr gut behandeln. Auch dann, wenn sie sich bereits zu einer Neuro-Borreliose mit Hirnhaut- oder Rückenmarksentzündung entwickelt hat oder einer furchtbar schmerzhaften Entzündung der Nervenwurzeln. Genau hier beginnt der Mythos um die sogenannte «chronische Borreliose». Dieser Begriff geistert seit Jahren durchs Internet, durch Selbsthilfegruppen und durch eine «alternative Versorgungswelt» – mit eigenen Leitlinien, zweifelhaften Laboren und teils gefährlichen Therapien. Die seriöse, evidenz- und wissenschaftsbasierte Medizin ist da eindeutig: Die «chronische Borreliose» existiert in dieser Form nicht. Der Grund des Missverständnisses liegt am IgM-Antikörper, der die Eigenschaft hat, sich im Labortest an fast alles zu binden – also sehr promiskuitiv ist, wie es medizinisch heißt. Ein Labornachweis eines Borrelien-IgM könnte auch völlig andere Infektion anzeigen, auch z. B. eine Syphilis (apropos promiskuitiv).

Was es gibt, sind Spätmanifestationen wie die Lyme-Arthritis. Sie ist ein echtes, gut nachweisbares Krankheitsbild – aber keine heimlich weiterlaufende Infektion.

Dann gibt es noch das Post-Treatment Lyme Disease Syndrome (PTLDS), eine Art Post-Covid für die Borreliose. Das sind anhaltende Beschwerden wie Müdigkeit, Schmerzen oder Konzentrationsstörungen nach korrekt behandelter Borreliose. Die Pathogenese ist unklar; diskutiert werden immunologische Fehlsteuerungen. Aber: Eine aktive Infektion wurde in Studien nie nachgewiesen. Darauf weisen alle internationalen Fachgesellschaften hin. Sie betonen, dass die meisten Menschen, die als «chronisch borreliosekrank» gelten, in Wirklichkeit andere Erkrankungen haben – von rheumatologischen über neurologische bis hin zu psychischen. Deshalb sind auch die endlos langen Antibiotikakuren, die manche Privatkliniken anbieten, nicht nur teuer, sondern oft riskant. Die medizinischen Leitlinien raten ausdrücklich davon ab.

Und noch eine letzte gute Nachricht: In Europa und Nordamerika laufen derzeit Zulassungsstudien[4] für mögliche Borreliose-Impfstoffe in der klinischen Phase 2. Bestenfalls können sie bald eingesetzt werden.

Vom Zeckenstich zur Fleischallergie

Die Blutsaugerin löst eine Allergie gegen rotes Fleisch aus – klingt fast wie eine Ironie des Schicksals. In den USA, wo viel dazu geforscht wird, sind wohl Hunderttausende betroffen, doch auch hierzulande steigt das medizinische Interesse am sogenannten Alpha-Gal-Syndrom.[5] Benannt ist es nach dem gleichnamigen Zuckermolekül, das im Blut von Säugetieren enthalten ist. Zecken, darunter auch der Gemeine Holzbock, übertragen Alpha-Gal über ihren Speichel. Im menschlichen Blutkreislauf kann es das Immunsystem sensibilisieren, das daraufhin IgE-Antikörper entwickelt und irgendwann nach dem Verzehr von rotem Fleisch (Rind, Schwein, Wild etc.) klassische allergische Reaktionen auslöst. Keineswegs klassisch ist hingegen, dass das Immunsystem nicht auf das Eiweiß im Fleisch, sondern auf das Alpha-Gal-Molekül reagiert – und meist um mehrere Stunden verzögert. Erkrankte rätseln daher über die Ursache ihrer Symptome. Bei Verdacht kann eine Labordiagnostik zeigen, ob im Blut IgE-Antikörper gegen Alpha-Gal vorhanden sind.[6] Ist das der Fall, lassen Sie sich unbedingt ärztlich beraten, wie Sie sich vor einer Anaphylaxie schützen.

Die Tigermücke

Seit meiner tollen Zeit am Istituto Dermopatico dell'Immacolata in Rom versuche ich, den Forschungskontakt zu Italien am Leben zu halten, und habe mehrere italienische Mitarbeiterinnen in Augsburg engagiert. Sie erzählen mir nach ihrem Sommerurlaub in der Heimat immer häufiger, dass ihnen Stechmücken die Erholung vermiesen, genauer: die Asiatische Tigermücke, *Aedes albopictus*.

Selbst Laien fällt es leicht, sie von heimischen Mückenarten zu unterscheiden: Ihre Beine sind schwarz-weiß geringelt, sie fliegt lautlos, und sie nervt total. Denn sie ist nicht nur in der Dämmerung, sondern auch tagsüber hungrig nach Blut und stechwütig. Je heißer der Tag, umso aktiver wird sie, nach einer Blutmahlzeit kann sie Eier legen, ein bisschen stehendes Wasser reicht dafür aus. Bei bis zu 500 Eiern pro Weibchen wächst die Familie rasant. Bleibt es im Tagesschnitt 25 Grad Celsius warm, schlüpft die nächste Generation nach etwa einer Woche. Wenn Sie zuletzt in Italien oder Südfrankreich Urlaub gemacht haben, wissen Sie womöglich, was das bedeutet: Man hält es trotz Unmengen an Mückenschutzmittel kaum mehr draußen aus.

Aber das ist, ehrlich gesagt, ein Luxusproblem angesichts dessen, was die Tigermücke noch so anrichtet. Medizinisch betrachtet, ist sie das Paradebeispiel eines Überträgers mit hoher Vektorkapazität – darunter versteht man die Fähigkeit, einen Erreger schnell und massiv zu verbreiten. In Asien und den anderen tropischen Weltregionen, in denen sie sich ausgebreitet hat, überträgt *Aedes* beim Blutsaugen über ein Dutzend Krankheitserreger, darunter Viren von Dengue, West-Nil-Fieber, Zika und Chikungunya. Bis vor Kurzem waren diese Krankheiten rare «Reisemitbringsel» aus tropischen Ländern. Das hat sich geändert. Auch daher betonen wir in der Umweltmedizin immer wieder, wie wichtig es ist, die «Global Health» zu betrachten – die globale Gesundheit.

Warum erzählen wir Ihnen in diesem Buch von der Tigermücke?

1. Weil sie mittlerweile in 16 unserer europäischen Urlaubs- und Nachbarländer starke Populationen hat – und sich ausgehend vom Dreiländereck am Oberrhein in Deutschland breitmacht.[7]
2. Weil die Tigermücke in einigen dieser Regionen inzwischen jeden Sommer autochthone Ausbrüche – also lokal übertragen – von Dengue und Chikungunya verursacht sowie gemeinsam mit der heimischen Stechmücke das West-Nil-Virus überträgt. Besonders wütete sie zuletzt in der Emilia-Romagna und Venetien sowie an der Côte d'Azur.

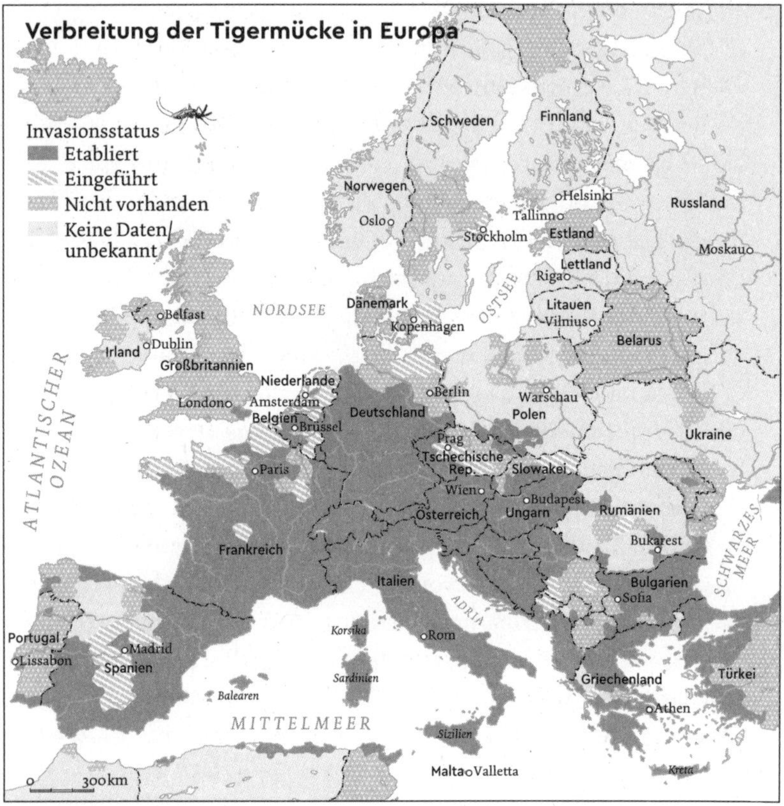

Quelle: © EuroGeographics, UNFAO auf Basis von Daten des European Centre for Disease Prevention and Control und European Food Safety Authority; Stand 15.9.2025

Um welche Krankheiten geht es?

Dengue äußert sich durch Fieber, Kopfschmerzen, starke Gelenkschmerzen und einen Hautausschlag. In schweren Fällen treten Blutungen und Organversagen auf. Bei guter medizinischer Behandlung erholt sich die Mehrheit der Betroffenen, doch das kann dauern. In Deutschland ist noch kein autochthoner Fall bekannt, in Italien gab es 2025 (Stand November) 4 autochthone Fälle, in Frankreich 29 (sowie über 4000 von Reisenden importierte).

West-Nil-Fieber-Infektionen verlaufen zu circa 80 Prozent unbemerkt, jede:r fünfte Infizierte spürt milde Symptome wie Fieber oder Hautausschlag. Bei etwa 1 Prozent aller Betroffenen – in der Regel bei Älteren mit Vorerkrankungen – kommt es zu einer Hirnhautentzündung (Meningitis) oder seltener zu einer Entzündung des Gehirns (Enzephalitis), die tödlich enden kann. In Italien gab es 2025 779 Fälle (72 Tote), in Frankreich 62. Und in Deutschland 2 (Stand Dezember 2025).

Das Zika-Virus ist vor allem deswegen gefürchtet, weil es bei infizierten Schwangeren das Hirn des Fötus schwer schädigen kann – 2015 kam es in Lateinamerika zu einer Epidemie. In Deutschland erkrankten bislang nur Reise-Rückkehrer. 2019 wurde in Südfrankreich eine autochthone Übertragung dokumentiert.

Chikungunya heißt in der Sprache der Makonde, eines Bantu-Volks im heutigen Tansania, «der gekrümmt Gehende», weil es bei fast allen Infizierten Kopfweh und/oder hohes Fieber sowie extreme Gelenkschmerzen auslöst. Schwer Erkrankte können sich vor Pein kaum aufrecht halten. Bis 2005 galt Chikungunya als «vernachlässigte Tropenerkrankung». Dann brach auf der französischen Insel La Réunion im Indischen Ozean eine Epidemie aus und streckte innerhalb eines Jahres ein gutes Drittel der Bevölkerung nieder, etwa 266 000 Menschen. Kurz darauf war das Virus in Europa. Bei der Hälfte der Erkrankten dauern die Gelenkschmerzen Monate bis Jahre an – das macht Chikungunya chronisch und hochproblematisch.[8] 2025 gab es in Italien 384 Fälle, in Frankreich 788 Fälle in 79 Clustern (Stand Dezember 2025).

Zum **West-Nil-Virus** kommen wir gleich ausführlicher, weil es in Deutschland seit 2019 jeden Sommer sowohl Vögel und Pferde als auch Menschen befällt (siehe Interview, S. 158). Bei Chikungunya steht uns das bevor: Ende Juni 2025 steckte sich eine Person an, die sechs Kilometer von der deutschen Grenze lebt, in der Nähe von Offenburg. Überall am Oberrhein ist die Tigermücke etabliert.

Die Frage lautet daher nicht, ob wir auch auf der deutschen Seite autochthone Fälle sehen werden – die Frage lautet, wann.

Und in welchem Ausmaß. Im Chikungunya-Fall im Grenzgebiet wurden die französischen Gesundheitsbehörden schnell aktiv. Direkt nach dem positiven Laborbefund führten sie eine *«Démoustication»* durch: Angestellte warnten die Nachbarschaft über Zettel im Briefkasten, Türen und Fenster geschlossen und ihre Haustiere drinzuhalten, und spritzten nachts im direkten Wohnumfeld der Erkrankten Insektizide. Tagsüber suchten sie Brutstätten und gingen von Tür zu Tür, um eventuelle weitere Krankheitsfälle epidemiologisch zu erfassen – ohne neuen Verdacht.

Im übrigen Europa wurden derweil 27 größere Chikungunya-Ausbrüche gemeldet. Die meisten davon in Italien, wo das größte Cluster bei Modena in drei Wochen von 85 auf 270 Erkrankte wuchs. Deutlich krasser tobte das Virus 2025 auf Kuba und in China. Mitte August 2025 hatten Tigermücken in der Provinz Guangdong 8000 Menschen infiziert, die meisten davon in der Stadt Foshan.[9] Um ihre Brutstätten zu zerstören, versprühten Soldaten in Schutzanzügen großflächig Insektizide und ließen Drohnen fliegen, um Wasserreservoirs, Pflanzenuntersetzer oder Gießkannen zu identifizieren (vielleicht doch Horrorfilm-Potenzial?). Dazu setzten sie Fische und räuberische Larven von Elefantenmücken in den städtischen Teichen aus, damit diese die *Aedes*-Larven fressen. Die Zahl der Erkrankten sank nur vorübergehend: Anfang Oktober waren weitere 3181 Menschen infiziert.

Die gute Nachricht: Werden Tigermücken bekämpft – oder zumindest nicht durch Nachlässigkeit «gezüchtet» –, kann man ihre Population lokal spürbar verringern. Denn die Art ist flugfaul: Ihr Bewegungsradius liegt bei maximal 200 Metern. Beseitigt man im eigenen Garten, in der Nachbarschaft oder in Grünanlagen stehende Gewässer (in Regentonnen, Blumenkübeln, Gefäßen oder rumliegenden Autoreifen) oder dichtet sie ab, können die Weibchen keine Eier legen, der Nachwuchs bleibt aus. Tabletten mit dem Wirkstoff des Bakteriums *Bacillus thuringensis israelensis* (*Bti*) töten im Wasser ihre Larven. In Baden-Württemberg und Bayern setzen Kommunen *Bti* seit Jahren ein.[10] Doch weil der Wirkstoff auch andere Mückenarten dezimiert, von denen sich wiederum Fische, Vögel oder Fledermäuse ernähren, ist die großflächige Behandlung von Seen oder Feuchtgebieten umstritten.

Weitere gute Nachrichten kommen aus der medizinischen Forschung: Gegen Chikungunya und Dengue existieren seit Kurzem Impfstoffe. Aktuelle Impfempfehlungen gibt die Ständige Impfkommission beim Robert Koch-Institut.[11]

Des Weiteren testen Forschende neue Methoden, um die Mücken zu bekämpfen. Insektizide auf RNA-Basis können die Mückengene blockieren und dadurch die Larven abtöten – aber auch sie sind in freier Natur mit Risiken verbunden. Eine andere Variante ist, Mücken in die Natur zu entlassen, die vorher im Labor mit dem bakteriellen Parasiten *Wolbachia* infiziert wurden. Es blockiert die Vermehrung der Viren im Innern der Mücken.

Das West-Nil-Virus und unsere heimische Stechmücke

In unserem ersten gemeinsamen Buch *Überhitzt*, das 2021 erschien, gelang uns ein kleiner Scoop. Wir interviewten als Erste die Hausärztin, die wiederum als Erste den Verdacht gehegt hatte, dass einige ihrer Patient:innen am West-Nil-Fieber erkrankt sein könnten. Im heißen September 2019 hatten sich in ihrer Praxis in der Nähe von Leipzig gleich neun Männer und Frauen mit einem seltsamen Ausschlag sowie starken Kopf- und Gliederschmerzen gemeldet. «Da häuft sich was», konstatierte sie. «Doch Bluttests brachten kein Ergebnis.» Etwas später erfuhr die Ärztin aus den Nachrichten, dass in Sachsen ein toter Vogel mit West-Nil-Virus gefunden worden war. Sie stutzte. Dieses Virus, was war das noch mal? Sie googelte und las, dass es von heimischen Stechmücken auf Menschen übertragbar sei, fand Fotos von Ausschlägen, die ihr bekannt vorkamen. Sie rief ihr Labor an und bat, die Blutproben auf das tropische Virus zu testen. «Die haben erst mal geschmunzelt über meine Idee», erzählte sie uns. «Aber ich insistierte.» Kurz darauf klingelte ihr Telefon Sturm: das Labor, das Bernhard-Nocht-Institut für Tropenmedizin aus Hamburg, das Gesundheitsamt. Sie war auf der richtigen Spur gewesen.

Leider blieb dieser Ausbruch kein Einzelfall. Im Sommer 2020 kam es zum ersten Todesfall. 2021 erreichte das West-Nil-Fieber die Hauptstadt. Ein Berliner erkrankte schwer an Gehirnhautentzündung. Kaum war die Diagnose bestätigt, ging meine Kollegin Sandra Junglen, Professorin am Institut für Virologie der Charité, auf wissenschaftliche Mückenjagd.[12] Sie ist Expertin für Arboviren – das sind Viren, die von blutsaugenden Insekten übertragen werden. Bislang erforschte sie vor allem in Afrika und Südamerika, auf welche Weise Stechmücken verschiedene Krankheitserreger übertragen und welche Rolle ökologische Bedingungen dabei spielen. Nun hat sie quasi direkt vor der Haustür zu tun.

Frau Prof. Junglen, früher mussten Sie weit zu Ihren Untersuchungsobjekten reisen – nun finden Sie sie in Schrebergärten mitten in Berlin. Was ist passiert?

Die Klimaerwärmung hat ermöglicht, dass das West-Nil-Virus auch bei uns heimisch wurde. Im Hitzesommer 2018 wurde es zum ersten Mal in Halle nachgewiesen – bei einem verendeten Bartkauz. Seither sind viele Vögel, viele Pferde und auch Menschen erkrankt.

Was haben Vögel damit zu tun?

Früher brachten Zugvögel das Virus aus dem Süden zu uns, aber es hat sich hier nicht vermehrt. Das ist nun anders. Unsere heimische

Stechmücke Culex pipiens *nimmt die Viren von infizierten Vögeln auf, und sie können gemeinsam überwintern, weil es nicht mehr so kalt wird. Je heißer wiederum der Sommer, umso besser vermehrt sich das Virus in den Stechmücken. Von dort ist es nur ein Stich bis zur Infektion des nächsten Wirts: seien es andere Vögel, Pferde, Menschen. Während längerer Hitzephasen schlüpfen die Mücken auch früher, stechen häufiger, haben einen verkürzten Generationszyklus – genau wie die Tigermücke.*

2024 und 2025 wurde das WN-Virus fast im gesamten Nordosten Deutschlands nachgewiesen. In Berlin haben Sie einen Hotspot entdeckt.

Grundsätzlich ist es so: Nur wo man richtig sucht, findet man auch. Oder wo Menschen erkranken und medizinisch richtig diagnostiziert werden.

Zum ersten Mal passierte es 2019 in Sachsen.

Exakt. Ein Jahr darauf starb die erste Patientin. Seither werden vom 1. Juni bis zum 30. November Blutspenden aus endemischen Gebieten auf das Virus untersucht. So kamen wir im August 2021 auch auf den Berliner Hotspot: eine Kleingartenanlage. Der Spender blieb gesund, aber ein Kleingärtner erkrankte schwer. Zusammen mit einem Team des Landesamts für Gesundheit und Soziales gingen wir in der Siedlung auf Mückenjagd und fanden heraus: Das Virus war dort weit verbreitet und auch im nächsten Sommer wieder präsent.

Eine hohe Virusdichte in einer dicht besiedelten Stadt: Das klingt nicht gut. Erkrankten noch mehr Menschen?

Sicher waren noch viel mehr Menschen infiziert, aber hatten keine Symptome. Oder keine Ahnung, dass das West-Nil-Virus hinter ihren Kopf- oder Gliederschmerzen steckte. Schätzungsweise 80 Prozent der Infektionen verlaufen symptomfrei und bleiben daher unerkannt. Das macht die Epidemiologie so schwer.

Was haben Sie in Berlin noch herausgefunden?

Wir haben in der Nachbarschaft der Kleingartensiedlung ein auf-

West-Nil-Virus-Nachweise (WNV) bei Vogel und Pferd
(dargestellt auf Landkreisebene)

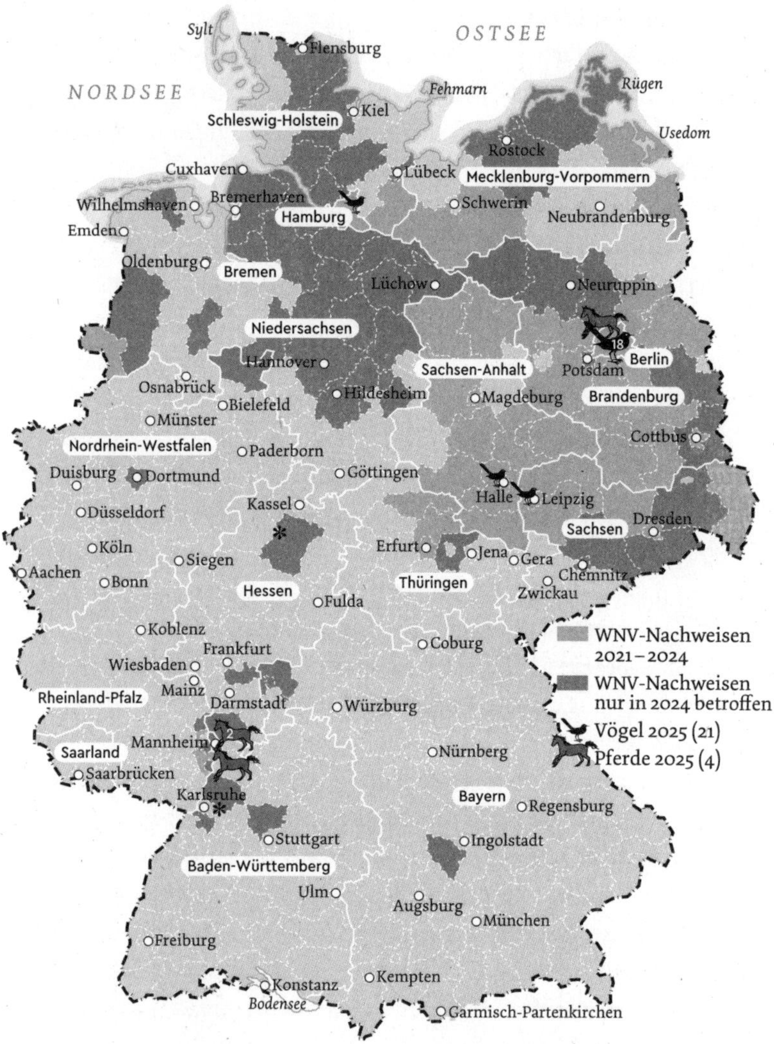

Nachgewiesene Fälle von Infektionen mit West-Nil-Virus bei Vogel und Pferd auf Landkreisebene für die Jahre 2021 bis 2024 kombiniert mit den aktuellen Fallzahlen des Jahres 2025 *(Zwei Pferdefälle mit Stern * markiert infolge Reiseanamnese ins Endemiegebiet)*

Quelle: Friedrich-Löffler-Institut / Bundesforschungsinstitut für Tiergesundheit 2025

wendiges Forschungsprojekt durchgeführt – dazu gleich mehr. Parallel bat ich meine Kolleginnen und Kollegen vom Institut für Virologie, in ihren Heimatbezirken auf Friedhöfen mit Fallen Mücken einzufangen, damit wir sie im Labor untersuchen können. Im Vergleich zu meiner Forschung in Afrika war das so einfach: Man muss sie nicht aufwendig konservieren und per Flugzeug mit Sondergenehmigungen nach Berlin bringen, sondern hängt die Sammelbeutel an den Fahrradlenker, 30 Minuten später sind sie in der Charité …

Warum ausgerechnet auf Friedhöfen?

Dort ist die Mücken- und Virendichte besonders hoch – es gibt viel Wasser für die Eiablage und viele Vögel, an denen sich die Mücken infizieren können. Wir analysierten 14 500 Mücken im Labor und wiesen das Virus in sieben Bezirken nach. Das hat mich doch ziemlich überrascht. Auch Tigermücken haben wir entdeckt. Leider stellt das Land Berlin keine Mittel für ein systematisches Monitoring frei.

Und um was ging es in Ihrem Forschungsprojekt?

Wir haben in fünf ökologisch unterschiedlichen Nachbargebieten besagter Kleingartensiedlung eine Stechmücken-Surveillance durchgeführt: auf einem Friedhof, in einem Wohngebiet mit viel Grünflächen und Bäumen, einem sehr naturnahen, artenreichen Park, einem typischen Wohnblock mit etwas tristem Innenhof sowie einem Gewerbegebiet, das als «Schwammstadt» saniert wurde – mit Regenrückhaltebecken, begrünten Dächern etc. Dafür stellten wir vier Sommermonate je vier Nächte in der Dämmerung je vier Mückenfallen auf und sammelten morgens ein: insgesamt auch fast 14 000 Mücken. Dann ermittelten wir im Labor: Welche Arten sind es? Wie viele Mücken tragen das Virus, und bei welchen Wirten – Tieren oder Menschen – haben sie vorher Blut gesaugt?

Und was kam heraus? Wie unterscheiden sich die Mikro-Habitate?

Die Infektionsrate der Mücken insgesamt war mit fast fünf Prozent unerwartet hoch – und unterschied sich deutlich je nach Gebietstyp:

Die «Schwammstadt» zeigte weder erhöhte Mückenzahlen noch WNV-Infektionsraten, in dem tristen Block fanden wir nur eine infizierte Mücke. Der Friedhof und das parkähnliche Wohngebiet aber waren stark «verseucht». Viel stärker als der Naturpark – obwohl dort die Mückendichte höher war. Meine These lautet: Die Unterschiede hängen mit der örtlichen Artenvielfalt und insbesondere der Vogelgemeinschaft zusammen. Viel Biodiversität, auch bei den Vögeln, reduziert das Vorkommen der Krankheitserreger. Gibt es hingegen vor allem Vogelarten, die eine hohe Virenlast ansammeln, ist das Risiko einer Verbreitung höher, als wenn viele Vogelarten vorkommen, die schlechte Wirte sind.

Das heißt: Eine hohe Artenvielfalt in der Stadt mindert das West-Nil-Fieber-Risiko?

Ja, so sieht es in unserer Studie aus. Oder das andere Extrem, die Hinterhof-Tristesse. Die ist aber aus anderen Gründen nicht wünschenswert.

Weiß man denn, welche Vögel bei uns «gute» und «schlechte» Virenwirte sind?

Leider nein. Das wäre aber gut zu wissen!

Welche Schlüsse ziehen Sie aus Ihrer Studie?

Diese Erkenntnisse spiegeln wider, was wir im größeren Maßstab auch in den Herkunftsregionen der tropischen Krankheitserreger herausgefunden haben. Wir nennen das den Verdünnungseffekt von Biodiversität: Jedes Pathogen braucht einen Wirt, und je diverser ein Ökosystem, desto geringer ist die Dichte einzelner Wirte und die Wahrscheinlichkeit, dass das Pathogen übertragen wird.

Was heißt das konkret?

Wir haben in den afrikanischen Tropen untersucht, wie sich die Abholzung von Regenwald und die Umwandlung dieser Flächen in Kaffee- oder Kakaoplantagen oder Dörfer auf die Anzahl und die Artenvielfalt von Stechmücken und deren Viren auswirkt. Wir konnten zeigen, dass dort, wo tropische Regenwälder zerstört werden, die Vielfalt der Stechmückenarten schwindet. Gleichzeitig werden in Plantagen und Dörfern widerstandsfähige Spezies häufiger – und damit auch deren Viren. Gibt es von einer Art viele Exemplare, können sich deren Viren schnell verbreiten. Unsere Studie macht deutlich, wie wichtig Artenvielfalt ist und dass die Abnahme der Artenvielfalt das Vorkommen bestimmter Viren fördert.[13]

Wie können wir uns schützen?

Meiner Meinung nach müsste ein viel systematischeres Monitoring bei Vögeln, Pferden und Mücken gemacht werden. Und bessere Aufklärung bei der Bevölkerung.

Für Pferde existiert ein Impfstoff – und für Menschen?

Ich habe ein Pferd, ich hätte es sehr gern wieder geimpft, aber der Impfstoff war 2025 aufgrund des Ausbruchs 2024 vergriffen. Für Menschen ist ein entwickelter Wirkstoff noch im Test. Umso wichtiger ist Prävention. Viele Städte versuchen sich gerade durch zusätzliche Begrünung und mehr Regenrückhaltebecken an den Klimawandel anzupassen. Berlin etwa hat gerade beschlossen, bis 2040 eine Million Bäume zu pflanzen. Das ist gut so. Aber man muss auch die anderen Folgen der Klimakrise bedenken – wie etwa das Auftauchen tropischer Krankheitserreger oder invasiver Stechmückenarten. Ökologie ist sehr komplex. Am sinnvollsten wäre es, diese Komplexität in die Städteplanung mit einzubeziehen.

Vielen Dank für das Gespräch!

Wie kann sich die Umweltmedizin in die Mücken-Thematik einbringen? Durch genau das, was meine Kollegin Sandra Junglen fordert: Indem wir uns als Gesundheitsexpert:innen in die Gestaltung unserer Lebensräume einmischen. Indem wir medizinische und epidemiologische Erkenntnisse erläutern, wenn es darum geht, wie wir unsere menschlichen Lebensräume klimasicher machen können. Indem wir interdisziplinär weiter erforschen, welche Faktoren neben der Wärme eine Rolle bei der Weiterverbreitung verschiedener Krankheitserreger spielen – als Schulterschluss mit Virologie, Zoologie, Ökologie und Tiermedizin.

Und indem wir die Politik davon überzeugen, dass es auch hier günstiger ist, in Prävention zu investieren, als im Fall eines Ausbruchs wie in China Trupps in Schutzanzügen mit Insektiziden loszuschicken. Solche Notfall-Aktionen sind immer Plan B. Unsere Aufgabe ist es, dafür zu sorgen, dass Plan A funktioniert: Aufklärung, gute Daten, kluge Raum- und Stadtplanung – und ein System, das versteht, wie eng eine gesunde Natur, eine saubere Umwelt, Klima und Gesundheit zusammenhängen.

Vibrionen – gesunde Meere, gesunde Menschen

Von Italien über den Oberrhein und Berlin reisen wir weiter an die Ostsee. Ehrlich gesagt, ist es schon eine Weile her, dass ich dort baden war – mich finden Sie im Urlaub eher in den Bergen. Doch auch so erfuhr ich, dass ab Sommer 2026 im Rahmen einer wissenschaftlichen Studie Kamera-Drohnen einige Badestrände überwachen sollen. Ihr Ziel: Vibrionen aufspüren. Das klang interessant. Erst recht, weil die Vibrionen-Expertin Susann Dupke vom Robert Koch-Institut sagte, sie halte die Drohnen für das derzeit vielversprechendste Präventionsprojekt, um vor möglichen Gefahren zu warnen.

Was sind Vibrionen? Jedenfalls keine «fleischfressenden Monster» oder «Killerkeime», wie Boulevardmedien schrieben, sondern natürliche, minikleine, kommaförmige Bakterien. Sie kommen auch in der Ostsee und anderen Meeren und Gewässern vor, da deren Salzgehalt unter 2,5 Prozent liegt. Und sie mögen's heiß. Oder zumindest warm.

Steckbrief Vibrionen

Der Name der Bakterienfamilie leitet sich ab vom lateinischen «vibrare» für zittern oder zucken – aufgrund ihrer Bewegungen unter dem Mikroskop. Ein Dutzend von insgesamt rund 130 Arten gilt als humanpathogen. Berüchtigt, aber bei uns quasi nicht mehr vorhanden, ist *Vibrio cholerae O1/O139*, der Auslöser der Cholera. Vier potenziell gesundheitsschädliche Nicht-Cholera-Vibrionen kommen in der Ostsee vor, wo der Salzgehalt unter 2,4 Prozent fällt: *Vibrio vulnificus, Vibrio parahaemolyticus, Vibrio alginolyticus, Vibrio cholerae non-O1/non-O139*. Nachgewiesen wurden sie auch in nahen Brackwasser-Gewässern wie der Schlei, außerdem in salzhaltigen Badeseen wie den Angersdorfer Teichen in Sachsen-Anhalt.

Steigt die Wassertemperatur mehrere Tage auf Mittelmeerniveau, also über 20 Grad, vermehrt sich vor allem *Vibrio vulnificus* rasant. Baden Mensch und Vibrionen in den gleichen Wellen, können die Bakterien über kleinste Wunden oder Hautrisse in den Körper eindringen. Bei Menschen mit fittem Immunsystem kann sich eine befallene Wunde entzünden, vielleicht sogar eitern. Bei Kindern lösen die Bakterien manchmal eine Mittelohrentzündung aus. Doch wer gesund ist, steckt die Infektion locker weg.

Nicht so Menschen mit weniger fittem Immunsystem, etwa nach einer Krebsbehandlung oder mit Vorerkrankungen wie Diabetes mellitus. Bei ihnen pocht meist wenige Stunden nach dem Bad ein lokaler Entzündungsschmerz auf, der angesichts der kleinen Wunde völlig übertrieben scheint. Der Körper reagiert mit Fieber, bei manchen bildet sich ein Hautausschlag. Wird die Infektion nicht schnellstmöglich mit starken Antibiotika behandelt, kann sich die Entzündung im gesamten Körper ausbreiten und innerhalb weniger Tage zu einer tödlichen Sepsis führen. Die alte Weisheit «Salzwasser ist gut für die Wundheilung» gilt in Zeiten der Klimakrise nicht mehr.

Wie viele Menschen jährlich infiziert werden oder sterben, ist ein ziemliches Rätsel. Zwar sind die Ärzt:innen an der Küste inzwischen sehr aufmerksam und haben seit Einführung der Meldepflicht 2020 etwa 250 Infektionen und etwa 10 Todesfälle ans Robert Koch-Institut gemeldet. Doch wenn Badegäste nach ihrem Strandurlaub zurück «ins Binnenland» fahren, kommen die wenigsten bei entsprechenden Symptomen auf die Idee, dass Ostsee-Bakterien dahinterstecken. Auch für mich waren Vibrionen bislang ein rein theoretisches Thema. Doch als Umweltmedizinerin weiß ich, dass das Risiko für mehr Infektionen und Todesfälle in naher Zukunft steigt. Warum? Die Ostsee wird sich weiter aufheizen, die Vibrionenbelastung wird weiter steigen, und die Badenden werden aus rein demografischen Gründen älter, somit häufig kränker und weniger immunfit. Die Frage lautet daher: Wie können wir sie schützen?

Die kurze Antwort lautet: indem wir die Ostsee schützen. Vor noch mehr Hitze und noch mehr Schadstoffen. Gesunde Meere, gesunde Menschen. Für die lange Antwort müssen Sie mit abtauchen in die faszinierende Welt der Meeresbiologie.

Los geht es bei Rostock. Dort koordinierte Matthias Labrenz, Professor für Umwelt-Mikrobiologie am Leibniz-Institut für Ostseeforschung Warnemünde, ab 2021 das Projekt «BaltVib». Als Teil des EU-Forschungsprogramms «Biodiversität und Klimawandel» untersuchten Teams aus sieben Ostseestaaten entlang der baltischen Küste, ob Seegraswiesen die Vibrionenbelastung im Wasser senken, als eine Art natürliches Filtersystem. Das Ergebnis, 2025 veröffentlicht[14], war enttäuschend. «In der östlichen Ostsee ist ihr Einfluss auf die Vibrionenpopulationen nicht so hoch», erklärt Labrenz.

Nun muss man wissen: Gesunde Seegraswiesen sind ökologische Multitalente. Sie sind Laichplatz für Fische und Lebensraum für Muscheln, Schnecken und Krebse. Sie gehören neben Korallenriffen und Regenwäldern zu den produktivsten Ökosystemen der Erde. Vor den Küsten beruhigen sie die Brandung, ihre Wurzeln stabilisieren das Sediment. Außerdem speichern sie unter dem Sand Kohlendioxid. Sie halten uns Menschen also auf vielfältige Weise am Leben. Nur leider gibt es entlang der östlichen Ostseeküste nur noch wenige intakte, großflächige Seegraswiesen. Ihr Zustand ist ähnlich schlecht wie der des gesamten Binnenmeeres.

Vom Strand aus sieht man das Ostsee-Leid selten. Doch sie leidet massiv darunter, dass über Bäche und Flüsse viel zu viele Düngemittel aus der Landwirtschaft eingespült werden. Diese sogenannten Nährstoffe (der Begriff leitet in die Irre, für das Meer sind es eher Schadstoffe) treiben das Blaualgenwachstum an. Absterbende Algenteppiche rauben dem Meerwasser viel Sauerstoff. Ohne Sauerstoff keine gesunden Seegraswiesen.

Gesunde Seegraswiesen hingegen sind sehr wohl in der Lage, die Anzahl der Vibrionen im Wasser zu reduzieren – das zeigen Studien des Kieler Forschungsinstituts GEOMAR. In indonesischen Seegraswiesen war deren Konzentration nur etwa halb so hoch wie im Wasser außerhalb der Seegraswiesen. Wie genau das Ostsee-Seegras *Zostera marina* die Krankheitserreger beseitigt, hat Deniz Tasdemir, Professorin für marine Naturstoffchemie am GEOMAR, jüngst herausgefunden – und interessanterweise spielt dabei das Mikrobiom der Meerespflanze eine entscheidende Rolle. Über 90 Bakterien und Pilze konnte sie daraus isolieren und zu einem Extrakt aufbereiten. Bei Labortests kam heraus, dass insbesondere Bakterien von gesunden Blattoberflächen eine starke und breit wirksame antibiotische Aktivität aufweisen, auch gegen *Vibrio*-Arten. Professorin Tasdemir klingt begeistert: «Wir arbeiten jetzt intensiv an weiteren Mechanismen und wie sie zur

Hygienewirkung von Seegräsern im Labor und im Meer beitragen können.» Spätestens hier wird hoffentlich klar, wie wichtig es ist, auch die «blaue Natur» zu schützen oder zu renaturieren – damit sie wiederum in der Lage ist, uns zu schützen.

Die gute Nachricht: Rund um Kiel forsten GEOMAR-Teams zusammen mit der Meeresschutzorganisation Sea Shepherd und freiwilligen Taucher:innen erfolgreich Seegraswiesen auf. Bis diese hoffentlich wachsen und gedeihen, muss der Warnemünder Meeresbiologe Matthias Labrenz noch mal ran. Und hier kommen die Kameradrohnen ins Spiel. Sein Team entdeckte durch eine KI-unterstützte Analyse der Wasserproben des BaltVib-Projekts einen vierten Einflussfaktor für das Vorhandensein von Vibrionen (neben Wassertemperatur, Salzgehalt und Strömung): die schon erwähnten Blaualgenteppiche. «Sterben sie ab, explodieren ein paar Tage später die Vibrio-Zahlen», sagt Labrenz. «Wir vermuten, dass sie sich von Substanzen des Verwesungsprozesses ernähren.» Seine Idee: Sogenannte Spektralkameras, die von Drohnen gelenkt die Küsten entlangfliegen, erkennen, wann wo das Algensterben beginnt. «Daraus lässt sich direkt ableiten, wann sich die Vibrionen vermehren und es für Badende gefährlich wird.»

Im Sommer 2026 wird er sein «Frühwarnsystem» testen, auch das Robert Koch-Institut ist beteiligt. «Es verhindert die Vibrionen nicht», sagt Expertin Susann Dupke, «aber wir können gezielt kommunizieren: Achtung Massenvermehrung. Wer ein Risiko hat, nicht baden. Für die Prävention bringt das ganz viel!» Langfristig, da ist sie sich mit Matthias Labrenz einig, gibt es nur eine gute Lösung: «Die Ostsee muss kühl bleiben und sauberer werden.»

Chemie-Angriff auf die Barriere: Der Anfang allen Übels

Vom Ostseestrand zurück nach Davos. Spätestens in diesem Kapitel ist es Zeit, Ihnen Cezmi Akdis vorzustellen – wobei seine Forschung für fast alle anderen Kapitel auch von Relevanz ist. Er ist forschender Arzt, Immunologe und Direktor des Schweizer Instituts für Allergie- und Asthmaforschung (SIAF) in Davos. Außerdem hat er mit seiner Frau Mübeccel Akdis, mit der er in der Türkei Medizin studierte und die ebenfalls eine weltweit renommierte Immunologin ist, seit 2024 eine Professur an der Harvard-Universität. Wenn ich in der Hochgebirgsklinik bin, führt mich einer meiner ersten Wege stets zu Cezmi.

Sein Büro steht buchstäblich immer offen. Er bereitet mir einen Espresso zu und setzt sich zurück an seinen herrlich chaotischen Schreibtisch, der unter Hunderten von *Allergy*-Fachzeitschriften ächzt. Und dann reden wir. Über Forschung natürlich, aber vor allem über die Umwelt: Mikroplastik, Detergenzien, Schadstoffe – und was all das mit unseren Schleimhäuten, Barrieren und unserem Immunsystem macht. Irgendwann kommt der Moment, auf den ich mich immer freue: Er schlägt sein berühmtes rotes DIN-A4-Notizbuch auf. Zwischen perfekt gezeichneten Skizzen, Formeln und Randnotizen, die nur er selbst entziffern kann, entsteht dort Wissenschaft im Rohzustand. Für mich ist diese Kladde eine Landkarte der Medizin von morgen.

Aus ihr stammt auch ein Gedanke, der so einfach klingt und gleichzeitig so tiefgreifend ist, dass er inzwischen ganze Forschungsfelder prägt: Unsere Gesundheit hängt davon ab, wie dicht unsere Körperoberflächen sind. Haut, Darm, Atemwege – das sind nicht einfach Organe mit Gewebe. Sie haben hochkomplexe Schutzschichten, die die Außenwelt von unserem Inneren trennen, sogenannte epitheliale Barrieren. Werden diese löchrig und durchlässig, beginnt das Immunsystem zu reagieren – oft zu stark, oft falsch, oft dauerhaft.

2021 veröffentlichte Cezmi Akdis seine «Epithelial Barrier Hypothesis» in der Fachzeitschrift *Nature Reviews Immunology*. Seither verfeinert er sie immer weiter, und während er mir Zeichnungen von geschädigten Barrieren zeigt – Querverbindungen zwischen gesunden Zellen, kleine Striche für geschädigte Zellen, Pfeile für Mikroben, die dort durchschlüpfen, wo sie nicht hingehören –, sagt er gern halblaut: «Siehst du? Das ist der Beginn vieler epidemischer Krankheiten unserer Zeit.» Und ja, die Liste ist lang: Allergien, Asthma, Neurodermitis, Rheuma, Diabetes, Depressionen, Parkinson, Alzheimer. Alles beginnt im Kleinen – an der Barriere zwischen uns und der Umwelt.

Was diese Barrieren an der Haut, in den Atemwegen, im Darm angreift? Cezmi klappt das Heft um und zeigt auf eine Seite voller Namen, die aussehen wie das Inhaltsverzeichnis eines Chemiepraktikums: Detergenzien. Tenside. Emulgatoren. Nanoplastik. Dieselpartikel. Ozon. Ganz am Rand steht ein Wort, dick unterstrichen: «Everyday». Jeden Tag.

Dann lehnt er sich zurück, tippt mit dem Stift auf seine Notizen und sagt den Satz, der in Davos inzwischen zum Running Gag geworden ist: «Claudia, das musst du der Politik sagen. Das gehört verboten!» Und ich weiß, das ist wieder so ein Moment: die Verbindung von Grundlagenforschung, Alltagsexpositionen – und der Verantwortung, die daraus entsteht. Cezmi nimmt sie ernst.

Sein Heft erzählt noch eine so einfache wie revolutionäre Wahrheit: Die Medizin der Zukunft beginnt nicht im MRT, nicht im Genom, nicht im Labor – sondern an unseren Körperoberflächen. Krankheit entsteht oft dort, wo Barrieren still und leise Schaden nehmen. Prävention wiederum heißt: die Alltagsumwelt entschärfen. Viele chronische Erkrankungen sind keine Launen des Schicksals, sondern das Resultat veränderbarer Expositionen. Die Medizin der Zukunft wird Barrieren messen, reparieren – und schützen. Wenn Cezmi das rote Heft schließlich zuklappt, bleibt vor allem ein Gefühl: Die großen Wendepunkte der Medizin entstehen manchmal aus ein paar Bleistiftstrichen – und einem guten Espresso.

Auf diesen sechs Kernbeobachtungen beruht Cezmis «Epithelial Barrier Hypothesis»:

1. Nicht übertragbare Erkrankungen steigen seit 60 Jahren steil an.
Asthma, Allergien, Anaphylaxien, Zöliakie, MS, Diabetes – all das beginnt ab den 1960ern und beschleunigt sich nach 2000. Cezmi notierte: **«Exposom = schneller als Evolution».**

2. Die Barrieren sind beschädigt.
Warum werden Haut, Darm und Atemwege durchlässig?

- Gene: Mutationen in den Genen, die den Kit zwischen den Hautzellen bilden, machen die Mauer brüchig.
- Umwelt: Tenside, Emulgatoren, Ozon, Diesel, Mikroplastik – tägliche Angriffe.
- Entzündung: Bei Neurodermitis, Asthma oder chronischer Darmentzündung öffnet sich die Barriere selbst.

In seinem Heft sieht das aus wie Ziegelsteine, die sich voneinander lösen.

3. Dysbiose: Die guten Mikroben verschwinden.
Je undichter die Barriere, desto mehr gerät das Zusammenspiel aus Mikroben aus dem Gleichgewicht: Asthma, Neurodermitis, chronisch-entzündliche Darmerkrankungen (CED), Typ-1-Diabetes, Adipositas – überall dieselbe Signatur.

4. Das Immunsystem wird fehlgeleitet.
Bei durchlässigen Barrieren reagiert das Immunsystem auf harmlose Mikroben, als wären es Gegner. Besonders das Bakterium *S. aureus* (siehe S. 69 im Hautkapitel) wird bei Neurodermitis zum «Überreizer».

5. Epithelitis und «Expulsion Response».
Die Barriere entzündet sich direkt in den Epithelzellen – und versucht, Eindringlinge «hinauszuwerfen». Ein uraltes Schutzprogramm, das in unseren «modernen Zeiten» zur Dauerentzündung wird.

6. Entzündung wandert durchs System.
Aktivierte Immunzellen wandern vom Ort des Schadens weiter. So entstehen Phänomene wie der atopische Marsch von Neurodermitis zu Asthma und Rhinitis, oder systemische Mikroentzündungen, die Gelenke, Gehirn und Stoffwechsel beeinflussen.

Die letzte Seite in seinem roten Heft: das Exposom (siehe S. 18). Auf ihr führt Cezmi eine einfache Liste: 350 000 neue Chemikalien seit den 1960ern. 200-facher Anstieg der Plastikproduktion. Dazu: Diesel- und Feinstaub, Nanopartikel, Mikroplastik, Tenside, Haarspülungen, Shampoo, Zahnpasta, Emulgatoren, Pestizide. Sein Kommentar, Sie ahnen es: «Claudia, das Zeug gehört verboten!»

Multiple Chemikalien-Sensitivität MCS – Wege aus der Isolation

Von Davos zurück nach München, in meine Vergangenheit als junge Assistenzärztin in der Hautklinik am Biederstein. In die Zeit der Nullerjahre, als wir noch mit diesen schönen hellbraunen DIN-A4-Mappen aus Karton arbeiteten. Das Pflegepersonal legte sie stets sorgsam auf einem großen Stehpult aus – jede Mappe ein Schicksal. Wir fünf oder sechs Ärzt:innen kamen dort vorbei, sollten uns die oben liegende Akte schnappen und damit ins nächste Behandlungszimmer eilen. So viel zur Theorie.

Praktisch hatte sich ein anderes Ritual etabliert: ein kurzer Blick auf den innen liegenden Überweisungsschein, ein prüfender Blick, ob jemand zuschaut – und dann wanderte so manche Mappe im Stapel unauffällig nach hinten. Nicht aus Bequemlichkeit. Eher aus einem Gefühl, das ich heute benennen kann, damals aber nicht konnte: Unsicherheit.

Wenn auf diesem Schein «MCS» stand für Multiple Chemikalien-Sensitivität, wurde die hellbraune Mappe plötzlich schwerer. Nicht physisch, emotional. MCS bedeutete: lange Anamnesen, diffuse Beschwerden, wenig Evidenz, keine objektivierbaren Tests. Vor allem bedeutete es, dass ich als junge Ärztin häufig keine Ahnung hatte, was ich den Betroffenen anbieten konnte.

Heute lächle ich ein wenig über diese Szene. Nicht über die Patient:innen, sondern über mein damaliges Ich. Heute weiß ich: Gerade diese Fälle, die schwer wirkten, haben mich am meisten gelehrt. Damals hatte MCS auch noch keinen eigenen ICD-Code – einen Abrechnungscode für die Krankenkasse. Damals landeten sie unter T78.4: «Allergie, nicht näher bezeichnet». Ein Sammelbecken für alles Unklare. Erst 2019 wurde ein eigener Schlüssel eingeführt: T78.5 – Chemische Hypersensitivität.

Wenn der Hackenporsche in mein Sprechzimmer rollt

In der Hochschulambulanz für Umweltmedizin in Augsburg sehe ich MCS-Patient:innen nun regelmäßig – und ganz anders. Ich weiß, wie lang ihr Leidensweg oft ist, wie viele Arztbesuche und Fehldiagnosen sie schon ertragen mussten und dass sie meist eine Odyssee hinter sich haben, von «Entgiftung» zu «Ausleitung», von Hoffnung zu Ernüchterung. Viele kommen mit kleinen Rollwägelchen zu mir, gefüllt mit Ordnern, Laborbefunden, Arztbriefen, Tagebüchern. Sie kommen erschöpft, misstrauisch, überreizt – gleichzeitig sind sie unglaublich tapfer. Andere sehe ich nicht mal persönlich, sondern nur per Video, weil sie den Weg durch einen Bahnhof, durch die Klinik, durch Menschengruppen scheuen.

Ihr Krankheitsbild ist sehr individuell. Gemein haben MCS-Betroffene, dass sie beim Kontakt mit «normalen» chemischen Substanzen, meist sind es Gerüche, mit starkem Unwohlsein reagieren. Ein Parfum, ein Hauch Weichspüler, eine Reinigungsmittelwolke – und alles kippt. Trockener Mund, Herzrasen, Übelkeit, später gesellen sich verständlicherweise Ängste vor genau diesen Reaktionen dazu. MCS verchronifiziert sich häufig und kontrolliert dann das Leben der Betroffenen, samt ihres Umfelds. Sozialmedizinisch ist der Effekt gravierend: Sie haben mehr Krankheitstage und Arbeitslosigkeit sowie ein fast dreifach erhöhtes Risiko für Erwerbsminderungsrente. MCS ist selten – aber lebensverändernd.

Die gute Nachricht: Ich weiß, dass am Ende ihres Tunnels Licht sein kann. Wer bereit ist, den Weg dahin zu gehen – gemeinsam, geduldig, manchmal über vermeintliche Umwege –, kann Stabilität wiederfinden. Bestenfalls echte Gesundheit.

Heute beginne ich jede MCS-Sprechstunde, egal, ob in der

Praxis oder per Videocall, mit zwei Fragen: «Was erwarten Sie von mir?» Und: «Was hat Ihnen bisher gutgetan – oder zumindest nicht geschadet?» Mit diesen beiden Fragen will ich die Patient:innen aus der Passivität holen. Aus dem Gefühl, völlig ausgeliefert zu sein. Die Antworten erlauben mir wiederum, ihre inneren Ressourcen zu sehen. Ein zentraler Gedanke meiner Arbeit mit ihnen lautet: Die wichtigste Ärztin, der wichtigste Arzt in diesem Prozess – das sind Sie selbst, mit Ihrer mentalen Stärke und Ihren Schritten zurück in die Welt der Reize. Denn für mich ist MCS nicht nur eine Geschichte von Überempfindlichkeit. Es ist vor allem eine Geschichte von verloren gegangener Toleranz – und dem Weg, sie Stück für Stück zurückzugewinnen.

Eine MCS-Short-Story

Diese Geschichte einer MCS-Patientin ist die kürzeste, die ich in meinem ganzen Berufsleben erlebt habe. Eine Short Story sozusagen – die meisten dauern länger. Ich sah die 53-Jährige bislang nur einmal per Videosprechstunde. Sie erzählte mir, wie sie vor etwa einem Jahr plötzlich begonnen hatte, stark auf Düfte zu reagieren. Zunächst störte sie Parfum an anderen Menschen, später Waschmittel, Seifen, alltägliche Gerüche. Ihre Brust wurde eng, der Mund trocken, sie spürte ein Gefühl des Überwältigtseins. Ihre eigenen Worte lauteten: «Es fühlt sich an, als würde meine Empfindlichkeit sich wie ein Virus im Körper ausbreiten.» Diese Reizüberempfindlichkeit ist typisch für MCS und auch, dass sie sich auf immer mehr Gerüche ausweitet. Ebenso typisch: Innerhalb weniger Wochen zog sich meine Patientin zurück, meldete sich krank, mied soziale Situationen, verlor an Selbstsicherheit. Zufällig, so erzählte die Patientin weiter, hatte sie dann eine Fernsehsendung mit mir gesehen. Bei «Volle Kanne» hatte ich über MCS gesprochen, über den Verlust von Toleranz und wie man sie zurückgewinnt: indem man sich vorsichtig und kontrolliert wieder an die Duftstoffe annähert. Etwas in ihr machte klick. Und sie versuchte, die Tipps, die ich in der Sendung gegeben hatte, umzusetzen – die medizinischen Schlagworte heißen «Konditionierung» und «positive Gegenkonditionierung». Sie bemühte sich um mehr Gelassenheit und wagte sich, unterstützt von ihrer Tochter, ganz langsam wieder an leicht duftende Seifen und andere Haushaltsmittel heran. Und es funktionierte.

Als sie mir das per Video glücklich und stolz erzählte, sah ich ihr «Resilienz- oder Belastungs-Fass» (siehe S. 237) buchstäblich vor mir: Es war gut gefüllt, aber würde nicht überlaufen, wenn die nächste Duftwolke um die Ecke waberte. Sie hatte eine eindrucksvolle mentale Kraft bewiesen. Auf meine Eingangsfrage, was sie von mir erhoffte, antwortete sie (das war eine Premiere in meiner MCS-Erfahrung): «Ich möchte, dass Sie mir bestätigen, dass ich alles richtig gemacht habe.» Und als ich nickte, sagte sie erleichtert: «Dann kann ich Ihnen sagen, dass es mir wirklich besser geht.» Das sind die wirklich wunderbaren Momente meines Ärztinnen-Daseins.

Sie fragte aber auch, ob das, was sie erreicht habe, wieder verloren gehen könne; ob die Beschwerden zurückkehren könnten. Meine Antwort: Es ist wichtig, diese Entwicklung als einen Prozess zu verstehen. Ja, Rückschritte können vorkommen, gerade in Zeiten von Stress oder Erschöpfung. Entscheidend ist jedoch, dass sie gelernt habe, ihr eigenes Muster zu erkennen und aktiv gegenzusteuern. Ich sagte ihr: «Wenn Sie weiter an sich und Ihrer Umweltwahrnehmung arbeiten, bewusst wahrnehmen, was Ihnen guttut und was mögliche Auslöser für eine Verschlechterung sind, dann kann sich Ihre Toleranz dauerhaft stabilisieren.»

Dabei hilft ihr nun eine Verhaltenstherapie. Sie lernt darin etwa, wie sie sich selbst «runterpegelt», wenn ihr ein Duft die Luft zu nehmen droht. Als einfaches Werkzeug empfahl ich ihr ein

Tagebuch. Darin hält sie fest, welche Situationen stärken, wann genau Symptome auftreten und welche Gedanken oder Gefühle damit verbunden sind. Auf diese Weise entsteht ein persönlicher Kompass für Gesundheit und Resilienz. Mit dieser Haltung – aufmerksam, selbstwirksam und hoffnungsvoll – kann der Weg in Richtung Heilung und einer dauerhaft erhöhten Toleranzschwelle führen.

Warum diese Geschichte nicht zufällig ist – die Neuroimmunologie dahinter

Was meine Patientin erlebte, passt erstaunlich gut zu dem Bild, das die Forschung heute zeichnet. MCS ist keine Allergie, keine Toxizität, auch keine Einbildung. Vielmehr sieht es nach einem neuroimmunologischen Ungleichgewicht aus. Die Nerven triggern zu viel Immunsystem oder andersherum – das Immunsystem triggert zu viele Nerven.

Eine der bis heute bemerkenswertesten Studien zu MCS entstand um das Jahr 2005, auch in der Klinik am Biederstein, angeleitet von einem jungen Doktoranden namens David Papo.[15] Im Team hieß er einfach Papo. Er war freundlich, klug, mit einer bewundernswerten Geduld im Umgang mit MCS-Patientinnen und Patienten. Man braucht viel Fingerspitzengefühl, um mit ihnen Messungen durchzuführen, denn manchen Betroffenen fällt es schon schwer, überhaupt in die Klinik zu kommen – Papo hatte es.

Was wir damals *nicht* wussten: Papo hatte zwei Leben. Wir kannten nur das im weißen Kittel – bis unser Klinikdirektor Johannes Ring bei einer Mittagsbesprechung am großen Tisch sein zweites verriet. Am Abend zuvor hatte er seinen Söhnen von seinem Doktoranden erzählt, der gerade eine besonders elegante Studie abgeschlossen hatte – komplexe olfaktorische Tests, Messungen mit Hirnströmen, psychologische Profile. Ein Doktorand namens *Papo*, er sei wirklich stolz auf ihn. Plötzlich wurden seine Söhne ganz aufgeregt. «Papo?», fragten sie. «David P? *Der* David P?» Beim Nicken merkte Johannes wohl, wie er sich in den Augen seiner Familie auf einmal vom überarbeiteten Professor für Allergologie in den coolsten Typen Münchens verwandelte. Denn sein Doktorand war David P – Rap-Pionier, Mitgründer von *Main Concept*, Ikone der Münchner Hip-Hop-Szene der 1990er-Jahre. Ich war ab da noch begeisterter von Papo.

Nun aber zu seiner Studie. Papo verglich darin drei Gruppen: MCS-Betroffene, Menschen, die sich selbst einen guten Geruchssinn attestierten, und als Kontrollgruppe «normale Gesunde». Bei allen maß er unter anderem, ab welcher Duftschwelle sie einen Geruch überhaupt wahrnahmen (ähnlich wie wir das bei Corona-Erkrankten machen, die ihren Geruchssinn verloren haben). Er maß, ab welcher Reizschwelle der 5. Hirnnerv, der Trigeminus, Schmerz empfand, er maß dazu ihre Hirnströme, fragte ab, wie hoch ihr Angstlevel sei und wie stark ihre körperliche Reaktion. Das Ergebnis war so einfach wie revolutionär: Die MCS-Gruppe empfand die Gerüche nicht stärker oder intensiver als die anderen, auch ihre Hirnströme waren nicht anders, nur die körperlichen (somatischen) und psychischen Reaktionen. Der Duft war derselbe – aber das Gehirn erlebte ihn anders. Daraus schloss er: Nicht die Nase ist das Problem der MCS-Erkrankten, sondern wie das Gehirn den Duft verarbeitet. Nicht der Duftstoff selbst – sondern die limbische und emotionale Reaktion darauf. Diese Studie, veröffentlicht 2006, war ihrer Zeit weit voraus und gehört bis heute zu den Grundpfeilern des neuroimmunologischen MCS-Verständnisses.

Leider sind nach der Münchner Studie wenige so systematische Studien publiziert worden. Entsprechend vorsichtig sind ihre Ergebnisse auch einzuordnen. Zumal wir auf der dünnen Evidenzbasis auch noch keine diagnostischen Werkzeuge entwickeln konnten. Das wenige, was wir haben, zeigt auf eine Erkrankung hin, bei der Immunsystem und Nervensystem im negativen Sinne zu eng miteinander verknüpft sind. Sie schieben gegenseitig die Abwärtsspirale an.

Bekannt ist, dass MCS-Patient:innen generell erhöhte Entzündungsbotenstoffe (Interleukine) zeigen – ein typisches Muster schwacher systemischer Entzündung. In ihrem Darm finden sich weniger «gute» Bakterien und mehr Bakterien, die Fremdstoffe abbauen. Und sie haben anscheinend ein Immunsystem, das dauernd «Gefahr» wittert, auch wenn keine da ist. Doch Achtung: Korrelation sagt nicht Kausalität (siehe S. 35). Schon gar nicht angesichts der wenigen MCS-Proband:innen und des wenig gesicherten Wissens darüber, was ein gesundes Darm-Mikrobiom ist (siehe S. 128).

Die bislang beste epidemiologische Datenlage stammt aus der dänischen DanFunD-Kohorte mit knapp 10 000 Erwachsenen.[16] Je nach Kriterien litten hier 0,9–2 Prozent an MCS (in einer Augsburger Umfrage von 1500 Erwachsenen lagen wir bei einem Prozent). Ausschließlich MCS war selten – die meisten Betroffenen hatten zusätzliche somatische (körperliche) Syndrome wie chronische Erschöpfung, chronische Schmerzen oder Reizdarm und waren entsprechend beeinträchtigt: schlechterer Schlaf, weniger körperliche Belastbarkeit, höhere psychische Belastung.

Was kam zuerst? Die Frage nach Henne und Ei – also, was bedingt was, ist immer genau die Frage, die ich mit meinen Patient:innen bespreche. Die psychischen Probleme kommen meist durch die Erkrankung – und nicht andersherum. Die Erkrankung ist also eher somatopsychisch als psychosomatisch. Vielen Erkrankten ist diese Unterscheidung sehr wichtig.

Die gute Nachricht zum Schluss: Meine eigene Erfahrung und auch die DanFunD-Kohorte zeigt: Es gibt stabile Verläufe, Besserungen – und sogar Heilung. Was heißt das für die Therapie? Es gibt kein Medikament. Kein Wundermittel. Aber es gibt Wege – und meine «Short-Story»-Patientin hat einige davon exemplarisch aufgezeigt: behutsame Exposition, Dekonditionierung, Sicherheit und Struktur sowie psychotherapeutische Begleitung sorgen für mehr Selbstwirksamkeit und stärken die mentale wie immunologische Resilienz. MCS ist nur ein Beispiel dafür, wie eng das Immunsystem mit dem Nervensystem verwoben ist. Wie Entzündung die Wahrnehmung der Umwelt verändern kann. Wie Stress Immunreaktionen moduliert – und andersherum. Und wie viel wir gewinnen, wenn wir diese Systeme nicht isoliert, sondern als Einheit betrachten. Unser Immunsystem ist kein Abwehrsystem – es ist ein Wahrnehmungssystem.

HERZ UND KREISLAUF:
Viel mehr als eine Pumpe

Unser Herz war schon immer mehr als ein Organ aus zwei Hälften, vier Kammern und ein paar Herzklappen. Auch mehr als ein Muskel links oben in der Brust, der literweise Blut rhythmisch durch unseren Körper pumpt und ihn bis in die letzte Zelle mit Sauerstoff und Nährstoffen versorgt. Denn anders als Leber, Lunge oder Niere hat unser Herz noch weitere Dimensionen. Es ist ein Symbol, eine Metapher und Quelle verschiedenster Mythen und Legenden. Bei vielen davon geht es ums ganz Große: um Liebe, Gefühle, Intuition. Wie wichtig uns das Herz ist, zeigt sich schon daran, wie viel Herz in unsere Sprache gelangt ist: Mir geht das Herz auf. Nimm dir ein Herz. Er hat ein zu weiches Herz. Du hast das Herz auf dem rechten Fleck. Mit Medizin oder Biologie haben all diese Redewendungen nur am Rand zu tun. Vielmehr erinnern sie uns: Das Herz ist nicht nur ein anatomisches Wunder, sondern auch ein Spiegel unserer Lebensweise, vielleicht auch unseres Selbst. Und es reagiert nicht nur auf körperliche Belastungen, sondern auch auf unsere Umwelt: auf Lärm, Hitze, Einsamkeit oder Zuwendung. Es ist ein empfindlicher Mittler zwischen Körper, Emotionen und dem «Draußen».

Wie laut oder leise, schnell oder langsam unser Herz «schlägt», können wir alle fühlen und sogar hören, z. B. mit der Hand oder dem Ohr auf der Brust, dem Finger am Puls oder auf der Halsschlagader. Wir Ärztinnen und Ärzte haben dafür unser Stethoskop – DAS Accessoire der Zunft: Es ist zeitlos, schmiegt sich elegant (na ja) um den Hals und vermittelt Patientinnen und Patienten offenbar so viel medizinische Kompetenz, dass wir es selbst dann gern tragen, wenn wir es eigentlich gar nicht brauchen.

Auch ich liebe mein Stethoskop! Mein erstes – ein rotes – habe ich immer noch. Es begleitet mich jeden Tag in der Klinik, meist baumelt es mir um den Hals. Schon als junge Ärztin war ich stolz, es tragen zu dürfen. Es war das Symbol, endlich dazuzugehören – und zugleich ein Werkzeug, das mich unmittelbar mit meinen Patientinnen und Patienten verband, Herzschlag für Herzschlag.

Ich erinnere mich noch gut an mein 3. Staatsexamen in Innerer Medizin. Ich hatte das EKG-Lesen so intensiv geübt, dass ich jede P-Welle, jeden QRS-Komplex und jede kleine Unregelmäßigkeit mühelos erkannte. Der Prüfer sah mich verblüfft an und fragte schließlich: «Warum können Sie das so gut – Sie wollen doch Dermatologin werden?» Ich musste lachen. Vielleicht, weil ich schon damals wusste, dass das Herz, das ich durchs Stethoskop höre, und die Haut, die ich später behandeln würde, mehr miteinander zu tun haben, als man auf den ersten Blick denkt.

Was das Stethoskop nicht vermag, ist, die grundsätzliche Frage zu beantworten, warum das Herz immer mehr Menschen Probleme macht. Laut des jüngsten «Herzberichts 2025»[1] ist die Zahl der Todesfälle in Deutschland leicht gesunken, demnach starben im Jahr 2023 211 152 Menschen an einer Herzkrankheit, die allermeisten an Durchblutungsstörungen durch Herzkranzgefäßverengungen (KHK). Doch die Krankenhauseinweisungen wegen Herzproblemen sind im gleichen Zeitraum erneut leicht gestiegen: Sie bewegen sich mit insgesamt über 1,6 Millionen Fällen oder 1695 Krankenhausaufnahmen pro 100 000 Einwohner auf einem hohen Niveau. Auch hier machen KHK, Herzrhythmusstörungen und Herzinsuffizienz den größten Teil aus (rund 1,5 Millionen Klinikeinweisungen pro Jahr).

Die gute Nachricht: Eine internationale Studie mit über zwei Millionen Teilnehmenden zeigt eindrücklich: Wer mit 50 Jahren frei ist von den klassischen Risikofaktoren – Bluthochdruck, hohen Blutfetten, Übergewicht, Diabetes und Rauchen –, lebt im Durchschnitt mehr als zehn Jahre länger und bleibt dabei auch gesünder.[2] Diese fünf Faktoren erklären rund die Hälfte aller Herz-Kreislauf-Erkrankungen weltweit.

Gesunde Ernährung – gesünderes Herz

Bei vier der fünf Faktoren spielt eine Rolle, was wir essen (Zigaretten zähle ich nicht dazu). Eine Ernährung, die reich an pflanzlichen Lebensmitteln und arm an verarbeitetem und rotem Fleisch ist, senkt nachweislich Blutdruck, Blutfette und das Risiko für Diabetes. Sie schützt also indirekt genau vor jenen Risiken, die das Herz über Jahre belasten. Eine herzgesunde Ernährung ist zugleich eine planetengesunde Ernährung: Was unserem Kreislauf guttut, entlastet auch die Umwelt: Konsumieren wir mehr Gemüse, Hülsenfrüchte, Vollkorn und Nüsse als Fleisch – senken wir direkt den persönlichen Ausstoß von Treibhausgasen und den Verbrauch natürlicher Ressourcen. So werden Gesundheit und Nachhaltigkeit zu zwei Seiten derselben Medaille. Wer sein Herz schützt, schützt die Erde – und umgekehrt.

Dazu fällt mir folgende Geschichte ein: Im Oktober 2025 war ich beim Bayerischen Internistenkongress eingeladen. Dort ging es in unzähligen Vorträgen um die Frage, welche neuen Medikamente den Blutdruck am zuverlässigsten senken. Erst bei der allerletzten Veranstaltung referierten meine bereits erwähnte Kollegin Annette Peters und ich über Umwelt und Gesundheit, und bei der anschließenden Diskussion präsentierten wir auch Erkenntnisse zur Ernährung: wie eine fleischärmere oder vegetarische

Ernährung das Herz und gleichzeitig unseren Planeten schützt bzw. warum der Konsum von rotem Fleisch das Risiko von Herzinfarkten erhöht. Ich merkte schon: Das Publikum war erstaunt. Umweltthemen samt Plädoyer für weniger Fleisch beim Internistenkongress?

Im Anschluss sprach mich ein Kollege an. Er hätte noch nie gehört, dass zu viel rotes Fleisch ein konkreter Risikofaktor sei für Herz-Kreislauf. Er fragte: «Wie kann es sein, dass wir auf diesem Kongress keinen einzigen Vortrag zum Thema Ernährung gehört haben?» Tja, gute Frage! Ebenso wenig erbaulich ist, dass nach neuen Zahlen des Bundesinformationszentrums Landwirtschaft (BZL)[3] 2024 in Deutschland zum ersten Mal wieder mehr Fleisch gegessen wurde als im Vorjahr: durchschnittlich 53,2 Kilogramm pro Person. Das sind 146 Gramm pro Tag oder ein ordentliches Stück Leberkäs.

Offenbar sind diese gar nicht mal so neuen Erkenntnisse über Fleischkonsum noch immer nicht so weit in die Praxen und die Haushalte vorgedrungen wie erhofft. Klar sind Lipidsenker und andere Blutdruckmittel wichtig – aber ist es nicht viel sinnvoller und günstiger, den Blutdruck erst gar nicht hochzupushen, indem man vermittelt, wie sehr es sich auszahlt, weniger Fleisch zu essen?

Über die anderen Risikofaktoren wissen wir alle weitaus besser Bescheid. Ungünstig fürs Herz sind zu viel Sahnetorte (Fett), Bier oder Whisky (Alkohol), zu viele Zigaretten, zu viel Stress im Leben (bei der Arbeit, in der Beziehung, auf Social Media), zu wenig Bewegung und schlechter Schlaf. Denn all das führt zu hohem Cholesterin, Bluthochdruck, Diabetes, Übergewicht, ganz zu schweigen von Fettleber und Raucherlunge. Als Umweltmedizinerin habe ich aber noch andere, häufig unterschätzte Feinde des gesunden Herzens im Visier. Und um die wird es im Folgenden gehen: Hitze, Lärm, und Luftschadstoffe (ja, schon wieder!).

Hitze – heiße Herzen sind gefährlich

Hitze in vier Absätzen

- Mit der Klimakrise steigt die Zahl der heißen Tage und Hitzewellen. Diese werden definiert als eine Aneinanderreihung mehrerer Hitzetage (>30 Grad) und Tropennächte (>20 Grad), die ein Abkühlen von Körper und Wohnräumen verhindern. Laut Prognosen des Forschungszentrums Jülich werden Hitzewellen, die vorindustriell einmal in 10 Jahren eingetreten sind, in einer 1,5 Grad wärmeren Zukunft viermal häufiger auftreten und auch um fast 2 Grad wärmer ausfallen.
- Besonders gefährdet sind Großstädte: Wo Asphalt und Beton die Hitze wie ein Backofen speichern, werden Sommertemperaturen um die 40 Grad völlig normal.
- Von Geburtsstationen über Kitas, Schulen, Arbeitgeber, Krankenhäuser bis zu Altersheimen: Wir müssen uns auf Hitzewellen besser einstellen, denn die extremen Temperaturen sind eine enorme Belastung für den Körper. Das *Deutsche Ärzteblatt* fasste bereits 2019 zusammen: «Je wärmer es wird, desto mehr Tote wird es geben.»
- Der neuste *Lancet*-Report 2025 schreibt: Hitzebedingte Todesfälle machen bereits mehr als drei Prozent der Sterbefälle in 26 Ländern aus, vor allem in Afrika und im Nahen Osten. So werden im armen Äquatorialguinea 7,4 Prozent der Todesfälle auf hohe Temperaturen zurückgeführt – der höchste Wert weltweit. In den reichen Vereinigten Arabischen Emiraten sterben fast sieben von 100 Menschen durch Hitze, es ist die höchste Rate unter den Industrieländern.[4]

Die gute Nachricht: Hitze-Notfallpläne sowie grünere, gut durchlüftete Städte mit besser isolierten Wohngebäuden helfen, sich für eine heißere Zukunft zu rüsten.

Die zwei Männer, die ich Ihnen in diesem Kapitel vorstelle, sind ausnahmsweise keine Patienten von mir. Ich kenne ihre Geschichte, weil sie mich unabhängig voneinander kontaktiert haben, nachdem ich in der *Tagesschau* zum Thema Hitzegefahr interviewt worden war. Ihre Geschichten und ihre Motivation, sie auch in diesem Buch zu erzählen, sind sehr ähnlich, obwohl die beiden sich bislang nie getroffen haben: Sie wollen andere Menschen vor dem bewahren, was ihnen widerfahren ist. Beide Männer wären fast gestorben, weil sie nicht wussten, wie gefährlich Hitze werden kann – sogar für gesunde Sportler wie sie.

Maik Endler ist heute knapp über, Gerd Müller knapp unter 50 Jahre alt. Beide leben mit ihren Familien in der Nähe von Stuttgart und betrachteten sich als topfit. Ihr Herz war gesund, sie hatten kein Übergewicht, es lag kein übermäßiger Alkoholkonsum oder Stress vor, sie rauchten nicht. Beide hatten Schreibtisch-Jobs, aßen mehr Fleisch als empfohlen (wie die meisten Männer), dafür trieben sie schon immer gern und viel Sport.

Gerd Müller engagiert sich seit Jahren mit der ganzen Familie im Leichtathletikverein, joggt regelmäßig, ist auch schon Halbmarathons gelaufen. Für die Zehn-Kilometer-Läufe, die sie anpeilten – Endler am 19. Juni 2022, Müller am 9. September 2023 –, hatten beide gut trainiert und fühlten sich in Form. Am Vortag ihrer Läufe guckten beide auf ihre Wetter-App. Sie zeigte Sonne an und Temperaturen von über 30 Grad. Ziemlich heiß für diese Jahreszeit, dachten beide, aber mehr Gedanken machten weder sie sich noch die Veranstalter der Läufe. Der Startschuss fiel, sie rannten los – doch keiner der beiden erreichte je das Ziel. Stattdessen landeten sie auf der Intensivstation. Diagnose: Herz-Kreislauf- und Leberversagen durch Überhitzung. Was war passiert?

Die Schilderungen der beiden Sportler ähneln sich fast bis aufs Wort.

«Ich fand's ziemlich schwül, habe viel geschwitzt und kam langsamer voran als erwartet», berichtet Müller.

«Ich plante, die Strecke in 50 Minuten zu schaffen. Aber es war so heiß. Also beschloss ich, lieber gemütlich anzukommen», sagt Endler.

Das Letzte, an das Müller sich erinnern kann, ist der Morgen vor dem Start. Vom Rennen selbst weiß er nichts mehr. Seine Tochter und sein Sohn, die als Streckenposten eingeteilt waren, erzählten ihm später, sie hätten ihm zugewinkt, doch er hätte nicht reagiert. «Ich wirkte wohl seltsam, apathisch, habe mir Wasser über den Kopf geschüttet, anstatt zu trinken. Ich lief wie auf Autopilot – tja, bis ich dann kollabierte.»

Das Letzte, an das Endler sich erinnert, ist der Einlauf auf dem Cannstatter Wasen, an die nächsten Kilometer hat auch er keinerlei Erinnerung, außer dass die Sonne gnadenlos knallte. «Auf dem geschotterten Platz ohne jeden Schatten spürte ich die Hitze plötzlich auch von unten. Dann bin ich zusammengebrochen.»

Müllers Glück war, dass hinter ihm ein Arzt lief, der ihn erstversorgte. Mit dem Rettungswagen wurde er ins Stuttgarter Katharinenhospital gebracht. Seine Körperkerntemperatur betrug da 42 Grad Celsius. Die Auswertung seiner Lauf-Uhr zeigte später einen Puls von 220 – sein normaler Rennpuls lag bei 160.

Auch Endler hatte Glück: Jemand muss ihn aufgefangen haben, denn er trug keinerlei Schürfwunden davon. Er landete zur Erstversorgung in einem Sanitätszelt, zusammen mit Dutzenden anderen Kollabierten. Doch weil er dort nicht mehr zu sich kam, wurde auch er im Rettungswagen ins nächstgelegene Krankenhaus gebracht – mit 41 Grad Celsius Körperkerntemperatur.

Bei beiden Männern waren Herz und Kreislauf nicht mehr in der Lage gewesen, den Körper runterzukühlen (wie das normalerweise geschieht, siehe S. 192). Ihre Körperkerntemperatur stieg von den üblichen 36 bis 37,5 Grad höher und höher. Doch beide liefen einfach weiter, weil die Hitze ihr Hirn so stark beeinträchtigt hatte, dass es kognitiv nicht mehr in der Lage war, eine vernünftige Entscheidung zu treffen – in dem Fall, anzuhalten und sich abzukühlen. Das körpereigene Warnsystem hatte versagt. Und vermutlich war auch ihre Wahrnehmung getrübt; das würde jedenfalls erklären, warum Gerd Müller nicht mal mehr seine Kinder an der Laufstrecke wahrnahm und Maik Endler nicht mehr weiß, wo er nach Ankunft am Wasen eigentlich langlief.

Schließlich erlitten beide einen Hitzschlag: Der Blutdruck stürzte ab, und weil die körpereigene Hitzeregulierung im Hirn völlig schachmatt war, brach auch der Kreislauf zusammen. Weil auch die Leber nicht mehr genügend mit Sauerstoff versorgt wurde, begann sie zu versagen.

«Es war die Hölle», erzählt Maik Endler. «Intensivstation, Schläuche, Krämpfe, immense Schmerzen. Ich glaubte zu sterben, hatte schreckliche Nahtoderfahrungen.» In Dauerschleife spornt er sich irgendwie an: «Hej, du wolltest doch mit deiner Familie nach Hamburg reisen!» – und kämpft sich so ins Leben zurück. «Bei der Visite fragt mich der Chefarzt, wie ich so verrückt sein kann, bei dieser Hitze zu laufen.» Sämtliche Notaufnahmen in der Umgebung seien mit kollabierten Läufern und Läuferinnen überfüllt. Und der Arzt hatte eine Horrornachricht für ihn: «Im schlimmsten Fall muss Ihre Leber raus. Sie stehen schon auf der Transplantationsliste. Wir bringen Sie in die Uniklinik Tübingen, die sind auf solche Operationen spezialisiert!»

Gerd Müller kam im Stuttgarter Krankenhaus wieder zu Bewusstsein, doch sein Zustand verschlechterte sich gravierend. Auch seine behandelnden Ärzte entschieden nach Rücksprache mit der Uniklinik Tübingen, ihn dorthin zu verlegen. «Ich verstand überhaupt nicht, was mit meinem eigentlich topfitten Mann geschah», erinnert sich seine Frau Claudia. «Der Arzt sagte nur: Frau Müller, sammeln Sie Kraft, das wird was Langes.»

Maik Endler schaffte es schließlich ohne Transplantation. Seine Leber regenerierte sich, nach zehn Tagen konnte er das Krankenhaus verlassen, zwei Wochen später wieder arbeiten gehen. «Und ganz langsam mit Wandern anfangen.»

Gerd Müller hingegen ging es immer schlechter. «Ich werde nie vergessen, wie der Arzt mir morgens ankündigte, dass mein Mann den Tag nur mit einer Lebertransplantation überlebt», erinnert sich seine Frau. «Draußen war es wieder so heiß, um die 30 Grad, und er sagte: Es sieht schlecht aus für Ihren Mann – aber auch wieder gut. Bei so einem Schönwettertag passiert viel. Jogger, Radfahrer, Motorradfahrer, alle sind draußen, trotz der Hitze. Bis heute Abend kriegen wir eine Leber für ihn.»

Es mag zynisch klingen, doch der Experte behielt recht. Gerd Müller überlebt die Transplantation trotz Komplikationen. Sechs Wochen nach seinem Zusammenbruch kann er das Krankenhaus mit einer neuen Leber verlassen, allerdings im Rollstuhl. «Meine ganze Muskelmasse war weg durchs Liegen. Ich fühlte mich unfassbar schwach.» Bei der Reha ging es aufwärts. Seit Januar 2024 arbeitet er wieder. «Doch die Gesundung wird mein Leben lang dauern», sagt er heute, zwei Jahre später. «Sport geht zum Glück auch – wenn keine Infektion da ist.» Seine Leber funktioniert, doch die Galle macht Probleme. «2025 war ich Dauergast im Krankenhaus. Aber es wird schon werden.»

Wenn er wieder richtig bei Kräften ist, wollen sich die Müllers engagieren, um in Deutschland für mehr Organspenden zu werben. «Es kann jeden treffen, auf der Liste zu landen, auch Gesunde wie mich. Das würde ich gern weitererzählen», sagt Gerd Müller. Sogar einen Lauf peilt er wieder an: einen Nachtlauf. «Bei Hitze bin ich nun supervorsichtig.» Claudia Müller ergänzt: «Wir haben unsere Lektion gelernt. Allerdings verstehen wir nicht, warum etwa Fußballturniere unserer Kinder bei größter Hitze stattfinden und unsere Tochter im Sportunterricht bei 30 Grad Läufe machen muss, die benotet werden. So was macht mich supernervös. Und sauwütend. Viele Vereine und Schulen verstehen offenbar das Risiko nicht.»

Maik Endler hat sein Leben «ziemlich umgeswitcht»: «Zuerst fuhr ich mit meiner Familie auf das lange geplante Wochenende nach Hamburg. Kaum war ich körperlich wieder fit, habe ich den Trainerschein gemacht.» Seit 2024 gibt er nebenberuflich Fitnesskurse an der Volkshochschule und als Personal Trainer. Und er klärt über Hitzegefahren auf, wo er nur kann. «Ich möchte etwas zurückgeben», sagt er. «Zu viele Leute glauben, wenn du trainiert bist, passiert nichts. Das galt vielleicht früher mal. Aber bei den Temperaturen, die wir nun im Sommer haben, eben nicht mehr.»

Organspenden: Bitte holen Sie sich einen Pass!

Gäbe es mehr Organe, könnte das Leben vieler Schwerkranker gerettet werden. Leider ist Deutschland bei der Organspende eines der Schlusslichter in Europa: Über 90 Prozent der Menschen würden sich zwar im Notfall ein Organ transplantieren lassen, aber nur 17 Prozent besitzen einen Organspendeausweis, mit dem sie sich bereit erklären, ihre eigenen Organe zu spenden.[5] Das ist absurd – und führt dazu, dass am Stichtag 1. Januar 2025 laut der Stiftung Eurotransplant fast 8300 Patientinnen und Patienten auf ein Spenderorgan warteten.

Im Herbst 2025 beantragten mehrere Bundesländer erneut eine gesetzliche «Widerspruchslösung», wie sie in den meisten europäischen Ländern gilt: Wer nicht vor seinem Tod widerspricht, wird automatisch Organspender:in. Bestenfalls wird das

Gesetz noch in dieser Legislaturperiode verabschiedet und tritt dann zwei Jahre später in Kraft (bis dahin bekommen Sie bei www.organspende-info.de einen Ausweis).

Mich haben die Geschichten der beiden Männer sehr bewegt. Auch weil ich ja selbst viel laufe und 2025 über viele Monate für meinen zweiten Marathon trainierte – den Münchner, der im Oktober stattfand (es war großartig!). Für einen Sommer-Marathon würde ich mich niemals anmelden, und ich finde es ehrlich gesagt sehr zweifelhaft, dass sie selbst bei Hitze noch stattfinden dürfen. In Frankreich, wo der Hitzeschutz viel ernster genommen wird als bei uns (siehe S. 28), müssen Sportveranstaltungen bei «Canicule» abgesagt, auf kühlere Tageszeiten verlegt oder unterbrochen werden.[6]

Hitze als Problem der Massen

Wenn Hitze schon sportlichen Leuten zu schaffen macht, wie geht es erst den nicht so bis überhaupt nicht (mehr) sportlichen? Häufig schlecht. Um fast ein Drittel steigt die Zahl der Krankenhauseinweisungen während Hitzewellen – das sind hochgerechnet aufs ganze Land 633 000 mehr Menschen, die die Notaufnahmen stürmen. Am Augsburger Universitätsklinikum haben wir eine der größten Notfallambulanzen des Landes, und was ihr Direktor, mein Kollege Markus Wehler, in diesen Hitzephasen mitmacht, klingt so: «Am ersten heißen Tag landen die ‹Unbesorgten› bei uns. Leute, die selbst bei brütender Hitze weiter im Freien arbeiten, unbedingt joggen oder den Rasen mähen wollen. Ohne Sonnenhut und genügend zu trinken, macht da selbst ein fitter Kreislauf schlapp. An Tag zwei wird es ruhig, weil die Leute ermattet zu Hause hocken. Ab dem dritten Tag spülen Hitzewellen mehr und mehr Ältere und Vorerkrankte in die Klinik, dazu Schwangere und Kleinkinder. Die meisten haben bereits stark abgebaut. Sie sind dehydriert oder verwirrt, leiden unter Schwindel, oder die Nieren versagen. Bestenfalls hilft, die Patienten mit Infusionen intensiv zu wässern. Häufig ist die Sache ernster.»

Werden völlig überhitzte Patientinnen oder Patienten eingeliefert, versucht sein Team als Erstes, sie zu kühlen und intensivmedizinisch zu stabilisieren. Doch eine Körperkerntemperatur von 41 Grad oder mehr kriegt man nur schwer wieder eingefangen. Die Organe versagen, das Blut gerinnt, das Hirn schwillt an. Denaturieren die Eiweiße, gerät ein irreversibler Prozess in Gang – so wie auch ein hartes Ei nach dem Kochen nie mehr weich wird. Und manchmal hat man keine Chance mehr, das Leben zu retten.

Ich glaube: Viel zu lange haben wir Hitzetage nur mit Wespenstichen oder alkoholisierten Jugendlichen in Zusammenhang gebracht. Dass Menschen an Hitze sterben können, muss noch viel mehr im allgemeinen Bewusstsein ankommen. Denn Hitzetote sind vermeidbare Tote. Es würde helfen, genaue Zahlen zu Hitzeerkrankungen zu kennen. Bloß: Wer mit Sonnenstich oder Hitzschlag (s. u.) in der Notaufnahme landet, geht mit der Diagnose «Herz-Kreislauf» oder «Nierenversagen» in die Statistik ein, nicht mit Überhitzung – ähnlich wie bei Rauchern auf dem Todesschein nicht «zu viele Zigaretten» steht.

Was macht die Hitze im Körper – und der Körper gegen Hitze?

Ich fasse es so zusammen: Hitze macht Gesunde groggy und Kranke kränker, besonders in Großstädten. Denn dort steigt mit der Hitze auch die Luftverschmutzung durch Stickstoffdioxid, Ozon, Feinstaub. Diese Doppelbelastung bringt viele Städter an ihre Grenzen. Warum? Weil diese ohnehin ziemlich eng sind.

Der Mensch funktioniert nur bei einer Körperkerntemperatur

zwischen 36 und 37,5 Grad optimal. Schon ab 38,2 Grad Körpertemperatur sind wir körperlich, geistig und motorisch nicht mehr fit. Bei Hitze sind unsere physiologischen Steuerungssysteme daher permanent damit beschäftigt, die Normaltemperatur zu halten. Schwitzen ist dabei nur der finale Clou. Das Entscheidende passiert im Kopf. Dort fragt der Hypothalamus wie eine top gewartete Hausheizung permanent Sensoren im Körperinneren und an der Haut ab und vergleicht den Soll- mit dem Ist-Wert. Wird der Körper zu warm, schickt er Botenstoffe los, die die Hautgefäße erweitern. Herz und Lunge pumpen in einem gemeinsamen Kraftakt das Blut von den inneren Organen Richtung Körperhülle, wo die Temperatur kühler ist. Den Effekt kennen wir alle: Das Gesicht rötet sich, die Adern schwellen an, die Hände werden dick.

Wenn das nicht ausreicht, aktiviert der Hypothalamus die Hautporen. Sie sondern Schweiß ab, der verdunstet und so die Haut samt der nahen Blutgefäße abkühlt. Das funktioniert freilich nur mit genügend Flüssigkeitsreserven. Hat man zu wenig getrunken, heizt der Körper weiter auf – und baut ab. Wie stark, hängt individuell ab von der Herkunft – Sizilianer vertragen hohe Temperaturen gemeinhin besser als etwa Finnen –, von der allgemeinen Fitness und von Vorerkrankungen, besonders auch vom Alter.

Schon bei **Ungeborenen** kann Hitze Schaden anrichten, das zeigt die Auswertung von über 70 epidemiologischen Studien: Die Wahrscheinlichkeit einer Frühgeburt während Hitzewellen ist deutlich erhöht.

Kinder haben vielfältige Risikofaktoren, empfindlicher auf Hitze zu reagieren. Mehr Oberfläche pro Kilogramm Körpergewicht bedeutet, dass sie Umweltwärme schneller aufnehmen und Flüssigkeit schneller abgeben. Hinzukommt, dass die Schweißproduktion nicht ausreichend entwickelt ist und Kinder weniger schwitzen und somit weniger Kompensationsmöglichkeiten haben. Auf Hitzestress reagieren Babys daher schnell mit einem knallroten Kopf, verzweifeltem Gebrüll, schließlich Apathie. Kinder allein im Auto sitzen zu lassen, kann schnell zu einem lebensgefährlichen Hitzschlag führen: In der Sonne braucht es keine halbe Stunde, und ein Auto heizt von 20 Grad auf 36 Grad auf.

Erwachsene sollten mehrere Liter pro Tag trinken, um Hitzekrämpfen oder gar einer Hitzeerschöpfung vorzubeugen – der Begriff «Sonnenstich» verharmlost, dass in diesem Stadium das zentrale Nervensystem bis in die Hirnhäute gereizt oder sogar entzündet ist. Kaum vermeiden lässt sich, dass an heißen Tagen unsere Produktivität rapide abfällt, bei mentaler wie bei körperlicher Arbeit. Schließlich kann Blut, das durch die Körperschale rauscht, um uns abzukühlen, nicht gleichzeitig die Muskeln und den Grips in Schwung halten.

Bei **Senioren** funktioniert die Thermoregulierung nicht mehr richtig, genauso wie das Schwitzen. Die Nieren sind nicht mehr in der Lage, den Harn in ausreichender Weise zu konzentrieren, und scheiden Flüssigkeit aus, die der Körper dringend zur Kühlung braucht. Umso wichtiger ist, dass sie sehr viel trinken.

Vorerkrankte sind am verwundbarsten – insbesondere Menschen mit Herzschwäche und/oder Patienten mit Stoffwechselerkrankungen – Diabetes, Bluthochdruck oder einer Nierenerkrankung –, die den Flüssigkeitshaushalt und die Gefäße schädigen, sowie Übergewichtige, bei denen das Herz vom Pumpen deutlich schneller erschöpft ist als bei Schlanken. Kommen Atemwegserkrankungen dazu, wird es kritisch, weil sich bei Hitze u. a. die Bronchien zusammenziehen.

Auch bei Krankheiten wie Diabetes oder Multipler Sklerose (siehe Kapitel Immunsystem) verschlimmern sich die Symptome bei Hitze: Wunden heilen schlechter, bei Neurodermitis juckt die Haut noch unerträglicher (siehe Kapitel Haut). Auch auf die Psyche wirkt Hitze negativ: Menschen werden aggressiver, bei

Demenz und Schizophrenie kann sich das Krankheitsbild verschärfen (siehe Kapitel Hirn und Nervensystem).

Wer ist noch durch Hitze gefährdet?

Neben den oben genannten zählen noch weitere Personen zu Risikogruppen. Das Problem: Viele wissen nichts davon. Bei einer Befragung des «Planetary Health Action Survey (PACE)»[7] lagen bei zwei Dritteln der Befragten Risikofaktoren vor, häufig sogar mehrere. Nur ein Drittel aber nahm sich als Risikoperson wahr. Wer also zählt dazu?

Personen,

- die körperlich schwer oder im Freien arbeiten oder intensiv Sport treiben,
- Pflegepersonal, insbesondere Menschen, die in völlig überhitzte Rettungswagen (die meist keine Klimaanlage haben) und Helikopter (die in der prallen Sonne stehen) einsteigen müssen,
- die unterernährt (BMI <18,5) oder adipös sind (BMI >30),
- die obdachlos sind,
- die akut erkrankt sind (z. B. Durchfall, Fieber),
- die regelmäßig Alkohol oder Drogen konsumieren,
- die bestimmte Medikamente einnehmen: Wird etwa zu hoher Blutdruck medikamentös gesenkt, weiten sich die Gefäße bei großer Hitze zu sehr, der Blutdruck fällt stärker als beabsichtigt – und es wird einem evtl. schummrig. Medikamente, die entwässern, müssen auch unbedingt angepasst werden.

Im Atemwege-Kapitel erzählte ich ja bereits, dass ich viel mit dem Team des Christine Kühne – Center for Allergy Research and Education in Davos zusammenarbeite. Die benachbarte Hochgebirgsklinik (siehe S. 117) hat eine große Reha-Station für Herzpatient:innen, und abgesehen davon, dass sie dort medizinisch erstklassig versorgt werden, profitieren sie von einem weiteren Standortvorteil: der Höhe. Selbst im Hochsommer wird es oben auf 1590 Metern nie so warm wie in tieferen Gefilden. «Maximal 25 Grad», sagt der Chefarzt der Kardiologie, Jan Vantobel, «absolut herzverträglich. Die Ärztinnen und Ärzte, die uns ihre Patienten zur Rehabilitation nach schweren Herzoperationen zuweisen, haben das natürlich auf dem Schirm. Denn im Vergleich zu anderen Kliniken, wo es in den Krankenzimmern sehr heiß werden kann, ist das kühle Bergklima keine Belastung.»

Ich möchte ergänzen: Nicht nur für Patient:innen ist das Bergklima zuträglich. Auch ich kann in Davos im wahrsten Sinne des Wortes mit kühlem Kopf und frischem Geist arbeiten.

Hitzeschutz im Krankenhaus und Pflegeheim

Aber was machen Kliniken im Flachland? Wie können sich Krankenhäuser und Alters-/Pflegeheime auf die zunehmende Hitze vorbereiten? Wir haben dazu meine Kollegin Privatdozentin Dr. Kathrin Gerbershagen befragt. Sie leitet als Chefärztin und Ärztliche Direktorin die neurologisch-neurochirurgische Rehabilitationsklinik Rehanova in Köln-Merheim und hat sich intensiv mit Hitzeschutz beschäftigt – weil ihre Patient:innen extrem vulnerabel sind.

Frau Dr. Gerbershagen, beschreiben Sie bitte kurz Ihre Klinik.

Sie ist ein typischer Neubau: 1999 eingeweiht, drei Stockwerke, ein großes gläsernes Atrium, viele Zimmer gen Süden. Das ist schön – aber im Sommer wird es sehr, sehr heiß. Dieses Problem teilen wir sicher mit anderen Krankenhäusern.

Sie haben 130 Betten. Wen versorgen Sie in der Früh-Reha?

Hauptsächlich Schlaganfall-Patient:innen, also meist ältere Menschen. Und viele Unfallopfer mit schwerem Schädel-Hirn-Trauma – meist Jüngere, die vom Motorrad, vom Dach oder neuerdings vom E-Roller gestürzt sind. Gemein ist allen, dass sie zumindest anfangs neurologisch stark beeinträchtigt und entsprechend hitzesensibel sind: Jedes Grad mehr verschlechtert ihren Zustand massiv.

Wie schützen Sie sie vor der Hitze?

Rein architektonisch ist das nicht einfach. Am liebsten hätte ich klimatisierte Krankenzimmer und Rollläden. Doch das kriege ich nicht finanziert. Wir haben weiße Markisen vor den Fenstern, na ja, eher moosgrün mittlerweile. Nicht ideal, zumal nicht alle funktionieren – Thema Investitionsstau. Im Intensivbereich hängen innen noch dunkle Rollos. Trotzdem heizt das Haus an heißen Tagen auf über 25 Grad auf, im zweiten und dritten Stock auch über 30 Grad – man spürt den Unterschied schon auf der Treppe.

Dagegen können Sie wohl wenig ausrichten. Was machen Sie stattdessen?

Der «Master of Desaster» der Kliniken Köln – sein Jobtitel heißt echt so – hat 2021 ein Hitzeschutzkonzept erstellt. Mit unserer Therapieleiterin, unserer offiziellen «Katastrophenschutzbeauftragten», haben wir das nun auf unser Haus angepasst. Dieses Jahr fangen wir schon im Winter mit der Vorbereitung an, um nicht wieder im Mai von der ersten Hitzewelle überrollt zu werden.

Vorbereitung – in welcher Form?

Wir checken die Markisen. Wir prüfen, ob die Ventilatoren, die wir im Sommer gekauft haben, noch funktionieren. Eigentlich sind Ventilatoren hygienetechnisch problematisch, aber da wir nichts anderes haben, um besonders heiße Zimmer zu kühlen, kaufen wir sie lieber, wenn sie günstig sind, und nicht zum Höchstpreis im August. Wir würden auch gern ein paar mobile Klimaanlagen und neue Kühlschränke anschaffen, um die Medikamente zu kühlen.

Ist Ihre größte Sorge, dass die Patient:innen dehydrieren?

Ja. Schon gesunde Ältere, die dehydriert sind, werden wirr im Kopf und anfälliger für Schlaganfälle und Infekte – Sie können sich vorstellen, was hier auf Station los wäre! Daher bestellen wir viel Infusionslösung auf Vorrat, um die Patient:innen, die nicht selbst trinken können, mit Flüssigkeit zu versorgen. Unsere Pflegekräfte kommen im Sommer sonst überhaupt nicht mehr hinterher. Wir haben inzwischen auch Erfahrung, welche Medikamente wir anpassen müssen – da war die Heidelberger Tabelle, die über hitzekritische Wirkstoffe informiert, sehr hilfreich. Vor ein paar Jahren haben wir uns noch gefragt, warum unsere Patient:innen kaum mehr mobilisierbar waren und ihr Kreislauf schlappmacht …

Bei welchen Medikamenten ist es besonders wichtig?

Blutdruckmedikamente, die entwässern, insbesondere Diuretika, fahren wir bei Hitze runter, genau wie bei Fieber. Scopolamin-Pflaster, welche bei Patient:innen mit Schluckstörungen den Speichelfluss reduzieren, können das Schwitzen beeinträchtigen, wodurch die Körpertemperatur steigt. Da muss man eventuell nach Alternativen suchen.

Was verändern Sie noch bei der Betreuung?

Früher machte der Frühdienst morgens um sechs die Fenster auf und öffnete die Markisen – ohne sich zu sorgen, dass drei Stunden später die Sonne reinknallt. Jetzt machen wir es andersrum: nachts lüften, Fenster und Markisen morgens schließen. Bei Hitze decken wir die Patient:innen auf statt zu. Schwere Fälle kommen von Anfang an in kühlere Zimmer. Generell passen wir einfach noch besser auf. Aber die Temperaturen sind auch fürs Team eine enorme Belastung. Wir verteilen schon immer Eis und Wassermelonen, um uns fit zu halten.

Es klingt so, als wären Sie gut gerüstet.

Prävention hilft. Aber vieles bleibt ein Kompromiss. Ich hätte für meine Patient:innen gern Kühlwesten oder Kühl-Pads, die in Sekun-

den auf fünf Grad runterkühlen. Man muss sich solche Hightech-Sachen nur leisten können ...

Wie blicken Sie in die Zukunft?

Jeden Sommer sagen wir: Hoffentlich wird's nächstes Jahr nicht wieder so heiß. Leider spricht ja alles dagegen. Gerade wird hier auf dem Campus ein neues Parkhaus geplant, wo man im Untergeschoss eine Intensivstation betreiben kann. Gedacht ist das für den Kriegs- oder Katastrophenfall. Vielleicht brauchen wir sie demnächst auch bei Hitzewellen. Da unten ist es jedenfalls schön kühl.

Vielen Dank für das Gespräch!

Hitzeschutz in Krankenhäusern und Pflegeheimen ist keine Komfortfrage mehr, sondern eine Frage der Patientensicherheit und des Arbeitsschutzes. Hohe Temperaturen belasten besonders vulnerable Patienten, und gleichzeitig geraten Pflegende an ihre körperlichen Grenzen: schwere Schutzkleidung und fehlende Rückzugorte. Ähnlich extrem sind die Bedingungen für Hubschrauberbesatzungen, die in stark aufgeheizten Hubschraubern unter Hitzestress Höchstleistungen erbringen müssen. Ohne bauliche, organisatorische und technische Hitzeschutzkonzepte wie Kühlkleidung drohen Versorgungsqualität, Gesundheit und Resilienz des gesamten Systems zu leiden. Hitzeschutz ist Katastrophenschutz.

Herzstress durch Lärm

Lärm – was genau heißt das in einer Welt, die nur selten stillsteht und leise tut? In einem Leben, in dem wir gern Musik und Podcasts hören, Gespräche führen oder laut lachen. In der wir in brummenden Autos oder ratternden U-Bahnen sitzen, mit zischenden Kaffeemaschinen, röhrenden Betonmischern, summenden Computern oder kreischenden Sägen arbeiten und abends auf Konzerte gehen oder in Clubs zu lauten Beats tanzen?

Eine gute Nachricht: Die meisten dieser «Geräusche» sind harmlos, sie tun uns bestenfalls sogar gut. Ohne meine Lieblingsmusik oder das laute Lachen meiner Söhne würde ich ungern leben, und allein das Brummen einer Espressomaschine weckt in mir neue Lebensgeister. Doch es gibt auch Lärm, der uns nicht guttut. Bereits 1910 prophezeite der Medizin-Nobelpreisträger Robert Koch: «Eines Tages wird der Mensch den Lärm ebenso unerbittlich bekämpfen müssen wie die Pest und die Cholera.»

Pest und Cholera sind Geschichte (in Europa zumindest), beim Lärm waren wir nicht so unerbittlich. Immerhin: Zwecks «Nervenhygiene» bekamen damals Pferde Hanfseile unter die Hufe und Kutschen luftgefüllte Gummireifen statt lärmender Holz- oder Metallreifen. Anstelle von holprigen Kopfsteinpflastern wurden Holzstöckelpflaster verlegt und krachende Lastfuhrwerke besser gefedert.

Um den Lärm im Ohr zu dämpfen, als «bestes Nervenberuhigungsmittel», erfand bereits 1907 der Berliner Apotheker Maximilian Negwer die «Ohropax Geräuschschützer»: knetbare Kügelchen aus Vaseline und in Wachs getränkter Watte, die sich jedem Ohr anpassen und den Außenlärm zuverlässig dämpfen. Bis heute werden jährlich über 30 Millionen Kügelchen in den gelben Döschen verkauft. (Anekdote am Rand: Der Familienbetrieb, der heute vom Enkel des Gründers geleitet wird, musste umziehen, weil Anwohner wegen Lärmbelästigung klagten.)

Ebenfalls bis heute wertgeschätzt sind die Entwicklungen des Fachs «Bauakustik»: Es brachte unter anderem Doppeltüren für Wohngebäude, dreifach isolierte Fenster, schallgedämpfte Böden sowie größere, begrünte Innenhöfe, damit man nicht alles mitbekommt vom Leben der werten Nachbar:innen. Man kann Lärmschutzwände bauen und Lärmschutzdeckel, Straßen mit «Flüsterasphalt» überziehen. Moderne Motoren wurden leiser, E-Autos hört man kaum noch.

Doch der Verkehr hat im 21. Jahrhundert extrem zugenommen. Noch immer dröhnt viel zu viel Lärm um uns herum, vor allem in den Städten. Noch immer dringt auch viel zu viel Lärm in unsere Wohnungen, vor allem in unsere Schlaf- und Kinderzimmer. Die Europäische Umweltagentur (EEA) hat es in ihrem neuen, 2025 erschienenen Bericht ganz klar formuliert: **Lärm ist der am meisten unterschätzte Umweltstressor Europas.**[8] Millionen Menschen schlafen schlecht, bekommen Bluthochdruck und sogar Herzinfarkte – dennoch wird das Problem nicht laut genug diskutiert, politisch sogar runtergedämpft, im doppelten Wortsinn.

Dabei gibt es auch gegen Lärm Lösungen. Das Zauberwort ist Verkehrspolitik. Wie es der Zufall so will, hätte eine Politik, die statt Individualverkehr mit Verbrennerautos auf Rad- und öffentlichen Verkehr setzt, ein dreifaches Potenzial: Sie kann quasi nebenbei auch die Belastung der Luft mit Schadstoffen sowie den Ausstoß von Treibhausgasen verringern. Sie wäre also ein Megahebel. Dreifach win-win-win.

Wie laut ist Lärm?

Wie laut oder leise etwas ist, wird in Schallpegeln gemessen. Die Einheit lautet Dezibel dB(A), das A steht für die international genormte Frequenzbewertungskurve A.

- 0 dB(A): Hörschwelle eines «normal gut» hörenden Menschen.
- 0 bis 20 dB(A): kaum wahrnehmbar, etwa Waldrauschen oder Flüstern.
- 20 bis 30 dB(A): Computersummen, Uhrticken etc.; stört manche Menschen bereits beim Schlafen.

- 30 bis 40 dB(A): zulässige Zimmerlautstärke in Ruhezeiten. Ein Grundsatzurteil des Bundesgerichtshofs definiert sie als «Geräusche, die außerhalb der eigenen Wohnung nicht oder kaum wahrnehmbar sind».
- 40 dB(A): Von der Weltgesundheitsorganisation (WHO) empfohlener Grenzwert für Nachtlärm, um das Herz zu schützen.
- 40 bis 60 dB(A): normale Gesprächslautstärke, leise Musik etc.
- 50 bis 60 dB(A): Bereits ab dieser Lautstärke und pro Zunahme um 10 dB(A) steigt das Risiko koronarer Herzerkrankungen um acht Prozent. Ein dauerhafter gemittelter Pegel von mehr als 65 dB(A) tagsüber und 55 dB(A) erhöht das Risiko für Bluthochdruck und infolgedessen von Herz-Kreislauf-Erkrankungen.[9]
- 60 bis 80 dB(A): lautes Gespräch, vorbeifahrendes Auto.
- 90 dB(A): vorbeifahrender Lastwagen oder Bus.
- 120 dB(A): Flugzeugstart oder Martinshorn eines Rettungswagens, der zehn Meter entfernt vorbeifährt.
- 130 dB(A): akustische Schmerzgrenze.

Wir haben zu diesem Thema mit meinem Kollegen, dem Kardiologen Thomas Münzel, gesprochen – *dem* Experten fürs Thema Gesundheit und Lärm. Münzel startete seine Karriere als Krankenpfleger, studierte dann Medizin und spezialisierte sich bei seinem Postdoc auf Gefäßbiologie. Zuletzt war er 20 Jahre lang Direktor des Zentrums für Kardiologie an der Mainzer Universitätsmedizin und hat dort Forschung über Auswirkungen der Umweltfaktoren Lärm und Luftschadstoffe auf das Herz-Kreislauf-System angestoßen. Münzel ist nun Seniorprofessor für Umweltkardiologie und im Vorstand der Europäischen Gesellschaft für Kardiologie (European Society of Cardiology [ESC]).

Herr Prof. Münzel, wie kommt ein Kardiologe und Gefäßexperte dazu, sich mit Lärm zu beschäftigen?

Aus persönlicher Betroffenheit wurde echte Forschung.

Erzählen Sie!

2006, im Jahr des «Sommermärchens», zogen wir in die Mainzer Oberstadt. Kaum eingezogen, begann der Albtraum: Tag und Nacht donnerte Fluglärm über uns hinweg, besonders während der Fußball-WM. Die Anflugroute lag keine 600 Meter entfernt. Nach der WM wurde es etwas ruhiger – bis 2011 mit der neuen Landebahn Nordwest die nächste Welle kam. Von da an starteten Jets im Minutentakt direkt über unserem Haus. Schlaflosigkeit, Reizbarkeit, Kopfschmerz, erhöhter Puls – ich erlebte an mir selbst, was ich sonst meinen Patienten erklärte: Stress. Da fragte ich mich: Wie wirkt Lärm eigentlich auf Herz und Gefäße? Und so wurde aus Ärger wissenschaftliche Neugier, aus Neugier ein Forschungsprogramm – vom Experiment bis zur Politikberatung.

Bei Lärm denken viele zuerst ans Ohr und nicht ans Herz.

Lärm ist kein bloßes akustisches Ärgernis, sondern ein biologischer Stressfaktor, der den ganzen Körper betrifft.

Also strahlt der Lärm sozusagen vom Ohr direkt bis ins Herz?

Genau. Unser Ohr bleibt, anders als die Augen, im Schlaf aktiv, hört weiter jedes Geräusch. Über Nervenbahnen gelangen die Signale in die Stresszentren des Gehirns, wo Adrenalin, Noradrenalin und Cortisol ausgeschüttet werden. Der Blutdruck steigt, das Herz schlägt schneller, die Gefäße verengen sich. Diese unbewusste Daueraktivierung – besonders nachts – greift langfristig Herz und Gefäße an. Selbst wenn wir nicht aufwachen, feuern die Stressnetze im limbischen System, unserem Gefühls- oder auch Emotionszentrum, und führen zu Aufwachreaktionen. Die zerstückeln den Schlaf und verhindern, dass der Blutdruck nachts absinkt.

Wie haben Sie das denn erforscht?

Wir führten Studien mit Medizinstudierenden durch. Sie schliefen zu Hause, während wir über MP3-Player bei einer Gruppe das Geräusch von 30 Überflügen und bei der anderen von 60 Überflügen pro Nacht abspielten – mit realistischen Lautstärken bis 60 Dezibel. Vorher und nachher bestimmten wir ihren Blutdruck, Stresshormone und Gefäßfunktion per Ultraschall. Parallel haben wir Schlafqualität, Herzfrequenz, motorische Unruhe und Weckreaktionen aufgezeichnet. Jede:r Teilnehmende hatte eine Ruhenacht ohne Lärm sowie zwei Lärmnächte (30/60 Überflüge) – so konnten wir individuelle Unterschiede kontrollieren und prüfen, ob die Dosis auch die Wirkung beeinflusst.

Was kam dabei heraus?

Schon eine einzige Nacht Fluglärm reichte, um die Gefäßfunktion messbar zu verschlechtern und Stresshormone zu erhöhen. Je mehr «Überflüge», desto stärker. Zusätzlich beobachteten wir, dass der Blutdruck in der Nacht öfter hochschoss, der Herzschlag Stress anzeigte und die Studierenden sich am nächsten Morgen nicht erholt fühlten. Diese Reaktionen verschwanden nicht sofort am Folgetag – mancher Marker blieb erhöht, was den «Kater» nach Lärm erklärt. Das zeigte eindrucksvoll, dass selbst kurzzeitiger Nachtlärm das Herz-Kreislauf-System belastet.

Eine wichtige Rolle spielt das Endothel in den Gefäßen – Ihr Spezialgebiet. Was ist das?

Das Endothel ist die glatte Zellschicht, die unsere Gefäße auskleidet, sozusagen der «Teflon-Belag» des Blutstroms. Es produziert Stickstoffmonoxid (NO), das die Gefäße erweitert, weiße Blutkörperchen bremst und Entzündungen dämpft. Bei Lärmstress entstehen aggressive freie Radikale, die dieses NO zerstören. Dadurch verengen sich die Gefäße, Entzündungen entstehen, die Gefäßverkalkung wird beschleunigt. Besonders bei Patienten mit Herzkrankheiten ist der Effekt stärker – ihr Endothel ist bereits vorgeschädigt.

Wie kamen Sie darauf, dass die freien Radikale das Problem sind?

Wir testeten die Wirkung von Vitamin C: Nach hoher Dosis verbesserte sich die Gefäßfunktion deutlich. Das weist darauf hin, dass oxidativer Stress – also freie Radikale – der zentrale Mechanismus ist. Ergänzend fanden wir Marker im Blut, die mit sympathischer Aktivierung und Schlafdefizit korrespondieren. Kurz: Lärm triggert Stress, Stress erzeugt Radikale, Radikale fangen NO ab – die Gefäße verlieren ihre Schutzschicht.

Was passiert, wenn Lärm zur nächtlichen Gewohnheit wird?

Dann gerät unser Körper aus dem Takt. Denn nachts sollten Herz und Gefäße eigentlich in den «Wartungsmodus» fahren: Puls und Blutdruck sinken, in den Zellen laufen Reparaturmechanismen. Lärm stört diese Chronobiologie: weniger Tiefschlaf, mehr Aufwachreaktionen – mit all den schon genannten Folgen. Epidemiologisch betrachtet, sind Menschen, die entlang großer Verkehrsachsen leben, besonders betroffen.

Die Studierenden in Ihrem Versuch waren jung und gesund. Im echten Leben, bei Herz-Vorerkrankten, kommt die Lärmbelastung vermutlich noch on top?

Exakt. Für Herzkranke kann Lärm lebensgefährlich werden, insbesondere wenn sie nach einem Infarkt oder einer Operation Ruhe brauchen. In Mainz fliegen die Jets direkt über die Universitätsmedizin – für mich ist das schlicht Körperverletzung: Ein krankes Herz braucht Stille, keine Turbinen. Ähnliche Probleme sehen wir an stark befahrenen Gleisen: Der nächtliche Güterverkehr «trommelt» Menschen im wahrsten Sinn krank.

Es gibt ja Leute, die sagen, sie seien lärmunempfindlich.

Das ist ein Irrtum. Unser Körper gewöhnt sich nicht, sondern sensibilisiert sich. Selbst wenn man meint, gut zu schlafen, reagiert das Stresszentrum weiterhin. Das Ohr hat keinen Ausschalter. Die Gefäße erzählen die Wahrheit: Sie verschlechtern sich mit jedem Reiz. Diese Diskrepanz zwischen subjektiver «Gewöhnung» und objektiver Gefäßantwort macht Lärm so tückisch.

Wie ist das bei Taglärm?

Tagsüber sind wir abgelenkt, aber das Gehirn bleibt empfindlich. Wird der 24-Stunden-Lärmpegel von 55 Dezibel überschritten, aktiviert sich die Amygdala – das Stresszentrum [Teil des limbischen Systems, das wir ja schon kennen]. Bildgebende Studien, etwa von der Universität Harvard, zeigen: Menschen mit dauerhaft hohen Lärmwerten haben entzündete Gefäßwände und entwickeln nach vier bis fünf Jahren häufiger Herz-Kreislauf-Erkrankungen. Auch Taglärm hält das Gehirn im Alarmmodus, reduziert die kognitive Leistungsfähigkeit und erhöht das Risiko für Fehler – man denke an Schule, Arbeit, Verkehrssicherheit, obwohl die gesundheitlichen Auswirkungen nicht so ausgeprägt sind wie beim Nachtlärm.

Verkehrslärm kommt ja meist nicht alleine, sondern in Verbindung mit Luftschadstoffen.

Ganz genau. Lärm reist mit Feinstaub und Stickoxiden – eine doppelte Belastung für Herz und Gefäße.

Lärm ist damit, wie Luftschadstoffe, auch ein Thema sozialer Ungleichheit?

Absolut. Wer Geld hat, wohnt ruhig, im Grünen, hinter Lärmschutzwänden oder in Vierteln mit wenig Verkehr. Wer wenig hat, lebt an Hauptverkehrsstraßen oder Bahnlinien. Schlechte Fenster, wenig Grün, keine Schallschutzmaßnahmen – so summieren sich Belastung und Stress. Ich empfinde das als zutiefst ungerecht: Gerade jene, die ohnehin weniger haben, zahlen mit ihrer Gesundheit den Preis für den Lärm und Schmutz anderer. Dazu kommen in ärmeren Wohngebieten oft weitere Stressoren: weniger Parks, weniger Arztpraxen, Hitzeinseln, höhere psychische Belastung – eine unfaire Risiko-Cocktailmischung.

Reagieren Kinder anders als Erwachsene?

Kinder leiden besonders: Sie schlafen schlechter, können sich in der Schule schlechter konzentrieren und schneiden in Gedächtnis- und Sprachtests oft schlechter ab. Für die Bevölkerungsgesundheit bedeutet das: viele kleine, aber dauerhafte Risiken, die sich zu einer großen Krankheitslast addieren.

Um uns zu schützen, hat die EU mit der Umgebungslärmrichtlinie (2002/49/EG) alle Mitgliedsstaaten verpflichtet, regelmäßig Lärmkarten zu erstellen und Lärmaktionspläne zu entwickeln. Damit müssten die größten Lärmprobleme doch gelöst werden, oder?

In der Theorie ja. In der Praxis kaum. Lärmkarten und Aktionspläne gibt es, aber sie ändern wenig. Verkehr und Stadtverdichtung nehmen zu, viele Pläne bleiben Papiertiger ohne Wirkung. Es fehlt an verbindlichen Zielen, Fristen, Budget und systematischer Erfolgskontrolle. Ergebnis: Der Lärmpegel in Europa stagniert oder steigt – trotz digitaler Karten und schöner Broschüren.

Theorie und Praxis der Lärmkarten

Um der EU-Umgebungslärmrichtlinie (2002/49/EG)[10] zu folgen, hat Deutschland Lärmkarten erstellt für:

- 72 Ballungsräume mit rund 25,5 Millionen Menschen,
- 52 000 Kilometer Hauptverkehrsstraßen, auf denen über drei Millionen Kraftfahrzeuge pro Jahr fahren,
- 13 000 Kilometer Haupteisenbahnstrecke, auf denen mehr als 30 000 Züge pro Jahr verkehren, sowie
- alle neun Großflughäfen mit mehr als 50 000 Landungen/Abflügen pro Jahr.

Das Ergebnis der ersten Lärmkartierung 2022:[11]

- Nachts waren fast 15 Millionen Menschen (17,9 Prozent der Bevölkerung) von gesundheitsschädlichem Lärm betroffen.
- Tagsüber waren fast 22 Millionen Menschen (26,3 Prozent der Bevölkerung) einem Lärmpegel von über 55 Dezibel ausgesetzt.
- Die verbreitetste Lärmquelle ist der Straßenverkehr. Allein an

den betrachteten Straßen sind rund 17,3 Mio. Menschen von Pegeln von über 55 Dezibel betroffen.

Das «Null-Schadstoff-Ziel» der EU schreibt fest, dass bis zum Jahr 2030 die Zahl der Menschen, die unter einer chronischen Belastung durch Verkehrslärm leiden, um ein Drittel verringert werden soll. Im Vergleich zu 2017 hat sich die Situation allerdings nur marginal verbessert. Das Ziel wird daher sehr wahrscheinlich verfehlt.

Wie kann das sein? Ignoriert der Staat seine eigenen Gesetze?

Leider oft, ja. Wer schon einmal versucht hat, Tempo 30 in seiner Straße durchzusetzen oder gegen nächtlichen Fluglärm zu protestieren, weiß, wie das läuft: Bürger bringen Fakten, die Gegenseite bringt Schlagworte. Da wird mit Arbeitsplätzen, Wirtschaftskraft und «Freiheit der Autofahrer» argumentiert, als wäre Ruhe ein Luxus. Flughafenbetreiber und Verkehrslobbys sitzen am längeren Hebel, der Schutz der Anwohner wird zur Nebensache erklärt. Das ist eine politische Bankrotterklärung – und eine Ohrfeige für alle Betroffenen.

Was braucht es, damit sich das zum Besseren ändert?

Wir brauchen Gesundheits-Impact-Analysen bei Infrastrukturprojekten, klare Verantwortlichkeiten und Monitoring mit Konsequenzen. Und die WHO-Grenzwerte zum Lärm – maximal 40 Dezibel statt über 55 (siehe Tabelle oben) – müssen in EU-Recht überführt werden. Gesundheit darf kein «Nice-to-have» sein. Kommunen brauchen Förderprogramme für leise Infrastruktur wie Flüsterasphalt oder leisere Schienen, klare Vorgaben für Tempo 30 bei Nacht und für ruhige Gebiete. Neue Autos brauchen leisere Motoren und Reifen. Und wenn die Politik nicht handelt, müssen Gerichte eingreifen – wie beim Feinstaub.

Sie meinen die Klagen der Deutschen Umwelthilfe?

Ja. Die DUH hatte 2020 den Mut, Gesundheit einzuklagen – und bekam recht. Das Gericht verurteilte die Bundesregierung, weil ihr «Luftreinhalteprogramm» auf veralteten Daten beruhte. Sie musste nachbessern. Das war ein Wendepunkt.

Was wurde noch erreicht?

Es gibt mittlerweile ein wachsendes Bewusstsein, bessere Messnetze und technische Lösungen. Nun sollten sie schnell umgesetzt werden. Auch Ärztinnen und Ärzte müssen laut bleiben: Lärm, Feinstaub und Hitze sind eigenständige, messbare Herzrisiken – und gehören in jede Präventionsstrategie. Berufsverbände können Leitlinien anpassen, Kassen Präventionsprogramme fördern, Städte evidenzbasierte Ruhepläne umsetzen.

Haben Sie Tipps, wie man sich persönlich schützen kann?

Ja, äußerlich und innerlich. Für Ersteres gilt:

Schlaf ist heilig: *Schlafzimmer so ruhig wie möglich halten, Fenster zum Innenhof, schallgedämmte Fenster, Ohrstöpsel, notfalls ein leises Hintergrundgeräusch wie einen Ventilator oder «White Noise», um plötzliche Peaks abzufangen.*

Wohntricks: *Pflanzen, Vorhänge, Teppiche und Bücherwände dämpfen Schall erstaunlich gut. Und wer kann, sollte das Schlafzimmer in den ruhigsten Raum der Wohnung verlegen.*

Routinen: *Nachts das Handy auf lautlos, keine Dauerbeschallung durch TV oder Musik – auch Freizeitlärm zählt.*

Innerlich: *Man kann lernen, gelassener auf Lärm zu reagieren. Studien zeigen, dass Menschen mit hoher Resilienz, also innerer Widerstandskraft, deutlich weniger Stresssymptome und damit auch deutlich weniger Herz-Kreislauf-Erkrankungen entwickeln, selbst bei gleichem Lärmpegel.*

Und wie trainiert man seine Widerstandskraft?

Bewegung stärkt Herz und Gefäße und verbessert die Endothelfunktion. Entspannungstechniken wie Yoga beruhigen das Stresssystem;

schon 10–15 Minuten täglich wirken. Und insgesamt ein guter Lebensstil: guter Schlaf, mediterrane Ernährung, digitale Pausen; Alkohol und späte schwere Mahlzeiten vermeiden.

Gibt es auch Medikamente, die gegen Lärmstress helfen?

Beta- oder Alphablocker oder Antioxidanzien können die Stressreaktion dämpfen – das muss man aber individuell ärztlich abwägen. In der Forschung denken wir über gezieltere Ansätze nach, etwa die Aktivierung eines Enzmys. Das erreicht man durch Bewegung, Fasten oder ein Medikament, das in der Diabetestherapie eingesetzt wird: Metformin. Im Tierexperiment wirkt es. Ob es beim Menschen wirkt, muss noch gezeigt werden.

Wie gehen Sie persönlich mit Ihrer Lärmbelastung um, Professor Münzel?

(Lacht) Früher war ich selbst mein schlimmster Patient. Ich hatte einen Dezibelmesser auf dem Nachttisch, führte Lärmprotokolle wie ein Kriminalkommissar und schrieb nächtliche Beschwerdebriefe an den Frankfurter Flughafen. Das hat nichts gebracht, außer mehr Puls. Irgendwann habe ich gemerkt: So besiege ich den Stress nicht, so lade ich ihn nur zum Frühstück ein. Heute bin ich gelassener. Ich nehme einen Betablocker, meinen kleinen «Lärmschutzschirm in Tablettenform». Dazu feste Schlafroutinen, Abendspaziergänge, «digitale Stille» nach 21 Uhr. Wirklich ruhig wird es erst, wenn Politik und Stadtplanung Lärmschutz so ernst nehmen wie Brandschutz. Schlaf darf kein Luxus sein.

Vielen Dank für Ihre Expertise!

Blutdruckmedikamente und Lärm

2010 ließ das Umweltbundesamt Krankenkassendaten von 809 379 Versicherten untersuchen, die im Umkreis des Flughafens Köln/Bonn wohnen.[12] Dort herrschte zwischen drei und fünf Uhr morgens die stärkste nächtliche Fluglärmbelastung. Ergebnis: Je lauter der Fluglärm, umso mehr blutdrucksenkende Medikamente nahmen die Anwohnerinnen und Anwohner ein. Bei Frauen stieg die Zahl bereits bei einem Dauerschallpegel zwischen 40 und 45 Dezibel um 27 Prozent. Erreichte er 46 bis 61 Dezibel, nahm ihre Dosis um 66 Prozent zu. Bei Männern war die Zunahme etwas schwächer.

Herzkrank durch multiplen Umweltstress

Lärm von außen, Lärm von innen – das sind Themen, mit denen auch meine Patient:innen zu kämpfen haben. Im August 2023 etwa kam eine 58-jährige Pflegekraft zu mir in die Hochschulambulanz für Umweltmedizin, weil sie «den Lärm in sich nicht mehr aushält». Seit Wochen höre sie ihr Herz schlagen – laut, pochend, manchmal dröhnend bis in die Ohren. «Es ist, als würde ich in mir selbst wohnen – mitten an einer Autobahn», sagte sie zu mir.

Vorher war sie schon bei mehreren Ärztinnen und Ärzten. Überall hieß es, ihr Herz sei gesund und ihre Werte seien unauffällig, es sei «wohl Stress». Sie fühlte sich nicht ernst genommen – und war fest davon überzeugt, dass etwas nicht stimmte. Für mich war sie eine klassische Patientin, die sich krank fühlte und sich über jeden Befund, der keinen Hinweis auf eine Erkrankung brachte, wunderte und vielleicht sogar ärgerte.

Wir unterhielten uns länger. Schließlich verstand ich als Umweltmedizinerin, was hinter ihrem «Herzlärm» steckte: Die Patientin arbeitete im Schichtdienst, schlief schlecht und lebte an einer stark befahrenen, lauten Straße. Jetzt im Sommer sind die Nächte zu heiß, die Wohnung lässt sich nicht mehr abkühlen. Lärm, Hitze und Schlafmangel haben ihren Körper dauerhaft in Alarmbereitschaft versetzt. Das Herz reagiert mit Unruhe, sie hat den

Eindruck, dass ihr Puls rast. Ihr Körper findet keine Ruhe mehr – obwohl organisch alles in Ordnung ist. Sie hat demnach auch keine Herzkrankheit im klassischen Sinn, sondern eine Stressfolge durch Umweltfaktoren. Ihr Körper hat gelernt, ständig auf Alarm zu stehen – und das Herz wurde zum Resonanzraum dieser Überforderung. Es hätte auch die Haut treffen können oder den Magen – je nachdem, wo der Körper am verletzlichsten reagiert.

Als ich ihr meine Sicht auf die Dinge erklärte, schaute sie mich dankbar an: Sie fühlte sich endlich ernst genommen und erkannte zum einen, wie komplex ihr Problem ist, vor allem aber: dass sie Teil der Lösung ist. Als Therapie verabredeten wir keine Tabletten, sondern Entlastung: Stress runterfahren, Achtsamkeit, Regeneration und die Suche nach stillen Orten, wo sie Kraft schöpfen kann. Sie verließ den Schichtdienst und lernte in einer psychotherapeutischen Verhaltenstherapie, durch strukturierte Tagesrhythmen, viel Bewegung im Grünen und gezielte Entspannungsübungen, ihr vegetatives Nervensystem zu beruhigen. Nach drei Monaten sagte sie: «Jetzt höre ich mein Herz wieder – aber es schlägt leise und ruhig.»

Diese Art der Therapie hat sich nicht nur bewährt (siehe dazu auch das Kapitel «Hirn und Nervensystem»), sie kostet noch dazu vergleichsweise wenig. Doch sie ist nur möglich, wenn die Patientin oder der Patient auch mitmacht. Wenn sie bereit sind, ihr Krankheitsbild als komplexes Zusammenspiel multipler Umweltstressoren zu sehen – und ihren Genesungsprozess mitzusteuern.

Luftschadstoffe – eine Herzensangelegenheit

In Genf, bei der Konferenz der Weltgesundheitsorganisation (WHO) zur Luftverschmutzung im Jahr 2018, habe ich gespürt, wie sich wirklich etwas verändert. Zum ersten Mal rückte die Luft, die wir atmen, ins Zentrum der globalen Gesundheitsdebatte – als fünfter Umweltfaktor für nicht übertragbare Krankheiten, nach Alkohol, Rauchen, Ernährung und Bewegungsmangel.

Ich sprach dort mit Maria Neira, der Direktorin für öffentliche Gesundheit der WHO, sowie mit Dr. Tedros Adhanom Ghebreyesus, dem Generaldirektor. Danach hatte ich das Gefühl, dass wissenschaftliche Erkenntnisse direkt in politisches Handeln übersetzt werden könnten – dass Forschung Wirkung zeigt. Denn kurz danach markierten zwei Workshops der renommierten deutschen Forschungsverbände Leopoldina und DFG (Deutsche Forschungsgemeinschaft) in Berlin und Bonn den Beginn eines neuen Verständnisses: Luftverschmutzung wurde nicht länger als irgendein abstraktes Umweltproblem betrachtet, sondern als konkrete Gesundheitsgefahr. Wir haben einen Bericht verfasst[13] und 2019 als Wissenschaftlerinnen und Wissenschaftler den Vereinten Nationen überreicht – an das höchste politische Level sozusagen.

Und was ist seither passiert? Der Bericht hat globale Aufmerksamkeit geschaffen – und auch seine Inhalte haben zu konkretem Gesundheitsschutz beigetragen:

- Die EU hat ihre Luftqualitätsrichtlinie verschärft.
- Deutschland nimmt seine Kohlekraftwerke vom Netz.
- Städte richten Umweltzonen ein.
- Die WHO hat ihre Grenzwerte für Luftschadstoffe nochmals gesenkt.
- Und die Debatte ist einen Schritt weiter gegangen: Mit «Ella's Law», benannt nach Ella Kissi-Debrah, dem ersten offiziell anerkannten Luftverschmutzungs-Todesopfer der Welt, (siehe Kapitel Atemwege, S. 104) wird in Europa die Forderung immer stärker: saubere Luft als Menschenrecht.
- Nicht zuletzt sehen wir Effekte: Wo Feinstaub PM2,5 und NO_2 sinken, sinkt direkt auch die Zahl der Herzinfarkte und Asthmaanfälle.

Fazit: Aus Evidenz wurde Aufmerksamkeit, aus Aufmerksamkeit wurde politisches Handeln. Und daraus – ganz konkret – Gesundheitsschutz. Heißt für mich: Forschen macht Sinn – und schreiben hilft!

Wie wirken Luftschadstoffe aufs Herz?

Ein Herzinfarkt, so lehrt uns die Medizin und manchmal auch die persönliche Erfahrung, kommt oft plötzlich – aber selten ohne Ursache. Neben Bluthochdruck, Rauchen oder Diabetes spielt die Luft, die wir atmen, eine zentrale Rolle. Feinstaub, Stickstoffdioxid und Ozon – winzige Partikel, unsichtbar und geruchlos – können das Herz innerhalb von Stunden aus dem Gleichgewicht bringen.[14] Feinstaub wirkt wie ein Zündfunke im Körper: Er aktiviert Entzündungen, oxidativen Stress, Blutgerinnung und Gefäßverengung. Innerhalb weniger Stunden steigen Entzündungsmarker an, der Blutdruck klettert, die Gefäße verengen sich. Für Menschen mit einer bestehenden koronaren Erkrankung kann das den entscheidenden Unterschied bedeuten – zwischen Stabilität und Infarkt.

Genau wie beim Lärm scheinen besonders nächtliche Belastungen gefährlicher zu sein als solche am Tag, vielleicht, weil der Körper im Schlaf weniger Reserven hat oder weil Warnsignale unbemerkt bleiben.[15] Und genau wie beim Lärm ist auch die Luftbelastung nicht gerecht verteilt: Je ärmer ein Wohngebiet ist, umso schlechter ist dort meist auch die Luft. Das Umweltbundesamt hat in seiner neuen Studie «Soziale Aspekte der Umweltpolitik»[16] viele Beispiele für diese «Umweltungerechtigkeit» aufgezählt. Sie ist akut in jeder großen wie kleinen Stadt in Deutschland. Und sie macht die Menschen, die dort leben, krank.

Schlaganfall: Wenn Hitze zum Auslöser wird

Im Juli 2025 hatten wir in Augsburg außergewöhnlich heiße Tage, deutlich über 30 Grad. Eine junge Doktorandin an unserem Institut, sportlich, gesund, spürte bereits im Verlauf der Woche, dass etwas nicht stimmte: Sie war jeden Abend vollkommen erschöpft, unruhig und groggy. Am Ende der heißen Woche fuhr sie nach der Arbeit mit dem Fahrrad nach Hause. Plötzlich bemerkte sie einen starken Kopfschmerz und einen kurzen Schwindel und, als sie zu Hause war, eine Taubheit in der gesamten linken Körperhälfte. Sie handelte richtig und ging sofort zum Arzt. Die Diagnose: Schlaganfall. Zum Glück wurde sie schnell behandelt und ist heute wieder fit!

Für mich war schnell klar, dass die Hitze eine zentrale Rolle gespielt hatte. In der weiteren Abklärung zeigte sich zusätzlich ein bislang unbekanntes offenes *Foramen ovale* – eine angeborene Verbindung im Herzen, die unter bestimmten Umständen das Risiko für sogenannte kryptogene Schlaganfälle erhöht. Hier war der Auslöser die Hitze. Das ist typisch. Nach aktuellem Forschungsstand wirkt Hitze meist nicht als eigentliche Ursache eines Schlaganfalls, sondern als Trigger. Sie kann bei Menschen wie unserer Doktorandin, die bereits eine bekannte oder unbekannte Vulnerabilität haben, den entscheidenden Impuls geben. Dazu zählen Herz-Kreislauf-Erkrankungen, Vorhofflimmern, Fettstoffwechselstörungen, Gerinnungsneigungen oder strukturelle Besonderheiten des Herzens. Hitze belastet den Kreislauf zusätzlich: Durch Flüssigkeitsverlust verdickt sich das Blut, die Gerinnungsneigung steigt, Entzündungsprozesse und die Aktivierung von Blutplättchen nehmen zu. Das kann innerhalb von Stunden bis wenigen Tagen die Gefäße verschließen.

In der Umweltmedizin sprechen wir in diesen Fällen auch vom «Harvesting-Effekt», einem Vorzieheffekt: Hitze beschleunigt Ereignisse, die sonst vielleicht später eingetreten wären. Besonders wichtig: Solche Effekte lassen sich nicht nur in stark belasteten Großstädten beobachten – sondern selbst bei uns in Südbayern.

In der Medizin unterscheiden wir zwei Typen von Schlaganfall.

Ein **ischämischer Schlaganfall** wird durch eine Durchblutungsstörung verursacht, wenn ein Blutgefäß im Gehirn verstopft ist.

Ein **hämorrhagischer Schlaganfall** entsteht durch eine Blutung im oder um das Gehirn, wenn ein Blutgefäß reißt.

In Augsburg konnten wir gemeinsam mit den Kolleginnen und Kollegen der Neurologie zeigen, dass Hitze, Luftverschmutzung und Extremwetter das Schlaganfallrisiko deutlich erhöhen – und zwar nicht erst nach Jahren, sondern innerhalb weniger Stunden.[17] Dafür haben wir über 19 000 Fälle von Schlaganfällen in den Jahren 2006 bis 2020 analysiert[18] und gesehen, dass nächtliche Hitzebelastung das Risiko für Hirninfarkte und Hirnblutungen signifikant steigert – selbst dann, wenn die Tagestemperaturen moderat bleiben. Wenn Nächte nicht mehr abkühlen, bleibt der Körper im Dauerstress: Herzfrequenz und Blutdruck sinken nicht ab, der Kreislauf kann sich nicht erholen. Das Gehirn reagiert mit einer erhöhten Anfälligkeit für Gefäßverschlüsse oder Blutungen.

Besonders Frauen, ältere Menschen und Patientinnen und Patienten mit leichten Schlaganfallsymptomen reagierten empfindlich auf nächtliche Hitze. Da die Zahl heißer Nächte stetig zunimmt, wächst auch das Schlaganfallrisiko – eine wachsende Herausforderung für die öffentliche Gesundheit in einer sich erwärmenden Welt.[19]

Auch Luftverschmutzung spielt eine zentrale Rolle. Bereits kurzfristige Belastungen mit Feinstaub und Stickstoffdioxid (NO_2) führten in unserer Beobachtungszeit zu einem Anstieg der Schlaganfälle um 2–3 Prozent innerhalb weniger Tage. Menschen mit schweren Vorerkrankungen reagierten empfindlicher auf Feinstaub und NO_2, während mildere Fälle stärker auf Ozon reagierten. Diese Effekte traten verstärkt in den warmen Monaten und in den jüngsten Jahren (2016–2020) auf, ein Hinweis darauf, dass sich Klimawandel und Luftverschmutzung gegenseitig verstärken. Interessanterweise reagiert das Gehirn nicht nur auf Hitze, sondern auch auf plötzliche Kälteeinbrüche in warmen Jahreszeiten – ein häufiges Phänomen bei zunehmenden Wetterextremen. Entscheidend ist also weniger die absolute Temperatur, sondern die plötzliche Veränderung, die das Gleichgewicht des Körpers stört.

Wie sehr das bereits den ärztlichen Alltag prägt, wurde mir bei einem Gespräch mit einem Kollegen klar, der als Neurologe in der Notaufnahme arbeitete. «Fielen die Temperaturen von einem Tag auf den anderen stark ab, kamen überdurchschnittlich viele Patienten mit Schlaganfällen rein», erzählte er. «Im Team scherzten wir damals, dass wir künftig besser die Wettervorhersage studieren, bevor wir Dienstpläne schreiben, weil Schlaganfälle so aufwendig zu betreuen sind.»

Die gute Nachricht zum Schluss

Für mich ist die Botschaft klar: Das Herz ist ein sensibler Sensor für Umweltstress. Es reagiert auf Lärm, auf Extremtemperaturen, auf Luftverschmutzung. Saubere Luft, kühle und leise Nächte sind keine Luxusfragen, sondern Schutzfaktoren. Theroretisch wissen wir ganz genau, was wir tun müssen – die Klimakrise bekämpfen und dabei ganz nebenbei die Luft verbessern. Sonst helfen die besten Hitzeaktionspläne und die besten Ärzt:innen nicht.

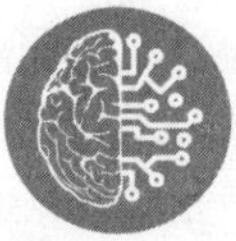

HIRN UND NERVENSYSTEM: Unser Mind-Body-Resonanzorgan

Bei aller Zuversicht merken wir es alle: Wir erleben anstrengende Zeiten. Mental anstrengende Zeiten. Kriege, Klimakrise, gesellschaftliche Konflikte – Nachrichten über die Welt da draußen machen Angst. Der Job, die Liebe, die Kinder, die Eltern – auch nicht immer nur ein Quell der Freude. Dazu der Kontostand, das platte Rad, der TÜV oder beides, und wer kocht eigentlich heute Abend? Und dann auch noch das dauerpiepsende Handy mit seinen Push-Benachrichtigungen, WhatsApp-Gruppen, endlosen Social-Media-Feeds. Puh!

Den ganzen Tag springen wir mit unseren Gedanken hin und her. Das Jonglieren mit unserer Aufmerksamkeit erzeugt Nervenkitzel, erhöht den Herzschlag – und erschöpft. Gut jede:r vierte[1] Angestellte war nach eigenen Angaben im vergangenen Jahr mindestens einmal wegen mentaler Probleme krankgeschrieben, so steht es im AXA Mental Health Report 2025. «Frauen, Männer, Junge, Alte – alle sind ständig müde» berichtete im November 2025 eine Hausärztin in einem Interview mit der *Zeit*.[2]

Und Sie? Sehnen Sie sich auch nach Ruhe? Setzt Ihnen der schlechte Zustand unserer Erde zu? Oder kämpfen Sie gar gegen «Gewitter im Gehirn»? Dann lesen Sie weiter, was meine Münchner Kollegin Gisela Immich und mein Augsburger Kollege Alkomiet Hasan zu diesen Themen zu sagen haben.

Die gute Nachricht jetzt mal direkt: Es ist einfacher als gedacht, den Kopf wieder freizubekommen und Ihre mentale wie körperliche Resilienz zu stärken: Gehen Sie raus ins Grüne – oder ins/ans Blaue. Der Blick in eine Baumkrone oder über den See, ein Spaziergang im Park, am Bach entlang, tiefes Einatmen frischer Waldluft, ein bisschen Gärtnern, das Lauschen nach Vogelstimmen: All das macht den Ton Ihres Tages heller. All das fördert Ihre Gesundheit, mental wie körperlich.

Bevor Sie nun glauben, dass es jetzt ins Esoterische abdriftet: keine Sorge. Auch in diesem Kapitel teile ich nicht Glaubensfragen mit Ihnen, sondern neueste wissenschaftliche Erkenntnisse der Medizin. Die sagen ganz klar: Die Natur ist eine zuverlässige Ressource für mentale Gesundheit, und viele Menschen nutzen sie intuitiv als ihren eigenen ersten therapeutischen Raum.[3] Auch ich selbst schöpfe Kraft, wenn ich an der Isar oder im Tiergarten in Berlin jogge oder im Bayerischen Wald wandern gehe. Gleichzeitig entfaltet die Natur ihr volles Potenzial vor allem dann, wenn professionelle, qualifizierte Unterstützung verfügbar ist. In Zeiten begrenzter Therapieangebote entstehen jedoch leider zunehmend unregulierte Formate. Umso wichtiger ist es, Selbstfürsorge in ein verlässliches fachliches Umfeld einzubetten.

Bevor wir gleich zusammen nach Japan, Kanada und Großbritannien reisen, wo Ausflüge in die Natur und insbesondere in den Wald schon seit einigen Jahren «medizinisch verordnet» werden, quasi als «grüne Pillen», erlauben Sie mir noch ein paar Gedanken zum Gehirn allgemein.

«Denkorgan» nennen wir es gern ehrfürchtig, weil es unser Wissen beheimatet, wie eine Bibliothek. Es steuert auch unsere Wahrnehmung, unsere Gefühle. Doch wie die Atmung nicht auf die Lunge als Organ begrenzbar ist, sondern in einem aktiven Austausch mit der Umwelt steht, so gedeiht auch unser «Geist», unser Bewusstsein nicht allein im Hirn. Schon Leonardo da Vinci schrieb: «All unser Wissen gründet sich auf Wahrnehmung. Die fünf Sinne sind die Sachverwalter der Seele.» Unser Befinden, unsere Stimmung und unsere Affekte entstehen, weil das Gehirn Sinneseindrücke verschaltet, interpretiert und zu körperlichen Reaktionen formt. Über Haut, Auge, Ohr, Nase und die Körperwahrnehmung steht es in ständigem Austausch mit der Umwelt – und mit dem Organismus selbst. Damit trifft Leonardo auf eine Einsicht, die auch Alexander von Humboldt formulierte: dass «alles mit allem verbunden» ist. Heute bestätigen Neurobiologie und Neuroimmunologie genau diese Sicht: Nerven- und Immunzellen kommunizieren eng miteinander; autonomes Nervensystem, Hormone, Atmung, Herzrhythmus und sogar die Muskeln von Mimik, Gestik und Haltung sind Teil eines hochintegrierten Resonanzsystems. In diesem Gefüge entsteht das, was wir Fühlen, Denken und Gesundheit nennen. Denken und fühlen tun wir also nicht nur mit dem Gehirn, sondern als ganzer Mensch. Und dieser ganze Mensch wiederum ist Teil der Natur. Daher bin ich überzeugt: Wie wir uns in der Natur bewegen, in unserer Umwelt oder sogar Mit-Welt, spielt gerade beim Thema mentale Gesundheit eine entscheidende Rolle.

Mentale Gesundheit durch Naturkontakt

Woher stammen wir Menschen? Aus Savannen und Wäldern. Nun glaube ich durchaus, dass wir uns vom Höhlenwesen der Steinzeit weiterentwickelt haben (die meisten zumindest ...), doch die Verbundenheit mit diesen Naturräumen, mit Wäldern, mit Bäumen, mit weiten, gesunden Landschaften, tragen wir alle in uns; einige mehr, andere weniger. Für indigene Gemeinschaften in Süd- wie Nordamerika, für die indigenen Völker Australiens oder die Maori in Neuseeland ist die Verbindung mit der Natur und ein sorgsamer Umgang mit ihr bis heute essenzieller Teil ihrer Kultur. Und auch viele von uns westlich sozialisierten Wesen gehen intuitiv ins Grüne, in Parks, auf Wiesen, Felder, in den Wald, um zu entspannen, runterzukommen, den Kopf freizukriegen.

Die gute Nachricht: Gehören Sie dazu, machen Sie schon sehr viel richtig!

Diese Erkenntnis ist nicht revolutionär, basiert vielmehr auf langer Erfahrung und nicht zuletzt gesundem Menschenverstand. Doch nach all den Jahrhunderten, in der die Gesellschaft sich verstädtert hat, sich Junge wie Alte über viele, viele Stunden des Tages hinter Computer-, TV- und Handybildschirme zurückziehen und ärztliche Therapien vor allem darauf beruhen, Tabletten zu verschreiben, erlebt insbesondere der Wald in der modernen Medizin gerade eine Renaissance: als Ort, der die mentale Gesundheit fördert. Als Ort für Prävention. Und für Heilung.

Sie schütteln den Kopf? Dann stelle ich Ihnen nun meine Kollegin Gisela Immich vor. Sie ist promovierte Humanbiologin, Expertin für Waldtherapie und forschte bis 2025 am Lehrstuhl für Public Health und Versorgungsforschung der Ludwig-Maximilians-Universität München. Seit Januar 2026 gehört sie zu unserem klinischen Versorgungsteam in Augsburg. Außerdem hat sie ein Sachbuch[4] über Waldtherapie geschrieben, das sich selbst unter skeptischen Kolleg:innen etabliert hat. «Ich bin kein ‹treehugger›», sagt Gisela im Gespräch, «ich vereine Wissenschaft und Praxis in mir.» Und dann beginnt sie systematisch aufzuzählen, warum ein gesunder Wald bzw. ein gesundes Waldklima selbst ohne «Therapie» gesundheitsfördernd wirkt:

- Wald bietet Schatten und schützt uns vor starker Sonnenstrahlung …
- … sowie vor Hitze, Niederschlägen, starkem Wind und plötzlichen Kälteeinbrüchen, da unter einem dichten Blätterdach die Temperaturverhältnisse ausgeglichener sind.

- Als «grüne Lunge» produziert er Sauerstoff …
- … und sorgt für erhöhte Luftfeuchtigkeit.
- Seine Bäume filtern Schadstoffe aus der Luft …
- … und sorgen für einen hohen Gasaustausch mit der Atmosphäre …
- … sowie dank ihrer Terpene – das sind die flüchtigen Duftstoffe, die Bäume und Pflanzen absondern – für den «würzigen Waldduft». Die meisten Menschen empfinden ihn als angenehm und stresslösend (sonst würden wir nicht Massageöle, Sauna-Aromen oder Raumsprays mit Kiefernduft so lieben).
- Für unser mentales Wohl dämpft der Wald den Alltagslärm und bietet Ruheoasen – wie wichtig diese zur Erholung sind, steht im Kapitel «Herz und Kreislauf» ab S. 181.
- Sein Dämmerlicht und die Lichtspiele der Baumkronen mit Sonne und Schatten sind reizarm, vermindern Stresssymptome, senken unser Aktivitätslevel, lassen uns zur Ruhe kommen.
- Auch die verschiedenen Grüntöne des Waldes wirken nach Erkenntnissen der Farbpsychologie entspannend …
- … genau wie Naturtöne, etwa Vogelgezwitscher oder im Wind rauschende Blätter (nicht umsonst nutzen Zahnartzpraxen und Krankenhäuser solche Natursounds, um bei ihren Patient:innen Ängste und sogar Schmerzen zu reduzieren).
- Zuletzt fördert das Gehen auf Waldboden mit seinen Wurzeln, Steinen, dem bunten Laub und knackenden Ästen die Sensomotorik und Koordination.

Klingt schon mal nicht schlecht, oder? Auf Basis dieser Erfahrungen und Erkenntnisse dann ein gesundheitsorientiertes Konzept zu entwickeln, hat in den 1980er-Jahren in Japan angefangen, mit

«Shinrin-Yoku». Übersetzt wird der Begriff mit «Eintauchen in die Atmosphäre des Waldes» oder kurz «Waldbaden/Waldluftbaden». Gemeint ist damit, Zeit im Wald zu verbringen, aber nicht mit Sport oder ambitioniertem Wandern, sondern als bewusste Naturbegegnung: mit eher langsamen Schritten, bewusster Atmung, offenen Sinnen gegenüber der Waldwelt, dem Duft von Harz, Tannennadeln oder Erde, dem Windgeräusch, dem Gefühl von kühlem Moos unter den Füßen. Was dabei passiert, klingt fast wie Zauberei, ist aber gut genug erforscht, um ernst genommen zu werden: Waldbaden regt das Immunsystem an, senkt Stresshormone, entspannt und stabilisiert die Stimmung.

Von Waldtherapie wiederum ist gemeinhin die Rede, wenn qualifizierte Ärzt:innen und/oder Waldtherapeut:innen in einer sicheren Umgebung das «Waldbad» anleiten und individuelle Behandlungspläne erstellen, samt Monitoring und Vorher-nachher-Vergleichen von Gesundheitsparametern wie z. B. Cortisol, Blutdruck, Schlafqualität etc. Viele Studien belegen nicht nur einen Nutzen für Gesunde, sondern konnten auch für Menschen mit Depressionen, Ängsten und Suchterkrankungen nachweisen, dass solche flankierenden Programme ihren Zustand verbessern.[5]

«Wer lernt, aktiv in Kontakt mit der Natur zu treten, hört auf, zu grübeln oder sich zu ärgern, fokussiert sich auf die lebendige Umgebung», sagt Gisela Immich. In Japan gibt es über 65 Forest Therapy Centers sowie einen Heilwald, den Akasawa National Recreational Forest, dem auch ein Krankenhaus mit Waldtherapie-Sprechstunde angegliedert ist. Die klassische Schulmedizin steigt erst langsam ein – aber die Idee wurde in die ganze Welt exportiert.

Auch in europäischen Ländern wie Finnland, Frankreich oder Österreich wird Walderholung angeboten – meist als Privatvergnügen, in Großbritannien auch staatlich gefördert (siehe S. 226). Dänemark behandelt Menschen mit stressbedingten Erkrankungen im Therapiegarten «Nacadia» der Universität Kopenhagen.[6] Nach seinem Vorbild entstand in Kiew, wo die Menschen seit über drei Jahren unter Dauerstress durch russische Angriffe leben, ein weiterer, Ende Oktober 2025 hat die First Lady der Ukraine, Olena Zelenska, ihn eingeweiht.[7] In Neuseeland sind «grüne Rezepte» – *Rongoā Kākāriki* in der Sprache der Maori[8] – zu einem festen Bestandteil des Gesundheitssystems geworden, um Erwachsene auf ihrem Weg zu einem gesünderen Lebensstil zu unterstützen.

Besonders erfolgreich ist das kanadische Programm «PaRx» (Park Prescription).[9] Seit 2022 können Ärztinnen und Ärzte statt Pillen Zeit in der Natur verschreiben. Genauer: kostenlose Besuche von Nationalparks oder anderen Schutzgebieten sowie dort angebotene Kurse zur Gesundheitsförderung und/oder zum Naturerleben.

Kanadas westlich orientierte, evidenzbasierte Medizin knüpft damit an die Kultur und das traditionelle Heilwissen der indigenen Gemeinschaften an, die seit jeher die Gesundheit des Menschen und die des Ökosystems als eng miteinander verbunden betrachten. Und diese Herangehensweise überzeugt in dem weiten Land offenbar viele: Anfang 2025 wurde PaRx von über 100 großen Gesundheitsorganisationen unterstützt, darunter die Canadian Medical Association und die Canadian Nurses Association. 16 000 Gesundheitsfachkräfte sind im Programm registriert, zusammen haben sie bereit über 1,3 Million «Natur-Rezepte» ausgestellt.[10]

Natur-Erleben als Triple-Win

Hunderte von Studien belegen, dass eine engere Verbindung zur Natur eine der besten Maßnahmen ist, um seine Gesundheit zu verbessern – und die unseres Planeten ebenso. Ein paar Beispiele aus Kanada:

Für Erwachsene

- Nach nur 15 Minuten Rast in einem Wald sinkt das Stresslevel nachweislich.
- Mehr Zeit in der Natur verbessert die mentale Gesundheit von Krebserkrankten und vermindert das Risiko, Herzprobleme, Bluthochdruck und Diabetes zu entwickeln.
- Wer im Grünen Pause macht, hat eine höhere Konzentrations- und Erinnerungsfähigkeit, Kreativität und Arbeitszufriedenheit.

Für Kinder

- Jugendliche, die mehr Zeit in der Natur verbringen, sind mental resilienter und leiden weniger unter Depressionen und Ängsten.
- Kinder, die viel draußen spielen, sind körperlich fitter und haben einen gesünderen Body-Mass-Index.
- Kinder, die an Straßen mit Bäumen leben, haben ein geringeres Risiko, an Asthma zu erkranken.
- Täglich 20 Minuten im Grünen spazieren kann bei Kindern mit ADHS die Konzentrationsfähigkeit genauso erhöhen wie Medikamente.

Für den Planeten

- Kinder und Erwachsene, die mehr Zeit in der Natur verbringen, engagieren sich auch häufiger für Naturschutz.
- Mehr städtische Grünflächen senken bei Hitzewellen die Umgebungstemperatur und schützen so die Gesundheit der Anwohnenden.
- Grüne Korridore für Rad- oder Fußwege verringern CO_2-Emissionen und verbessern die Herzgesundheit von Pendlern.
- Die Wiederherstellung natürlicher Küsten-, Fluss- und Feuchtgebiete stärkt ihre Widerstandskraft gegen Fluten und steigende Wasserpegel.

Auch in Großbritannien hat der National Health Service (NHS) von 2021 bis 2023 insgesamt sieben Programme mit dem Namen «Green Social Prescribing»[11] (naturbasierte soziale Verordnung) gestartet, um Menschen mit psychischen Erkrankungen zu unterstützen. Insgesamt 8339 Menschen aus verschiedenen Alters- und Gesellschaftsgruppen,[12] die unter Depressionen und/oder Angsterkrankungen leiden, konnten per ärztlichem Rezept an angeleiteten Aktivitäten wie Naturspaziergängen, Gemeinschaftsgärtnern, Baumpflanzungen, Vogelbeobachtungen und «Wild Swimming» (Baden in Flüssen, Seen oder im Meer) teilnehmen. Sie wurden vor und nach den Programmen wissenschaftlich untersucht, und es stellte sich heraus: Ihnen geht es wesentlich besser. Ihre durchschnittlichen «Glückswerte» stiegen von 5,3 auf 7,5 von 10 Punkten, und das Gefühl, dass das Leben sinnvoll sei, erhöhte sich von 4,7 auf 6,8. Das entspricht fast dem «nationalen Niveau», schreibt der englische *Guardian*.[13] Das Angsterleben wiederum sank von 4,8 auf 3,4. 85 Prozent der Teilnehmenden blieben bis zum Ende der Kurse dabei, was auf eine breite Akzeptanz hindeutet.

Das Projekt ergab zudem, dass die Kosten für ein «grünes Rezept» pro Person etwa 500 Pfund (ca. 570 Euro) betrugen, was es im Vergleich zu anderen Behandlungen sehr günstig macht. So kostet eine kognitive Verhaltenstherapie etwa 1000 Pfund für zehn Sitzungen. Für jedes investierte Pfund rechnete sich bei einigen Projekten der Nutzen durch geringere Gesundheitskosten mit einem Return on Investment von bis zu 2,19 Pfund.

Auch Europa entdeckt die Heilwirkung der Natur

Europa zieht nun hinterher: Um die Studienlage weiter zu verbessern und verschiedene naturtherapeutische Konzepte besser auf Evidenz zu prüfen, fördert das EU-Innovationsprogramm Horizon derzeit zwei große internationale Forschungsteams:

«Resonate» (*RESilience thrOugh NATurE-based therapies*)[14] wird aus Wien gesteuert, «Green Me» aus Barcelona.[15] Beide wollen bis 2027 erforschen, wie naturbasierte Therapien die psychische Gesundheit verbessern und Ungleichheiten abbauen können und wie sie ganz praktisch in den Alltag verschiedener EU-Länder integriert werden können. Denn nicht nur die Gesundheitssysteme unterscheiden (und wandeln) sich, sondern auch die Einstellung zur Natur und die allgemeine «Waldkultur»: Mythen und Traditionen, Schutzstatuten, die Rolle der Forstwirtschaft, die Tierwelt, der ökologische Zustand in Zeiten von Waldbränden oder Borkenkäferbefall, der öffentliche Zugang, das Netz an Wanderwegen usw.

Und wie ist die Lage in Deutschland? «Das Thema nimmt auch hier langsam Fahrt auf», sagt Expertin Gisela Immich. Sie bildet seit 2019 zusammen mit dem Kompetenzzentrum für Waldmedizin und Naturtherapie in Bad Wörishofen Wald-Gesundheitstrainer:innen und Waldtherapeut:innen aus. Erstere führen unterschiedliche Programme zur Gesundheitsförderung und Prävention im Wald durch, wohingegen Waldtherapeut:innen die Waldatmosphäre für spezielle Behandlungen und Therapiesitzungen nutzen, je nach Diagnose. Außerdem berät meine Kollegin Kurorte bei der Entwicklung von waldtherapeutischen Angeboten. Deren Zahl nimmt stetig zu, seit Heringsdorf 2017 auf der Insel Usedom den ersten offiziellen «Heilwald» eröffnete. Mittlerweile hat Mecklenburg-Vorpommern[16] die Gesundheitsfunktion von Wäldern im Landeswaldgesetz verankert und zehn weitere «Heilwälder» gekürt. Bayern wiederum hat mit ihrer Unterstützung einen Kriterienkatalog für Kur- und Heilwälder entwickelt und eine Kur- und Heilwald-Zertifizierungsstelle aufgebaut. Derzeit gibt es drei zertifizierte Heilwälder (in Bad Wörishofen, Bad Füssing und Bad Kötzting) sowie 13 weitere Kurwälder in ganz Bayern.

Immichs neuestes Projekt ist die «Grüne Oase» in Gauting, vor den Toren Münchens: ein Gesundheitspfad mit sechs Stationen. «An ihnen kann man den Wald mit seinen Sinnen wahrnehmen und somit den Körper als Resonanzraum bzw. Erfahrungsraum nutzen, um den Parasympathikus anzusteuern und zu entspannen», erklärt sie. Dahinter stehen die AOK Bayern und die Schutzgemeinschaft Deutscher Wald. Eingeweiht hat ihn Skisprung-Legende Sven Hannawald, der nach seinem vierfachen Sieg bei der Vierschanzentournee vor 23 Jahren in ein tiefes mentales Loch fiel. Burn-out. Klinik. Therapien. Karriereende. «Ich habe damals gemerkt, dass der Wald mir guttut», sagte Hannawald bei der offiziellen Eröffnung.

Auch die Stadt Lahnstein (Rheinland-Pfalz) hat einen Kinderheilwald eingerichtet, der dem Zertifizierungsstandard von Mecklenburg-Vorpommern folgt. Bad Lippspringe bietet als erster Heilwald NRWs in Zusammenarbeit mit dem städtischen Klinikbetreiber «klimatherapeutische Wanderungen» an. «Die Angebote sind vielfältig, egal, ob im präventiven oder therapeutischen Setting», beobachtet Gisela Immich. «Leider ist oftmals die Abgrenzung zwischen Prävention und Therapie schwammig. Es braucht wirklich gut ausgebildetes Fachpersonal, das die Waldtherapie indikationsspezifisch und fundiert anleitet.»

Auch in der Hochgebirgsklinik Davos, von der ich Ihnen bereits erzählt habe (siehe S. 117), hat mein Kollege Raschid Gharbo, Chefarzt der Abteilung für Psychosomatik, die Reha-Räume «in den Wald erweitert», wie er sagt. Seine Patient:innen sind meist mehrere Wochen da, viele wegen «Burn-out» oder Erschöpfungsdepressionen. «Anfangs begleiten wir sie als Teil der Aktivierungstherapie in die Natur», erzählt Gharbo. «Wir gehen spazieren oder schneeschuhwandern. Dabei lernen sie, Achtsamkeit neu zu erfahren, riechen den Duft von Holz, hören Vögel singen, lernen, wieder zu entspannen. Nach zwei bis drei

Wochen gehen sie ganz von alleine raus, weil sie merken, dass es guttut.»

Viele empfinden es als stimmungshebend, in Davos die meiste Zeit des Tages über dem Nebel zu sein, unter dem blauen Himmel und der Sonne. Oder überhaupt das Wettergeschehen wieder intensiv zu spüren. «Erst heute Morgen sagte mir ein Patient, der sehr früh spazieren war: Wissen Sie, im Nebel fühle ich mich geborgen.» Der heilsame Effekt der Natur geht bei vielen so weit, sagt Raschid Gharbo lachend, dass sie auf die Abschlussfrage «Was hat Ihnen hier am meisten geholfen?» nicht antworten: «Die gute medizinische Betreuung» oder «Die Psychotherapie», sondern: «Dass ich endlich mal wieder draußen war im Wald, in den Bergen.» – «Mich freut das», sagt er. «Und ich motiviere sie, diese Auszeiten im Grünen auch nach der Reha, wenn sie zurück in ihrem Stadtleben sind, in ihren Alltag zu integrieren, um so ihre mentale Resilienz zu stärken.»

Die Stadt sei ein Park – kein Parkplatz

Apropos Stadtleben: Wer in der Stadt lebt, hat meist keinen Wald vor der Tür. Erst recht nicht einen, in dem Ruhe herrscht – eine der wichtigsten Voraussetzungen für einen Heilwald. Wohin also in der Stadt? In den Park zum Beispiel. Oder auf Friedhöfe, wo es auch grün und zuverlässig ruhig ist. Ich laufe am liebsten im Tiergarten in Berlin und bin immer wieder erstaunt, wie schnell man von der belebten Straße in die hauptstädtische Waldoase eintauchen kann.

Für Kommunen hat sich die 3–30–300-Regel als wissenschaftlich basierte Orientierungshilfe für Naturnähe etabliert. Um das Wohlbefinden von Stadtmenschen zu fördern, braucht es demnach:

- 3 Bäume: Von jedem Wohnort aus sollten mindestens drei

große Bäume sichtbar sein, um visuelle Grünreize zu liefern und Hitze zu mildern.
- 30 Prozent Kronendachdeckung: Etwa 30 Prozent der Bodenfläche in einem Viertel sollten durch Baumkronen beschattet sein, die Schatten spenden, kühlen und die Luftqualität verbessern.
- 300 Meter zur nächsten Grünfläche: Niemand soll weiter als 300 Meter von einer größeren öffentlichen Grünfläche entfernt wohnen, um regelmäßigen Naturkontakt zu erleichtern.

Natürlich lässt sich nicht jede Stadt nach dieser Regel gestalten, und natürlich zählen nicht nur die Zahlen, sondern auch die Qualität der Stadtnatur, ihre Vielfalt und Vielseitigkeit. Dass sie einfach genutzt werden kann, einfach zugänglich ist, Sicherheit gewährleistet und gleichzeitig ökologisch wertvoll ist. Also weniger englischer Schlossgarten als verwunschener Park.

Damit wären wir allerdings wieder beim Thema Gerechtigkeit angekommen. Denn wie bereits im Herz-Kapitel erläutert, ist die Verteilung von Grünflächen in der Stadt sehr ungleich: Wo wohlhabende Menschen wohnen, gilt die 3–30–300-Regel bestenfalls. Es herrscht weniger Verkehr, damit ist es automatisch ruhiger und die Luft sauberer. Wo ärmere Menschen wohnen, ist es hingegen eher grau als grün und der nächste Park weiter weg. Dazu kommt, dass die Luft durch hohen Verkehr belastet und Lärm allgegenwärtig ist. Das wiederum hat Folgen fürs Hirn, sogar für die Nerven. Große epidemiologische Studien, vor allem aus Dänemark,[17] zeigen: Menschen, die über Jahre hinweg Verkehrslärm ausgesetzt sind, haben ein deutlich höheres Risiko, an Demenz, insbesondere an Alzheimer zu erkranken. Und das schon ab durchschnittlichen Pegeln von rund 55 Dezibel, also Werten, die an vielen Stadtstraßen völlig normal sind.

Studien aus Großstädten wie München, London und Barcelona wiederum – darunter die vielzitierte RANCH-Studie (Road Traffic and Aircraft Noise Exposure and Children's Cognition)[18] – zeigen klar: Kinder, die dauerhaft Flug- oder Straßenlärm ausgesetzt sind, lernen langsamer. In Schulen in der Nähe großer Flughäfen führen jede 10 Dezibel mehr an Dauerschall zu einer Verzögerung der Lesefähigkeit um mehrere Monate.

Thomas Münzel, den wir bereits aus dem Herz-Kapitel kennen (siehe S. 202), nennt den Grund dafür: «Kinder verarbeiten Gelesenes schlechter, haben Konzentrationsprobleme und machen mehr Fehler beim Erinnern von Textinhalten, weil Lärm das Gehirn ständig ablenkt. Sie müssen Energie aufwenden, um störende Geräusche auszublenden – Energie, die dann beim Lernen fehlt.» Gleichzeitig erhöht chronischer Lärm auch bei ihnen die Ausschüttung von Stresshormonen wie Adrenalin und Cortisol. Das stört Gedächtnisbildung und Aufmerksamkeit, also genau jene Fähigkeiten, die sie in der Schule brauchen.

Hirn, Psyche & Klima

Immer wieder habe ich Patientinnen oder Patienten, bei denen ich meinen Augsburger Kollegen Professor Alkomiet Hasan um Rat bitte. Er leitet seit 2020 die Klinik für Psychiatrie, Psychotherapie und Psychosomatik und ist gleichzeitig Lehrstuhlinhaber an der Universität Augsburg. Seit seinem Studium in Göttingen und seiner Weiterbildung ebenda und in London und München hat er sich auf die Versorgung von Menschen mit schweren psychischen Erkrankungen spezialisiert. Dazu zählen neben Schizophrenien, Suchterkrankungen und Depressionen auch Erkrankungen im Grenzbereich zwischen Psychiatrie und Neurologie. Weil er sich selbst auch für eine bessere mentale und planetare Gesundheit interessiert und engagiert, haben wir ihn interviewt.

Herr Professor Hasan, Hitzewellen, Dürren und Überschwemmungen – all das betrifft uns körperlich unmittelbar. Aber was bedeutet es für die Psyche? Beobachten Sie Folgen der Klimakrise in Ihrer klinischen Arbeit?

Ich fange mal so an: Das Thema ist vielschichtig. Grundsätzlich gilt: Ein gesundes Hirn, eine gesunde Psyche, kann viel kompensieren und sich an viele Veränderungen anpassen. Wenn es nicht gerade zu klimabedingten Naturkatastrophen kommt wie etwa im Ahrtal – über solche potenziellen Traumata sprechen wir gleich –, merken wir in der Klinik vor allem die Effekte von Hitze. Sie bringt bei denjenigen das Hirn aus der Spur, wo es ohnehin schon eingeschränkt ist. Bei Menschen mit Demenz etwa verursachen heiße Temperaturen ein Delir, eine Art Zirkus im Hirn. Delir bedeutet ja übersetzt «aus der Spur geraten». Sie werden also völlig verwirrt, manche beginnen zu halluzinieren, am Ende macht die Erschöpfung sie apathisch. Um unseren Patient:innen so etwas zu ersparen, kühlen wir unsere Demenzstation im Sommer extra runter.

Wie ist die Lage im Leben draußen? Kann das Wetter unsere Stimmung beeinflussen?

Studien haben nachgewiesen, dass Hitze ohnehin gestresste Menschen aggressiver macht – erhöhtes Cortisol spielt da zum Beispiel eine Rolle. Ich merke das als Privatperson im Alltag – aber nicht als Arzt. Ist es draußen heiß, haben wir in der Klinik eher weniger zu tun, weil die meisten Leute rausgehen, sich bewegen, sich in den Park legen oder im See abkühlen. All das stärkt ihre Resilienz.

In heißeren Weltregionen ist die Situation eine andere. Wer dort lebt, hat sich temperaturtechnisch meist angepasst. Doch gegen massive Hitze im Sinne von gemittelten Tages- und Nachttemperaturen von mehr als 25 Grad können sich oft nur Wohlhabende schützen. Für andere wirkt sie katastrophal, führt zu hohen Zahlen von Hirnentzündungen und auch tödlichem Hitzschlag.

Welche Patientengruppen neben Demenzerkrankten sind hierzulande besonders gefährdet – und warum?

Viele psychiatrische Patient:innen können die gerade genannten Resilienzmethoden nicht anwenden, um ihren Stress zu dimmen. Weil sie unter einem Teilhabedefizit leiden.

Das heißt, sie sind einsam, trauen sich nicht in den Park oder werden nicht zur Grillparty eingeladen?

Genau. Häufig geht es ihnen neben der reduzierten Teilhabe auch einfach sehr schlecht, weil zum Beispiel ihre Medikamente hitzesensibel sind. Bei Menschen mit einer bipolaren Störung, die beispielsweise Lithium einnehmen, treiben hohe Temperaturen den Spiegel hoch. Bei einigen Antidepressiva gerät der Elektrolythaushalt gern durcheinander. Auch der Effekt von Drogen ist bei Hitze verändert: Alkohol wirkt stärker. Kokain und Ecstasy verändern ohnehin das Temperaturgefühl im Hirn, daher riskieren Drogenkonsument:innen zu dehydrieren, wenn sie bei Hitze nicht genug trinken.

Wie können Kliniken auf diese neue Herausforderung reagieren?

Die meisten Klinken bei uns haben eine bedarfsorientierte Notaufnahmesteuerung. In akuten Hitzephasen sind wir in Augsburg etwa darauf vorbereitet, dass wir tagsüber dehydrierte Ältere und abends, wenn der Alkoholpegel steigt, viele Junge reingeschwemmt bekommen. Aber angesichts der Alterung unserer Gesellschaft und der Zunahme der Demenzzahlen tickt da eine Zeitbombe.

Apropos Zeitbombe, sprechen wir über die Klimakrise: Vor allem junge Menschen berichten von Klimaangst oder Eco-Anxiety. Wie erleben Sie dieses Phänomen?

Ich habe den Eindruck, dass der Krieg in der Ukraine viel geändert hat. Wir haben diesen Sommer deutschlandweit knapp 500 junge

Großstadtmenschen unter 30 befragt, ob sie eine Klimaangst haben, was nicht wirklich der Fall war.

Wie erklären Sie das? Die Situation hat sich ja nicht verbessert, im Gegenteil.

Die verschiedenen Öko-Krisen kommen in Wellen ins Bewusstsein. Unser Gehirn hat enorme Fähigkeiten, Dinge zu vergessen, Fakten zu verdrängen, weil wir andere Probleme als größer einschätzen. Hierzulande ist die Sorge um die Folgen der Erderhitzung ja eher theoretisch. Um nicht zu sagen, unser Arsch sitzt noch nicht so weit auf Grundeis wie im globalen Süden oder in der Arktis, wo der Klimawandel bereits voll durchschlägt, mit Dürren, Fluten, zerstörten Lebensräumen. Dort spüren die Menschen eine sehr reale Angst, ihre Heimat zu verlieren, vor Verarmung, Konflikten um Ressourcen, die Frage: Muss ich meine Heimat verlassen, damit meine Kinder sicher leben können? Migration ist ein enormer Stressfaktor.

Wie lässt sich unterscheiden, wann Klimaangst bei uns eine gesunde Reaktion auf globale Bedrohungen ist – und wann sie in eine behandlungsbedürftige Angststörung übergeht?

Ängste werden dann pathologisch, wenn sie die eigene Lebensführung oder die der Umgebung negativ beeinflussen. Wer nicht mehr in der Lage ist, seinen Alltag zu führen, Freundschaften vernachlässigt, nur noch schlechte Nachrichten liest und depressiv wird, sollte sich besser Hilfe suchen.

Die Klimakrise und ich – Teil I

Eine repräsentative Umfrage des Umweltbundesamts[19] unter Erwachsenen von 2023 ergab:

32 Prozent der Befragten fühlen sich mental stark und 21 Prozent sehr stark durch den Klimawandel belastet – insgesamt sind das mehr als die Hälfte.

Gleichzeitig fühlten sich nur zwei Prozent der Befragten durch vom Klimawandel verursachte psychische Belastungen in ihrem Alltag beeinträchtigt.

Sind nicht eigentlich vor allem diejenigen Menschen behandlungsbedürftig, die den Klimawandel verharmlosen, verdrängen oder sogar bestreiten?

Die gehören nicht behandelt, sondern sanktioniert. Etwa dadurch, dass niemand mehr sie wählt. Oder juristisch belangt, wenn sie in ihrer Position Gesetze ignorieren.

Klimawandel bedeutet selbst in Deutschland zunehmende Naturkatastrophen. Welche psychischen Folgen haben Ereignisse wie Fluten oder Waldbrände für Betroffene?

Der Volksmund glaubt, dass solche Katastrophen oder Traumata alle betroffenen Menschen völlig aus der Bahn werfen. Als Psychiater kann ich dem zum Glück widersprechen. Wir unterscheiden drei Krankheitsbilder.

1. Unter einer akuten Belastungsreaktion *leiden Betroffene. Sie kommen nicht zur Ruhe, sind verzweifelt, haben Schlafstörungen. Dies betrifft in der Tat sehr viele. Im Schnitt klingen die Symptome binnen Stunden bis Tagen ab. Dann arrangieren sich die allermeisten irgendwie mit der Situation.*

2. Wenn nicht, nennen wir das Krankheitsbild eine Anpassungsstörung, *die länger anhält. Sie ist geprägt durch Freudlosigkeit, Antriebsschwäche oder Schlafstörungen, weil die Psyche über Wochen bis Monate nicht zur Ruhe kommt. Klar ist: Mit finanziellen Sorgen steigt das Risiko einer behandlungsbedürftigen Depression.*

3. An einer posttraumatischen Belastungsstörung (PTBS) *leiden nur die wenigsten. Die Erkrankung tritt Monate nach einem Trauma auf. Bei betroffenen Personen ist das Hirn weiterhin im*

Dauer-Alarmzustand. Die Menschen sind schreckhaft. Immer wieder tauchen dieselben Bilder vom Unglück auf, sorgen für Panik. PTBS gehört unbedingt behandelt, bevor es chronisch wird.

Thema psychische Resilienz in einer Welt im Wandel: Wie kann man sie fördern, individuell und gesellschaftlich?

Es beginnt damit, dass ich mir bewusst mache: Die Zeiten sind anstrengend – und ich sollte mich um mich kümmern. Denn mit einem guten seelischen Gleichgewicht kann ich viel mehr Stress bewältigen. Schon die Schule sollte Psycho-Edukation – auch zur Stress-Prävention – auf den Stundenplan stellen. Bei Ärztinnen und Ärzten gehört es als Thema in die Sprechstunde.

Was hilft denn, um stressresistenter zu werden?

In jedem Fall ein strukturierter Tagesablauf. Tagsüber beim Lernen oder bei der Arbeit bewusste Pausen einlegen, durchatmen, mal kurz ins Freie gehen. Sport treiben. Hobbys, Freundschaften und andere soziale Kontakte pflegen. Und sich regelmäßig «was gönnen» – damit meine ich nicht ein neues Auto oder eine neue Klamotte, sondern Wohlfühl-Momente, etwa mit Musikhören oder auch nur einem zelebrierten Kaffee – aber bitte ohne Suchtmittel wie regelmäßigen Alkohol. Gut sind auch «Mikroabenteuer» – eine kleine «Verrücktheit» im Alltag wagen. Die wenigsten ziehen das durch, dabei ist wissenschaftlich klar bewiesen, dass diese kleinen Schritte die Resilienz enorm stärken.

Das nennt man auch Achtsamkeit – ein Wort, das inzwischen auch gern belächelt wird.

Stimmt. Aber wer psychisch angeschlagen ist, weiß diese vermeintlich banalen Tipps wertzuschätzen, das kann ich versprechen. Gerade für vulnerable Menschen mit wenig Geld ist es sehr wichtig, zu lernen, wie sie in schwierigen Situationen ihren Stress dämpfen können. Wer etwa in einer überhitzten Wohnung lebt, sollte dort nicht sitzen bleiben, sondern kühlere Orte aufsuchen: einen Park etwa oder eine Bibliothek.

Wenn Sie in die Zukunft blicken – wie sieht eine seelisch gesunde Gesellschaft im Klimawandel aus?

Ohne Männer an der Macht! Nein, so weit würde ich nicht gehen, aber vielen männlichen Politikern fällt es schwer, zu akzeptieren, dass wir ein Klimaproblem haben. Dass klimabedingte Migration zunehmen wird. Und dass wir in Zukunft mit weniger Wohlstand auskommen müssen, wollen wir auf diesem Planeten überleben. All das bringt Stress in die Gesellschaft, daher müssen wir drauf vorbereitet sein. Gleichzeitig sollte in unsere Köpfe rein, dass wir als Gesellschaft sehr wohl in der Lage sind, Gemeinschaft und Zuversicht zu stärken.

Die Gesellschaft muss psychisch resilienter werden?

Ja. Aber diese Fähigkeit hat auch Grenzen. Wir reden in der Psychotherapie vom Belastungsfass. Am besten ist es, wenn es immer nur halb voll ist und nicht überschwappt. Denn man kann das Fass nicht nach oben erweitern, das ist ein Irrglaube. Wir haben viel mehr davon, den Umweltstressor zu reduzieren – durch Umweltschutz, durch Klimaschutz, durch Gesundheitsschutz.

Vielen Dank für das Gespräch!

Die Klimakrise und ich – Teil II

Erkennen Sie sich in diesen Gedanken und Gefühlen wieder? Fühlen Sie sich manchmal ohnmächtig oder hilflos? Dann kann Ihnen der «Ratgeber für mentale Gesundheit im Klimawandel» des Umweltbundesamts[20] (freier Download möglich) helfen, damit besser umzugehen.

- «Die Nachrichten über die Folgen des Klimawandels lassen mich oft verzweifeln.»
- «Manchmal frage ich mich, was für eine Welt wir den kommenden Generationen hinterlassen.»

- «Die Sorge um den Verlust meines Lebensstandards beschäftigt mich sehr.»
- «Ich ärgere mich, dass trotz vorhandener Anstrengungen sowie Forderungen nach Veränderung Verantwortliche immer noch viel zu wenig gegen den Klimawandel unternehmen.»
- «Die ständigen Debatten um den Klimawandel überfordern mich.»
- «Ich möchte meinen Kindern helfen, optimistisch zu bleiben und sich für den Umweltschutz zu engagieren, aber wie gehe ich mit ihren Ängsten und Sorgen am besten um?»
- «Ich bin mir unsicher, wie ich mein Wohlbefinden bewahren und mich gleichzeitig aktiv engagieren kann, ohne dabei auszubrennen.»

PFAS, Pestizide und warum Verbote Sinn machen

Lärm hören wir, Smog riechen wir, Hitze spüren wir. Plastik sehen wir – zumindest größere Partikel. Die chemische Umwelt- und Luftverschmutzung des 21. Jahrhunderts – Ewigkeitschemikalien, sogenannte PFAS (Per- und Polyfluoralkylsubstanzen), Pestizide, Mikroplastik & Co – ist unsichtbar. Das macht sie so unglaublich tückisch. Zwischen dem Kontakt mit einer Substanz und einer körperlichen Reaktion oder dem Ausbruch einer Erkrankung können Jahre bis Jahrzehnte liegen. Das vernebelt die Zusammenhänge zwischen Chemikalien und unserer Gesundheit. Der Wissenschaftliche Beirat der Bundesregierung Globale Umweltveränderungen (WBGU), in dem ich seit 2022 mitarbeite – übrigens als einzige Medizinerin –, geht davon aus, dass ihr «Beitrag zur globalen Krankheitslast mit ziemlicher Sicherheit unterschätzt» wird. Warum, das wird Ihnen beim folgenden Lesen klar.

Wie viele chemische Stoffe sind wohl heute im Einsatz? Schätzungen sagen rund 350 000. Ein einheitliches Registriersystem gibt es nicht – erst recht nicht dafür, wie sie miteinander kombiniert werden. «Außer Kontrolle» nennt das renommierte *Stockholm Resilience Centre* diese stetige Zunahme, zumal unter der wachsenden Zahl viele neuartige synthetische Verbindungen sind, die bislang auf der Erde nicht vorkamen.

Über Mikroplastik und Gesundheit schrieben wir schon im «Crashkurs Umweltmedizin». Hier geht es um PFAS und Pestizide.

PFAS – das Gift aus der Pfanne für die Ewigkeit

PFAS wurden eher zufällig entdeckt. 1938 arbeitete der Chemiker Roy Plunkett in einem US-Labor (bei DuPont) eigentlich an einem neuen Kältemittel. Er ließ ein Gas in einer Stahlflasche abkühlen – doch als er sie öffnete, war das Gas verschwunden. Stattdessen fand er darin ein weißes, wachsartiges Pulver. Dieses neue Material war hitzestabil, wasserabweisend, lange haltbar und extrem glatt. Später erhielt es den Namen Teflon – der erste und bis heute bekannteste PFAS-Stoff. Heute sind PFAS genau wegen dieser Eigenschaften in der Industrie beliebt und werden in vielen Alltagsprodukten verwendet, von beschichteten Pfannen über Kosmetika bis zur Outdoor-Ausrüstung. Doch gerade die chemische Stabilität der PFAS macht sie so problematisch. Sie reichern sich in der Umwelt an und gelangen über Luft, Trinkwasser und Lebensmittel in unseren Körper.[21] Die Stoffgruppe, die seit den 1950er-Jahren um Tausende neue Verbindungen wuchs, hinterlässt ihre Spuren überall: vom tibetischen Gipfel bis zum Walblubber und, wie der BUND 2025 nachwies, auch in neun von zehn deutschen Leitungswasserproben und drei von vier Mineralwässern.[22]

Die ganze Hintergrundgeschichte erinnert an die Tabakindustrie. Dokumente zeigen, dass PFAS-Hersteller bereits 1970, rund vierzig Jahre vor den Gesundheitsbehörden, wussten, dass PFAS «bei Einatmen hochgiftig und beim Verschlucken mäßig giftig» sind.[23] In die Öffentlichkeit kam das Thema durch einen Riesenskandal. Er ereignete sich vor der Jahrtausendwende in Parkersburg (USA), wo DuPont über Jahrzehnte das Trinkwasser mit dem Teflon-Stoff PFOA verseuchte. Zehntausende Menschen waren betroffen; in der Region traten vermehrt Krebs- und Schilddrüsenerkrankungen sowie Leberschäden auf. Das spätere Gerichtsverfahren brachte das Ausmaß ans Licht und machte PFAS weltweit zum Thema.[24]

Auch in Europa wurden große Verunreinigungen entdeckt: In Italien (Veneto) sind Tausende Menschen betroffen, in den Niederlanden führten PFAS-belastete Flüsse zu Fischfangverboten, und in Deutschland wurde in mehreren Regionen – etwa in Mittelbaden/Rastatt – eine besorgniserregende PFAS-Belastung im Grundwasser nachgewiesen, verursacht durch Abfälle aus der Papierindustrie, Löschschaum oder belastete Klärschlämme.

Welche Folgen hat ihre Persistenz heute für Umwelt und Gesundheit? Ich habe sehr große Zweifel, dass die Evolution uns Menschen, aber auch Tiere und Pflanzen, die Erde, die Luft, unsere Gewässer, den ganzen Planeten vorbereitet hat auf den Kontakt mit diesen neuartigen Stoffen. Dafür war schlicht keine Zeit. Und glauben Sie mir, ich würde auch gerne sagen: Diese und jene Substanz ist ungesund, das ist weniger problematisch, hier können wir entspannen, und diese Regulierungssysteme und Grenzwerte brauchen wir, um auf Dauer die Gesundheit unserer Kinder und von uns selbst zu garantieren.

Das Problem: Ich kann es nicht. Niemand kann es derzeit. Denn Forschung und Epidemiologie können nicht ansatzweise mithalten beim Tempo der Chemieproduktion.

Ich hatte noch keine einzige Patientin, keinen einzigen Patienten in meiner Praxis, denen ich mitteilen konnte: Weil das Trinkwasser zwischen Ihrem dritten und achten Lebensjahr mit PFAS verseucht war, Sie sich zweimal täglich diese und jene Creme ins Gesicht geschmiert haben oder Sie sich Ihr Gemüse in einer beschichteten Pfanne anbraten, leiden Sie jetzt unter Konzentrationsproblemen oder haben Neurodermitis oder sind adipös. Dafür gibt es keine molekulare, zellulär basierte Beweiskette.

Was die zunehmenden Studien, Experimente und Tests, die wir in der Umweltmedizin und verwandten Disziplinen durchführen, aber zeigen, ist: Viele Erkrankungen wie z. B. die Entwicklung des Nervensystems, mentale Probleme, Störungen des Immunsystems, Fettleibigkeit, Allergien oder Fortpflanzungsprobleme hängen mit der Chemikalienexposition zusammen – dezidiert mit der im Mutterleib oder in der frühen Kindheit.

PFAS im Hirn

Zwei Studien zu PFAS möchte ich hier kurz erwähnen, weil sie klarmachen, in welcher Tiefe wir bereits verstanden haben, was PFAS anstellen können, und wie wichtig es ist, PFAS zu verbieten. Die erste Studie wurde 2024 von Kolleg:innen am Helmholtz UZB um Tamara Tal, Professorin für Integrierte Systemtoxikologie, veröffentlicht.[25] Sie versuchten, mithilfe von Zebrafischen herauszufinden, wie sich die Exposition von PFAS auf die Gehirnentwicklung auswirkt.

Warum ausgerechnet Zebrafische? Weil sie mit Menschen rund 70 Prozent der Gene teilen. In ihren Experimenten setzten sie Zebrafischlarven zwei ähnlichen Substanzen aus der Gruppe der PFAS aus (PFOS und PFHxS) und untersuchten, ob sich die Genaktivität im Gehirn veränderte. Dabei zeigte sich: PFAS aktivieren besonders stark die sogenannten PPAR-Gene – kleine molekulare «Schalter», die Energiehaushalt und Entwicklung steuern. Über diese Schalter kann PFAS die Gehirnentwicklung stören. Wurde das Schalter-Gen mithilfe der Genschere CRISPR ausgeschaltet, reagierten die Tiere nicht mehr auffällig auf PFAS – ein deutlicher Hinweis, dass PFAS tatsächlich über diese Schalter aktiv sind.

Die Forschenden beobachteten dabei klar nerval gesteuerte Verhaltensänderungen: PFAS-belastete Larven zeigten in der Dunkelheit eine vorübergehende Hyperaktivität, und Tiere, die während sensibler Entwicklungsphasen exponiert worden waren, reagierten später übermäßig stark auf Reize. Diese Muster deuten darauf hin, dass PFAS direkt in die Reifung und Regulation neuronaler Schaltkreise eingreifen. Dieser Mechanismus für PPAR ist bislang der einzige, der in der Tiefe untersucht und verstanden ist – es wird aber nicht der einzige bleiben. Und gleichzeitig ist das Verständnis – klein, klein – wichtig für die kausalen Zusammenhänge.

Wie relevant diese Ergebnisse trotzdem sind, zeigt eine aktuelle Langzeitstudie,[26] die Zusammenhänge zwischen der PFAS-Belastung von Schwangeren und messbaren Veränderungen im Gehirn ihrer fünf Jahre alten Kinder untersuchte. So sind bereits niedrige pränatale PFAS-Konzentrationen (‹1 ng/ml) verbunden mit spezifischen, multimodalen Veränderungen der Hirnstruktur und -funktion der Kinder. Entscheidend war dabei nicht nur die Menge der PFAS, mit denen die Schwangere in Kontakt gekommen war, sondern auch ihre chemische Form. Manche PFAS liegen als geradlinige Moleküle vor, andere haben «Seitengassen» – kleine Abzweigungen in ihrer Struktur. Diese Varianten verhalten sich im Körper unterschiedlich und zeigen auch unterschiedliche Effekte im kindlichen Gehirn.

Besonders auffällig waren vier PFAS: PFOA, PFNA, PFHxS und PFOS. Alle gehören zu den langlebigsten PFAS und sind deshalb in Europa bereits streng reguliert oder verboten. Trotzdem zeigen die Ergebnisse, dass selbst sehr niedrige Belastungen in der Schwangerschaft mit Veränderungen beim Ungeborenen im Corpus callosum (der «Datenautobahn des Gehirns» und essenziell dafür, dass unser Denken, Fühlen und Handeln gut abgestimmt funktioniert), im Hypothalamus (verantwortlich für die Hormonregulation) und in der funktionellen Vernetzung des Gehirns verbunden sein können.

Pestizide und unser Hirn

Bei Pestiziden ist die Beweislage anders – unter anderem weil die Toxizität etwas klarer ist. Stoffe, die Insekten über Nervengift töten sollen, sind für Menschen in höherer Dosis ziemlich sicher auch nicht gesund, um nur eine Produktgruppe als Beispiel zu nennen (Pestizide, von der Industrie lieber Pflanzenschutzmittel genannt, sind ein Überbegriff für Insektizide gegen Insekten, Fungizide gegen Pflanzenpilze und Herbizide gegen unerwünschte Beikräuter). So belegen zahlreiche wissenschaftliche Studien, dass Pestizide etwa ein hoher Risikofaktor für das Entstehen der Parkinson-Erkrankung sind.[27] Sie gilt als die zweithäufigste neurodegenerative Erkrankung des Gehirns – gleich nach der Alzheimer-Krankheit. Schätzungen zufolge gibt es in Deutschland mindestens 200 000 Betroffene, mit deutlich wachsender Tendenz.[28]

Betroffene leiden unter Muskelzittern, verlangsamten Bewegungen, verminderter Mimik, Geruchsverlust, häufig auch Depressionen und am Ende oft Demenz. Der Verlauf ist unterschiedlich, die Ursache bei allen dieselbe: Nervenzellen, die im Gehirn den Botenstoff Dopamin produzieren, sterben ab.

Die gute Nachricht: 2024 hat Deutschland Parkinson als Berufskrankheit für Landwirt:innen, Winzer:innen und Agrar-Angestellte anerkannt. Das kam spät – über zehn Jahre nach Frankreich oder Italien –, doch Betroffene haben nun zumindest Aussicht auf Hilfe. Rund 8000 Landwirt:innen haben seither Antrag auf Anerkennung gestellt. Sie müssen unter anderem nachweisen, dass sie an mindestens 100 Tagen mit Herbiziden, Fungiziden oder Insektiziden gearbeitet haben. Wird er genehmigt, mindert das nicht ihr Leid, aber sie haben Anspruch auf Leistungen der gesetzlichen Unfallversicherung, etwa für medizinische Rehabilitation. Für die Kosten aufkommen müssen die Berufsgenossenschaften, sprich: die noch aktiven Kolleg:innen; ihre Beiträge stiegen um 20 Prozent.[29] Die Pestizid-Produzenten können bislang nicht belangt werden. Anders in den USA: Dort läuft eine Sammelklage von Landwirt:innen gegen den Schweizer Hersteller Syngenta (2017 von ChemChina übernommen).[30] Auch Anwohner:innen von Flächen, auf denen gespritzt wird, sind gefährdet, insbesondere ungeborene Kinder. Daher wurden mehrere neurotoxische Wirkstoffe wie Chlorpyrifos, die bei Ungeborenen das Risiko erhöhen, Autismus-Spektrum-Störungen oder einen verminderten IQ zu bekommen, 2020 in der EU verboten.

Best Practice: Das Pestizid-Register in Kalifornien

Wer spritzt welches Produkt wann, wo und in welcher Dosis? Um diese wichtigen Daten nachverfolgen zu können, betreibt Kaliforniens Department of Pesticide Regulation (DPR) seit 1974 ein öffentliches Pestizid-Register. Das Ziel: Transparenz und ein besserer Schutz der Gesundheit und der Umwelt. Landwirt:innen können über die DPR-Website geprüfte Informationen über die Wirkung und Risiken von Produkten beziehen, Anwohner:innen sich tagesaktuell über «SprayDays» (Spritz-Tage) informieren.

Das DPR nutzt die Daten für regelmäßige toxikoökologische Studien von Wasser und Luft. Für die Umweltmedizin ist das Register ein wertvoller Datensatz. «Wir können für jede Adresse identifizieren, was um das Haus herum gespritzt wurde», erklärt die Epidemiologin und Pestizid-Expertin Prof. Beate Ritz. Sie erforscht mithilfe des Registers seit Jahren Langzeitfolgen von Pestiziden und belegte unter anderem für 53 Pestizide ein erhöhtes Parkinson-Risiko. «Wenn uns Anwohner berichten, dass sie Brunnenwasser nutzen, wissen wir auch, was im Bereich der Brunnen gespritzt und eventuell in das Trinkwasser eingetragen wurde», erklärt sie den Nutzen der Daten.

In der EU müssen Landwirt:innen ihren Pestizideinsatz auch dokumentieren, aber ihre Daten werden weder behördlich erfasst noch ausgewertet oder veröffentlicht – und dürfen nach drei Jahren gelöscht werden. Beate Ritz empfiehlt, diese Praxis zu ändern: «Wenn man erlaubt, dass großflächig toxische Stoffe ausgetragen werden, hat die Bevölkerung ein Recht darauf, zu wissen, was das ist und wann und in welchen Mengen das gemacht wird.»

Wie werden wir vor Chemikalien geschützt?

Die gute Nachricht: In der EU gelten einige der strengsten Chemikaliengesetze der Welt. Seit 2007 regelt die REACH-Verordnung, welche Chemikalien überhaupt hergestellt oder verwendet werden dürfen und welche Risiken sie bergen. Ergänzt wird sie durch eine große europäische Datenbank, in der Stoffe klassifiziert und ihre Gefahren klar gekennzeichnet werden. Der europäische Green Deal geht noch weiter: Bis 2050 soll unsere Umwelt so weit wie möglich frei von schädlichen Substanzen sein. Das ist derzeit vor allem ein frommer Gedanke, wir kommen gleich darauf zurück.

Auch weltweit bewegt sich etwas: 2025 haben die Vereinten Nationen beschlossen, einen Weltchemikalienrat zu gründen –

ähnlich wie den Weltklimarat. Die UNO erkennt damit an, dass die Verschmutzung unseres Planeten durch Chemikalien neben Klimaerhitzung und Artensterben eine der großen globalen Herausforderungen ist. Das neue Gremium soll Wissen bündeln und Regierungen beraten, damit weltweit strengere Schutzmaßnahmen entstehen.

Damit diese ganzen Vorhaben gelingen, braucht es unter anderem moderne Prüfverfahren. Viele der heute eingesetzten Testmethoden sind zu langsam oder zu grob, um komplexe Stoffmischungen oder langlebige Chemikalien wie PFAS zuverlässig zu bewerten – bevor sie in die Anwendung und so zum Menschen und in die Natur kommen. Fachgremien wie der Wissenschaftliche Beirat der Bundesregierung Globale Umweltveränderungen (WBGU), dem ich angehöre, empfehlen daher, neue, schnellere und tierversuchsfreie Verfahren zu entwickeln. Dazu gehören Hochdurchsatztests im Labor und Computersysteme, die mithilfe von künstlicher Intelligenz vorhersagen können, ob ein Stoff gefährlich, langlebig oder wasserlöslich ist. Solche Methoden könnten frühzeitig warnen, bevor Chemikalien auf den Markt gelangen – ein wichtiger Schritt für den Schutz von Mensch und Umwelt.

Immerhin sind seit Februar 2023 in der EU bestimmte Hochrisiko-PFAS-Verbindungen eingeschränkt und andere verboten, z. B. in Löschschäumen. Mehrere Länder (darunter Deutschland) haben der European Chemicals Agency (ECHA) vorgeschlagen, die Herstellung, Verwendung und das Inverkehrbringen von mindestens 10 000 weiteren PFAS-Verbindungen zu verbieten. Doch die Prüfung der Ausschüsse für Risikobeurteilung (RAC) und sozioökonomische Analyse (SEAC) dauert bis Ende 2026, dann folgt die öffentliche Konsultation. EU-weite Entscheidungen sind frühestens 2027 möglich.

Best Practice: PFAS aus Frankreich und Dänemark

Frankreich hat es eiliger und verbietet ab 2026 die Herstellung, Einfuhr und den Verkauf von PFAS-haltigen Kosmetika, Kleidung, Schuhen und Skiwachsen. Ab 2030 soll das Verbot auf alle Textilien ausgeweitet werden. Außerdem werden die Behörden regelmäßig die PFAS-Belastung im Trinkwasser prüfen; online lassen sich die Werte auf einer Karte einsehen.

Dänemark hat bereits 2020 sämtliche PFAS-haltigen Lebensmittelverpackungen verboten und erlaubt ab 2026 auch keine PFAS mehr in Kleidungsstücken, Schuhen und Imprägniermitteln (für Verbraucher).

Im September 2025 einigten sich – nach zehn Jahren Diskussion! – auch endlich der EU-Ratsvorsitz und das Europäische Parlament über einen Vorschlag für die sogenannte Wasserrahmenrichtlinie. Sie soll als wichtigste europäische Gesetzgebung für sauberes Wasser und intakte Wasser-Lebensräume sorgen. Damit das gelingt, wurden 24 Chemikalien in die Prioritätenlisten aufgenommen,[31] darunter Pestizide, Arzneimittel, Bisphenole sowie per- und polyfluorierte Alkylsubstanzen (PFAS). Zu den ursprünglich vorgeschlagenen 24 PFAS für Oberflächengewässer kommt noch Trifluoressigsäure (TFA) hinzu, ein Abbauprodukt, das vor allem Pestizide «ewig» in der Umwelt hinterlassen. Die neue Richtlinie definiert künftig auch einen gemeinsamen Grenzwert für Pestizide: maximal 0,2 Mikrogramm pro Liter. Dieser Wert bezieht sich nicht nur auf einzelne Wirkstoffe, sondern auf alle bereits als prioritär eingestuften Pestizide zusammen.[32]

Bei den PFAS funktioniert das ähnlich. Statt für jede einzelne Verbindung einen Grenzwert festzulegen, gilt ein Summenwert für eine ganze Gruppe von PFAS-Stoffen. So wird die Gesamtbelastung erfasst – nicht nur die einzelnen Substanzen. Doch bis es so weit ist, wird noch viel verseuchtes Wasser in den Flüssen, Seen und schließlich im Meer landen: Die Mitgliedstaaten müssen die neuen Wasserrahmenrichtlinien bis Dezember 2027 in nationales Recht umsetzen. Die Grenzwerte sollen spätestens 2033, die für neue Substanzen bis 2039 umgesetzt werden; unter bestimmten Umständen sollen Verlängerungen bis 2045 zulässig sein.

Neben diesen guten Aussichten gibt es freilich auch Rückschläge. So werden bereits erreichte Umweltstandards wieder aufgeweicht. Aktuell (Stand: Dezember 2025) diskutiert die EU-Kommission den Entwurf für ein sogenanntes «Food and Feed Simplification Omnibus»-Paket, nach dem regelmäßige Überprüfungen für Pestizidzulassungen in Zukunft entfallen sollen und der aktuelle Stand der Wissenschaft bei der Bewertung durch die Mitgliedsstaaten ignoriert würde. Zehn deutsche Umwelt- und Naturschutzorganisationen haben daher in einem offenen Brief an die Bundesregierung gefordert,[33] sich gegen diesen Entwurf einzusetzen.

Die EU-Kommission versprach auch, bis März 2023 einen Gesetzesvorschlag vorzulegen, der den Export von Pestiziden verbietet, die in der EU verboten sind. Wieder ist es Frankreich, das seiner Industrie seit 1. Januar 2022 den Export solcher Spritzmittel verbietet. Das Projekt einer deutschen Gesetzesinitative scheiterte mit dem Bruch der Ampelkoalition. 2024 wurden allein aus Deutschland rund 50 000 Tonnen verbotener Pestizide exportiert (größter Exporteur: BASF), laut Recherchen von *Public Eye und Unearthed*[34] vorwiegend in ärmere Länder. Den Bumerangeffekt zeigt die NGO Foodwatch: 140 in der EU verbotene Pestizide landen über importierte Lebensmittel wie Bananen, Tee oder Reis wieder auf unseren Tellern.[35]

Meine Meinung: Aus gesundheitlicher Perspektive ist es fundamental wichtig, dass Politik und Behörden sich konsequent für das Vorsorgeprinzip als verbindliches Leitmotiv einsetzen – und Unternehmen stärker in die Verantwortung nehmen.

Dazu zählt etwa, dass Industrien die Kosten für die Reinigung von verschmutztem Wasser tragen, dass sie alle notwendigen Sicherheitsdaten für neue Chemikalien bereitstellen. Dazu zählt auch das EU-Lieferkettengesetz, das Firmen verpflichtet, Menschenrechte und Umweltstandards entlang der gesamten Lieferkette einzuhalten – auch bei der Herstellung oder Verwendung von Chemikalien. Dazu gehört, Doppelstandards bei Pestiziden zu beenden, WHO-Empfehlungen zur Luftqualität einzuhalten und internationale Strategien für sauberes Wasser voranzutreiben.

Die gute Nachricht zum Schluss: Unsere Standards beeinflussen, wie sauber Wasser, Luft und Lebensmittel auch in anderen Teilen der Welt werden. Europas Stimme hat Gewicht – und kann ein wichtiger Motor sein, um Umwelt und Gesundheit global besser zu schützen. Nutzen wir diese Stimme!

PRÄVENTION:
There is MUCH glory in prevention!

Der Nobelpreis für Medizin ehrte im Jahr 2025 die Entdeckung der regulatorischen T-Zellen – jener unscheinbaren Wächter unseres Immunsystems, die verhindern, dass wir uns selbst zerstören. Sie stehen für ein Prinzip, das unsere Zeit dringend braucht: Toleranz. Das Immunsystem unterscheidet nicht einfach zwischen Gut und Böse. Es lernt – durch Kontakt, durch Reibung, durch Erfahrung. Nur wer sich der Welt aussetzt, kann in ihr bestehen. Prävention ist im Grunde nichts anderes als gelebte Toleranz: Sie beruht nicht auf Abschottung, sondern auf Beziehung. Der Körper, die Psyche, die Gesellschaft – sie alle gedeihen, wenn sie sich anpassen, verhandeln, balancieren. Genau darin liegt für mich die ganze Schönheit der Prävention.

Aktuell erleben wir eine Zeit der Überreaktionen. Empörungswellen, Shitstorms, Empfindlichkeiten kosten Kraft, Energie und Gesundheit. Die Entdeckung der regulatorischen T-Zellen erinnert uns daran, dass Toleranz durch Ausgleich entsteht. Durch Balance. Durch das feine Austarieren zwischen Reiz und Reaktion. Die Allergologie kennt dieses Prinzip besser als jede andere Disziplin. Sie ist die einzige Fachrichtung, die das Wiederherstellen von Toleranz bereits zur Therapie gemacht hat – in Form der spezifischen Immuntherapie (SIT, siehe S. 97). Sie lehrt das Immunsystem Schritt für Schritt, wieder gelassen zu werden. Zu lernen, was harmlos ist, und Vertrauen aufzubauen. Genau das ist Prävention: Exposition statt Isolation. Begegnung statt Rückzug.

Ich möchte behaupten: Prävention ist die freundlichste Form von Medizin – weil sie uns nicht ängstlicher macht, sondern mutiger. Sie zeigt uns, dass wir nicht vor der Welt und unserer Mit-Natur geschützt werden müssen, sondern mit ihr wachsen und gesunden können. Mein Optimismus kennt da keine Grenzen. Auch wenn der Weg in Deutschland noch weit ist. Das zeigte uns im Winter 2025 der neue Public Health Index.[1] Der AOK-Bundesverband und das Deutsche Krebsforschungszentrum verglichen darin, wie gut 18 europäische Länder wissenschaftlich empfohlene Präventionsmaßnahmen umsetzen. Das deutsche Gesundheitssystem landet auf einem der letzten Plätze – trotz höchster Ausgaben. Übersetzt heißt das: Wir reparieren gut und teuer, aber wir verhindern kaum. Das tut weh – und spornt an. Es gibt Vorbilder, von denen wir lernen können. Von Best-Practice-Beispielen aus Dänemark, Frankreich und Großbritannien haben wir bereits berichtet, gleich folgt noch eines aus Finnland.

Prävention – die Medizin der Zukunft

Wenn wir über Prävention sprechen, klingt das oft nach Ratschlägen aus der Gesundheitsbroschüre: mehr Bewegung, weniger Zucker, bitte nicht rauchen. Aber Prävention ist viel mehr als eine To-do-Liste für den Kühlschrank. Prävention ist ein anderes Verständnis von Medizin, ein Perspektivwechsel. Über viele Jahrhunderte verstand sich Medizin als Reparaturbetrieb, als Autowerkstatt für Körper, nur leider ohne regelmäßigen TÜV. Man wartete so lange, bis etwas kaputt war, und versuchte dann, es wieder zu richten. Prävention war lange nur spaßfreie «Abwehr»: Infektionen verhindern, Gefahren abwenden, vernünftig sein.

Doch heute stehen wir an einem Wendepunkt: Die Umwelt, in die unser Körper passgenau hineingebaut wurde, verändert sich schneller, als wir uns anpassen können. Hitze, neue Allergene, Mikroplastik, Schadstoffe, Stress – ein ganzer Cocktail aus Veränderungen, die wir selbst geschaffen haben. Die Zielscheibe der Prävention bewegt sich wie ein «moving target», das wir nicht mehr mit alten Werkzeugen erreichen. Und damit ist klar, dass die Medizin der Zukunft den Menschen nicht länger als isoliertes Wesen betrachten kann. Sie muss die Ökosysteme mitdenken, in denen wir leben, in denen wir atmen, essen, altern. Das ist der neue Blick, den die Umweltmedizin eröffnet: Gesundheit ist kein Zustand im Körper allein – sie entsteht im Verhältnis zwischen Körper und Welt, zwischen Lunge und Luft, zwischen Haut und Klima, zwischen Darm und Mikrobiom. Zwischen Mensch und Planet.

Moderne Prävention ist deshalb eben nicht Abwehr, sondern Fürsorge, sowohl für uns als auch für die Bedingungen, die uns tragen. In der Medizin versucht man nicht, den Erreger zur Vernunft zu bringen; man stärkt Resilienz. Man pflegt Barrieren, Mikrobiome, Toleranz. Man gestaltet das Verhältnis zwischen Mensch und Umwelt so, dass Gesundheit überhaupt möglich bleibt. Prävention ist deswegen Resonanzarbeit: eine Medizin, die antwortet auf eine Welt im Wandel – und die zugleich Bedingungen schafft, unter denen die Welt zurückantworten kann. Das ist die Aufgabe der Medizin der Zukunft. Und das Versprechen der Umweltmedizin.

Wir unterscheiden drei Präventionsstufen: Primär-, Sekundär- und Tertiärprävention. Das klingt komplizierter, als es ist.

Primärprävention: Gesundheit fördern und Krankheiten gar nicht erst entstehen lassen – durch saubere Luft, gesunde Ernährung, Impfen, Bewegung, Biodiversität, Klimaresilienz.

Sekundärprävention: früh erkennen, bevor es gefährlich wird – durch Screenings, Biomarker, digitale Frühwarnsysteme.

Tertiärprävention: Schäden begrenzen und Lebensqualität erhalten – durch moderne Therapien, Reha, Resilienzprogramme.

Prävention hat außerdem zwei Hebel:

Verhaltensprävention richtet sich an den Menschen: Ernährung, Bewegung, Schlaf, Stress, Lebensstil.

Verhältnisprävention richtet sich an die Welt um uns herum: gesunde Städte, saubere Luft, sichere Arbeitsplätze, diverse Naturräume.

Die meisten politischen Debatten drehen sich um individuelles Verhalten: «Jeder ist für seine Gesundheit selbst verantwortlich.» Aber das ist nur die halbe Wahrheit. Ein Kind, das neben einer Autobahn aufwächst, kann nicht «gesund atmen». Arbeitsplätze können stressresistent oder stressfördernd sein, Städte können kühlen oder überhitzen. Die wirksamste Prävention wirkt dort, wo sie Strukturen zum Besseren verändert. Verhältnisse formen Verhalten – und oft ermöglichen erst sie Gesundheit.

Zu oft wird Prävention als Einschränkung verstanden: weniger dies, bitte nicht das, auf keinen Fall jenes. Dabei ist Prävention das Gegenteil von Verzicht. Prävention heißt: Gewinn. Gewinn an Gesundheit – und Gewinn an Welt. Eine Umwelt, die gesünder macht. Eine Stadt, in der man gerne und stressfrei lebt. Ein Körper, der sich stabil anfühlt. Eine Umwelt, die uns unterstützt statt überfordert. Prävention ist ein Angebot: Wie möchten wir leben? Und was müssen wir dafür verändern, stärken, bewahren?

Ursachen heilen statt Symptome bekämpfen

Unsere Gesellschaft liebt schnelle Lösungen: Tablette nehmen, Symptom weg, weiter geht's. Aber so funktioniert Gesundheit nicht. Wenn wir nur Symptome behandeln, bleiben die Ursachen unberührt, und die Probleme kehren zurück, manchmal stärker als zuvor. Prävention schaut dorthin, wo es wehtut: an die Wurzeln. Feinstaub bleibt Feinstaub, auch wenn Asthma-Sprays besser werden. Hitze bleibt Hitze, selbst wenn wir mehr Rettungswagen stellen.

Zu lange haben wir so getan, als wäre Gesundheit Privatsache. «Iss besser, beweg dich mehr, schlaf ausreichend.» Alles davon ist richtig, bleibt aber unvollständig. *Public Health*, die öffentliche Gesundheit, entsteht im Alltag. Dort, wo Politik, Städtebau, Umwelt, Bildung und Arbeit funktionieren. Ganz entscheidend ist dabei mehr soziale Gerechtigkeit: ein fairer Zugang zu Bildung, zu guter Ernährung, zu guten Wohnverhältnissen. Wir dürfen Menschen nicht länger erklären, was sie alles besser machen sollen, während wir ihnen Umwelten zumuten, die krank machen und zu wenig Chancen bieten, sie zu verlassen.

Die Medizin der Zukunft stellt deshalb nicht nur die Frage: «Was kann der Mensch tun?» Sondern auch: «Was muss die Gesellschaft bereitstellen, ändern, verbessern, damit Gesundheit überhaupt möglich ist?»

Vom Krankheitssystem zum Gesundheitssystem

Stellen Sie sich eine Zukunft wie in einem utopischen Science-Fiction-Film vor: eine Zukunft, in der Ärztinnen und Ärzte weniger operieren und mehr zuhören. In der Intensivstationen kleiner werden und Beratungsgespräche länger. In der wir nicht mehr darauf warten, dass Krankheiten entstehen, um sie zu behandeln, sondern Lebenswelten schaffen, in denen Gesundheit entsteht und bleibt. Eine Zukunft, in der wir Ärztinnen und Ärzte samt unserer Kolleg:innen aus den anderen Gesundheitsberufen Sonderurlaub bekommen, weil wir Krankheiten verhindert haben.

In diesem Film sind Krankenhäuser und Reha-Kliniken keine Reparaturwerkstätten mehr, sondern Orte der Prävention. Echte Gesundheitszentren mit Ruhe, Licht und Grünflächen. Mit einer Ernährung, die entzündungsarm, frisch und fleischarm ist – und von der nicht die Hälfte im Müll landet. Mit einer klimaresilienten, fossilfreien Energieversorgung. Mit Räumen, die Heilung ermöglichen, statt sie zu behindern. Dazu zählt etwa die Hochgebirgsklinik Davos. Es gibt noch mehr davon: die Kinder- und Jugendklinik Santa Maria in Oberjoch mit seiner klaren Bergluft, das Immanuel Krankenhaus am Berliner Wannsee, all die Insel-Rehas mit ihrer salzhaltigen Luft. Klar sind das privilegierte Häuser, allein aufgrund ihrer Lage. Doch auch jedes städtische Krankenhaus kann dafür sorgen, dass seine Umgebung grüner, seine Architektur heilsamer wird. Solche Kliniken dürfen kein Luxus sein. Sie müssen zur Blaupause eines neuen Gesundheitssystems werden.

Genau hier beginnt die Medizin der Zukunft. Sie ist nicht additiv, sondern integrativ. Sie stellt nicht mehr die Krankheit ins Zentrum, sondern den Menschen im Kontext seines Lebens. Das bedeutet: Wir behandeln Haut – und gleichzeitig Schlaf, Stress, Ernährung, Bewegung, soziale Einbindung. Wir verschreiben weniger Medikamente – dafür mehr Naturkontakt, Achtsamkeit, Rhythmus. Wir stärken Barrieren, Resilienz und Selbstwirksamkeit, bevor wir zu teuren Biologika greifen müssen. Integrative Medizin ist kein «weiches Extra», sondern eine medizinische Logik, die versteht: Gesundheit entsteht durch Verbindung – nicht durch Fragmentierung.

Planetary Health als Rahmen: Der Mensch im System Erde

Luftqualität, Klimaextreme, Verlust der Biodiversität – all das entscheidet mit darüber,

- ob ein Immunsystem tolerant bleibt oder entgleist,
- ob eine Lunge atmen kann oder kämpfen muss,
- ob eine Haut schützt oder brennt.

Planetary Health (siehe S. 38) sagt: Der Mensch steht der Natur nicht gegenüber, sondern er ist eingebettet in das System, das ihn trägt. Unsere Krankheiten sind oft das Symptom eines gestörten Erdsystems. Gesundheit entsteht dort, wo wir planetare Grenzen respektieren. Die Medizin wird damit zur Vermittlerin zwischen Mensch und Planet.

Für mich hat Planetary Health auch eine persönliche Dimension. Als Medizinstudentin war ich fasziniert von der Uni-Tradition, Lehrbücher nie beim Titel zu nennen, sondern beim Namen des Autors oder der Autorin. Nicht «Schlag nach im Lehrbuch für Anatomie», sondern «Hast du schon im Sobotta nachgesehen?» oder «Was sagt der Herold?». Heimlich dachte ich: Wie wäre es wohl, wenn eines Tages jemand sagen würde: «Hast du schon im Traidl nachgelesen?»?

Es wirkte damals wie ein unerreichbarer Traum, aber viele Jahre später ist er Wirklichkeit geworden. Gemeinsam mit wunderbaren Kolleginnen und Kollegen durfte ich 2021 das erste Lehrbuch zu Planetary Health in der Medizin herausgeben, Untertitel: «Klima, Umwelt und Gesundheit im Anthropozän». Das erste Buch, das nicht nur Krankheiten beschreibt, sondern die planetaren Bedingungen von Gesundheit. Wir arbeiten bereits daran, den Stoff international aufzubereiten – als globales Lehrbuch einer Medizin, die versteht, dass Heilung nicht an der Haut endet und Prävention nicht an der Stadtgrenze.

Wenn ich heute Studierende höre, die sagen: «Wir lernen Planetary Health – im Traidl-Hoffmann», dann streichelt das natürlich meine Eitelkeit. Doch viel mehr noch gibt es mir Hoffnung. Es bedeutet, dass das Denken sich verändert. Dass Medizin beginnt, den Menschen im System Erde zu sehen.

Denn Prävention ist nicht zuletzt auch eine Haltung. Sie beginnt mit Kommunikation: sprechen statt schneiden, zuhören statt überfahren, erklären statt pathologisieren. Sie beginnt dort, wo Ärztinnen und Ärzte sagen: «Wir investieren heute in Ihre Gesundheit – damit wir in zwanzig Jahren keine Operation brauchen.» Salutogenese – die Wissenschaft dessen, was Gesundheit entstehen lässt – ist der rote Faden dieser Medizin. Sie fragt nicht: *Was macht krank?* Sondern: *Was hält gesund?*

Das Paradoxe ist: Im Reparaturbetrieb der Medizin lässt sich viel Geld verdienen – je älter die Patient:innen, umso mehr. In der Prävention kaum, zumindest bislang. Das Problem dabei: Wenn wir weiterhin Symptome behandeln, statt Ursachen zu verändern, werden wir uns arm therapieren.

Ein Krankheitssystem behandelt Symptome.
Ein Gesundheitssystem schafft Voraussetzungen.
Ein Krankheitssystem reagiert.
Ein Gesundheitssystem gestaltet.
Ein Krankheitssystem sieht den Körper.
Ein Gesundheitssystem sieht den Menschen – und den Planeten, der ihn trägt.

Die gute Nachricht: Wir können diesen Wandel schaffen. Und wir haben bereits begonnen.

Neurodermitis behandeln, Allergien vermeiden – so geht's!

Best Practice aus Finnland: Holen wir uns die Kuh und den Wald in die Stadt – und reden darüber

Als ich am 22. Mai 2025 in Helsinki ankam, mitten in meiner Marathonvorbereitung, hatte ich eigentlich keine Zeit zu trainieren. Aber der finnische Sommer kann die Zeit dehnen. Die langen, hellen, angenehm kühlen Abende laden dazu ein, einfach loszulaufen. Also schnürte ich meine Schuhe und rannte ohne Plan, einfach dem Licht hinterher.

In Deutschland hatten wir zu diesem Zeitpunkt schon die ersten richtig heißen Tage hinter uns – frühsommerliche Hitze, die zeigt, wie sehr sich das Klima verschiebt. Umso wohltuender war die hiesige Frische. Nach wenigen Kilometern war ich aus der Stadt draußen. Helsinki ist erstaunlich: Man läuft zwei, drei Kilometer, und plötzlich wird es weit, grün und kurz darauf blau: der Finnische Meerbusen. Nach etwa sechs Kilometern erreichte ich die kleine Holzbrücke nach Seurasaari, eine Insel, die gleichzeitig Freilichtmuseum und Naturpark ist. Von dort lief ich weiter – insgesamt 15 Kilometer, durch eine Landschaft, die einem zeigt, wie selbstverständlich Naturkontakt selbst hier in der Hauptstadt zum Alltag gehört.

Genau deswegen war ich nach Finnland gereist: Der Allergologe und Lungenfacharzt Tari Haahtela, Professor emeritus der Universität Helsinki, hatte mir schon viel über den Naturkontakt der Finnen erzählt. Nun wollte ich mir alles mal in real ansehen. Seine Arbeiten zur Allergieprävention hatten international Maßstäbe gesetzt, insbesondere seine *Karelien-Studie* (1999), als Finnen und Russen noch nachbarschaftlich zusammenlebten. Darin zeigte er, dass Pollenallergien bei Kindern und Erwachsenen im finnischen, westlich geprägten Karelien mit 27 Prozent Sensibilisierung um ein Vielfaches häufiger waren als auf der russischen Seite. Dort waren sie mit zwei Prozent fast inexistent. Dafür zeigten die russischen Karelier:innen ein weitaus diverseres Mikrobiom auf der Haut und eine bessere Immunregulation. Taris Daten führten das auf ihren traditionellen, naturverbundenen Lebensstil zurück sowie ihren engen Kontakt zu Nutztieren.

Aus dieser Studie entwickelte Tari seine weltberühmte «Biodiversitätshypothese». Die zentrale Botschaft ist so schlicht wie radikal: Wir müssen Menschen wieder mit der natürlichen Umwelt in Kontakt bringen. Praktisch gesprochen: Wenn Kinder mit vielfältigen Pflanzen, Böden, Mikroben und lebenden Tieren in Kontakt kommen, steigert ihr Immunsystem seine Fähigkeit zur Toleranz. Der Körper muss die Welt kennenlernen, um sie aushalten zu können.

Vielleicht erinnert Sie das an die Studien meiner Kollegin Erika von Mutius (siehe Allergiekapitel, S. 102)? Sie hatte festgestellt, dass Kinder auf traditionellen Höfen, wo sie eng mit Tieren, Heu, Staub und Boden lebten, dramatisch weniger Allergien und Asthma hatten als städtische Kinder. Nun will von uns kaum jemand wieder mit der Kuh im Haus wohnen, und die wenigsten haben einen Wald vor der Tür. Doch Tari hatte eine Idee: Wie wäre es, wenn wir diese Umweltkontakte einfach in unser modernes Leben schmuggeln? Er entwickelte einen Plan, und das Land Finnland hat daraus ein erfolgreiches Gesundheitsprogramm gemacht: das Finnische Allergie-Programm. Es lief von 2010 bis 2018, wurde als EU-Best-Practice ausgezeichnet, und seine Kurzformel lautet: Mehr Naturkontakte + begleitende Aufklärung verringern die Anfälligkeit für Asthma, Allergien und Neurodermitis erheblich.

Ergebnisse des finnischen Allergie-Programms[2]

- Asthma-Prävalenz bei Kindern sank von 10,6 % auf 3,6 %, bei Erwachsenen von 9,3 % auf 8,1 %.
- Rhinitis (Heuschnupfen) blieb stabil bei 28–30 % (statt wie überall anders zu wachsen).
- Neurodermitis bei Kindern sank von 17,7 % auf 13,5 %.
- Notaufnahmebesuche bei Kindern wegen Asthma sanken um 53 %, Hospitaltage halbierten sich.
- Unnötige Diäten bei Allergien halbierten sich (z. B. Helsinki: 43 % auf 20 %).
- 90 % der Allergietests fanden in zertifizierten Zentren statt.

Kosteneinsparungen für den Gesundheitssektor: über 1 Milliarde Euro.

Wie gingen die Finnen es an? Sie starteten bei den Kindern. Dutzende Kitas bekamen Gelder, um ihre Spielhöfe zu «verwildern» und ihre Schotter- und Asphaltplätze zu renaturalisieren. Dafür holten sie aus naturbelassenen Wäldern Boden voller Bakterien, Nadeln, Blätter, Pilze etc. und mischten ihn unter den grauen Schotter und in die weißen Sandkisten.[3] Der Sandkuchen der Kinder ist seither kein Zitronenkuchen mehr, sondern eher Schokokuchen – auch lecker, ich habe ihn bei meinem Besuch gekostet.

Die Kitas legten Gemüsegärten samt Komposte an, in einem Studien-Kindergarten verpflanzte Taris Team sogar ein Originalstück Waldboden, 20–40 Zentimeter tief, zehn Quadratmeter groß, auf dem Heidelbeeren und Moose wachsen. All das, damit aus «hygienischen Stadtkindern» kleine «Schmuddelkinder» werden: Kinder, die mit ihren Fingern freudvoll in der Erde rumpanschen, Kontakt zur Natur aufnehmen, mehr über sie erfahren.

Einige dieser Kinder wurden zwei Jahre lang medizinisch

beobachtet – ihr Blut, das Mikrobiom ihrer Haut, ihr Stuhl, die Zahl ihrer Infekte etc. und mit Kindern aus «normalen» Kitas verglichen. Schneller als erwartet zeigte sich, dass die «Naturkinder» weniger krankheitserregende Bakterien auf der Haut und im Darm hatten und mehr der berühmt gewordenen T-regulatorischen Zellen, die die Immunabwehr stärken.[4]

Mindestens so erfolgsentscheidend schätzt Tari Haahtela die begleitende Kommunikationskampagne ein: Fachkräfte in Kitas und Schulen wurden zum Thema Allergie und Neurodermitis fortgebildet, die Öffentlichkeit über Medien über die «Biodiversitäts-These» informiert. Familien und Patient:innen lernten bei persönlichen Beratungen in Allergie-Zentren Selbstmanagement-Pläne für ihr Asthma oder ihre Allergien (samt Anaphylaxie-Vorsorge) und wurden geschult im Umgang mit modernen Apps. Alles ziemlich umfangreich – und gut durchdacht.

Als ich nach zwei Tagen wieder über die Brücke nach Seurasaari lief, war ich sehr beeindruckt. Das Land hatte verstanden, dass mehr «Greenness» kein ästhetischer Luxus ist, sondern ein immunologisches Grundnahrungsmittel. Und plötzlich erinnerte ich mich an ein Hörbuch, das ich kurz zuvor gehört hatte: *Im Grunde gut* von Rutger Bregman (2021). Es geht darin um uns Menschen, um unsere Gesellschaft und unsere Vorurteile. Bregman sagt: Vorurteile lösen sich nicht durch Distanz – sondern durch Begegnung. Toleranz entsteht nicht im Rückzug, sondern im Kontakt. Für das Immunsystem gilt exakt dasselbe.

Von Finnland nach Europa

Im Anschluss an unser Treffen formulierten Tari und ich neue Guidelines für die größte Allergiegesellschaft der Welt, die *European Academy of Allergy & Clinical Immunology*. Deren Richtlinien gehen nicht nur an Allergolog:innen in der gesamten EU, sie finden auch nach Brüssel und ins EU-Parlament nach Straßburg. Wir erklärten darin, wie wichtig mehr «Greenness»[5] für die Allergie- und Asthmaprävention ist, und formulierten ein paar Kernforderungen, die ganz ähnlich auch im vorhin erwähnten Public Health Index 2025 stehen (nein, das ist kein Zufall!):

1. Städte müssen wieder so gestaltet werden, dass sie Gesundheit ermöglichen. Das heißt mehr und vor allem biodiverses Grün in Wohnnähe: Wälder, vielfältige Vegetation, keine Alibi-Rasenflächen. Das ist keine Naturromantik, sondern angepasste Immunologie.

2. Wir brauchen eine neue Baumlogik: klimaresiliente, niedrig allergene Arten zuerst. Bäume, die kühlen, Luft filtern und Wasser speichern – ohne unnötige Pollenlast (also z. B. keine Birken). Grünplanung wird damit zu einem zentralen Instrument der Prävention.

Das Gesundheitssystem der Zukunft beginnt also nicht in der Klinik, sondern im Wohnquartier, im Kindergartenhof, im Nachbarschaftspark – und unsere Leitlinien liefern dafür die wissenschaftliche Grundlage. Für die Medizin der Zukunft heißt das wiederum: Wir verschreiben nicht nur Medikamente – wir verschreiben auch Naturkontakt. Ärztinnen und Ärzte dürfen sagen: «Gehen Sie in den Wald. Mehrmals pro Woche.» Mit sinnvoller Pollenprophylaxe statt Naturvermeidung. Prävention bedeutet hier Verbindung zu Boden, Pflanzen, Mikroben, Licht, Bewegung.

Individuelle Allergie- und Neurodermitis-Prävention

Wir sind noch nicht allwissend. Wir wissen inzwischen, dass Neurodermitis das Einfallstor für Allergien ist und häufig zusammen mit Allergien auftritt. Wir wissen theoretisch auch, wie sich verhindern ließe, dass Allergien überhaupt entstehen. Und wir haben praktische Empfehlungen, die ich Ihnen wirklich ans

Herz lege. Aber Achtung: Sie haben vielleicht ganz andere Tipps gehört oder beherzigt. Der Wissensstand ändert sich alle paar Jahre – je mehr wir forschen, umso mehr bekommen wir heraus. Das hier sind die aktuellen Leitlinien der Arbeitsgemeinschaft der Wissenschaftlichen Medizinischen Fachgesellschaften e.V.[6] Ich vertraue ihnen – denn ich habe sie mit exzellenten Kolleginnen und Kollegen formuliert.

Primärprävention: Wie verhindern, dass kleine Kinder erkranken?

Werdende Eltern und vor allem schwangere Frauen machen sich viele Gedanken. Wird das Kind gesund zur Welt kommen? In was für einer Umwelt wird es aufwachsen? Über viele Themen haben wir wenig Kontrolle. Doch beim Thema Gesundheit lassen sich schon während der Schwangerschaft ein paar Knöpfe drücken. Die sollten Sie kennen, erst recht, wenn es bei Ihnen oder in Ihrer Familie eine genetische Veranlagung für Neurodermitis und/oder Allergien gibt.

Prävention von Neurodermitis während der Schwangerschaft

Thema Ernährung

Es ist keine spezielle Diät nötig. Schwangere sollten sich ausgewogen, abwechslungsreich und pflanzendominiert ernähren. Eine gezielte Vermeidung potenzieller Allergene (z. B. Milch, Ei, Nüsse) wird nicht empfohlen.

Ein- bis zweimal pro Woche Fisch kann sich günstig auf das kindliche Allergierisiko auswirken – aber bitte verzichten Sie auf überfischte Arten und Meerestiere aus konventionellen Aquakulturen (Bio-Siegel garantiert: keine Antibiotika!).

Vitamine und Supplemente wie Fischöl sollten nur nach ärztlicher Indikation eingenommen werden.

Thema Lebensstil der werdenden Eltern

Ganz klare Empfehlung: kein Rauchen oder Alkoholkonsum in der Schwangerschaft – und auch kein Passivrauchen!

Am besten auch kein Übergewicht, da es das Risiko atopischer Erkrankungen beim Kind erhöht.

Sorgen Sie als Schwangere für Ihre mentale Gesundheit (siehe Kapitel «Hirn und Nervensystem») bzw. sorgen Sie als Nahestehende:r für Schwangere: Stress oder Depressionen in der Schwangerschaft können das Risiko beim Kind erhöhen, wohingegen soziale Unterstützung einen schützenden Effekt haben kann.

Thema Hautgesundheit der Mutter

Eine stabile Hautsituation der Mutter vor der Geburt gilt als Schutzfaktor für das Kind. Daher ist bei bestehender Neurodermitis eine konsequente Behandlung wichtig (siehe S. 48).

Prävention nach der Geburt: Was Eltern praktisch tun können

Dieser Allergie-Präventionsfahrplan für das erste Lebensjahr[7] basiert auf der sogenannten S3-Präventionsleitlinie (mit höchster Evidenz). Wichtig ist durch das ganze erste Lebensjahr:

1. Rauchfrei leben: Zigarettenrauch ist einer der stärksten Risikofaktoren für Allergien & Asthma!
2. Natur & Alltag zulassen: Sandkasten, Wiese, Garten, Tiere → baut Toleranz auf.
3. Impfungen wahrnehmen: Impfungen erhöhen das Allergierisiko nicht – im Gegenteil: Es gibt Hinweise auf schützende Effekte.
4. Keine überflüssigen Ernährungs-Supplemente: keine Probiotika, Präbiotika oder zusätzlichen Vitamine zur Allergieprävention.

Das ganze Jahr in einem Satz: früh Vielfalt geben, frische Luft atmen, Natur zulassen, Normalgewicht fördern – und entspannt bleiben.

Monat 0–1: Der Start ins Leben

- Stillen: Wenn möglich, 4–6 Monate ausschließlich stillen. In den ersten Lebenstagen keine zusätzliche Kuhmilch-Formula.
- Frische Luft ja – Schadstoffe nein: Stoßlüften zur weniger belasteten Seite (innenhofseitig).
- Möglichst wenig, besser keine Kerzen, Räucherstäbchen und andere künstlichen Düfte.

Muttermilch und Schadstoffe[8]

Muttermilch kann infolge von Umwelt- und Lebensstilbelastungen verschiedene Schadstoffe enthalten, darunter Schwermetalle, PFAS, Pestizide, PCBs und Mikroplastik. Trotz messbarer Rückstände zeigen aktuelle Studien – einschließlich einer neuen systematischen Übersichtsarbeit – bei normalen Belastungen keine langfristigen klinisch relevanten Gesundheitsschäden für gestillte Kinder. Die gesundheitlichen Vorteile des Stillens wie optimale Ernährung, immunologischer Schutz und Förderung der Entwicklung überwiegen die potenziellen Risiken deutlich, weshalb Stillen weiterhin ausdrücklich empfohlen wird. Gleichzeitig zeigen diese Studien die Bedeutung von konsequenter Umweltprävention, verbessertem Monitoring und weiterer Forschung zu Schadstoffmischungen und Langzeitfolgen.

Monat 2–3: Immunstärkung im Alltag

- Naturkontakt von Anfang an: Spaziergänge im Park/Wald, Gartenkontakt, Haustiere im Umfeld sind okay. Vor allem «mikrobielle Vielfalt» gilt als schützend (Bauernhof-Effekt light).
- Keine speziellen Anti-Allergen-Maßnahmen: keine Milben-Encasings, keine speziellen Luftreiniger.
- Kein Hygiene-Fimmel – Routineputz reicht völlig!

Monat 4–6: Beikost beginnt – Vielfalt ist präventiv

- Regel: vieles anbieten – nichts meiden. Gemüse, Obst, Getreide, Fleisch, Fisch, Milchprodukte (z. B. Joghurt). Stillen + Beikost = optimal. Keine Vermeidungsdiäten – Vielfalt fördert Toleranz.
- Spezial: Ei gut durchgegart, früh angeboten schützt es vor Hühnereiallergie. Erdnuss: nur wenn in der Familie üblich + Baby gesund ist (als Erdnussmus, keine ganzen Nüsse).
- Nach Reifezeichen des Babys: Sitzen mit Unterstützung, Interesse an Nahrung fördern.

Monat 6–9: Alltag prägt Toleranz

- Regelmäßige Gabe aller eingeführten Lebensmittel. Nichts monatelang vermeiden, wenn es gut vertragen wurde.
- Wohnung & Alltag: normale Sauberkeit, keine Überhygiene.
- Viel Zeit draußen, damit das Immunsystem lernt, tolerant zu bleiben. Auch Spielkontakt mit anderen Kindern ist positiv.
- Haustiere: Hunde sind völlig in Ordnung. Keine neue Katze anschaffen bei familiärer Allergiebelastung oder Neurodermitis beim Kind.

Monat 9–12: Ernährung normalisieren

- Vielfalt fortsetzen. Keine zuckerreichen Snackfoods, keine ultraverarbeiteten Produkte.
- Gewicht im Blick halten – ohne Diät: Übergewicht in früher Kindheit ist mit höherem Asthmarisiko verbunden.
- Viel Bewegung + frische Luft = beste Prävention.

Hautpflege im ersten Lebensjahr

Es klang so einfach: Wenn eine gestörte Hautbarriere das Tor zur Neurodermitis ist, müsste konsequentes Eincremen im ersten Lebensjahr schützen. Frühe kleine Pilotstudien schienen das zu bestätigen. Doch die großen Studien, die folgten, erschütterten diese Erwartung gründlich: Bei gesunden Säuglingen schützte das tägliche Eincremen nicht vor Neurodermitis und erst recht nicht vor Allergien. Einige Daten deuteten sogar darauf hin, dass eingecremte Babys *häufiger* Nahrungsmittelallergien entwickeln.

Wie kann das sein? Eine plausible Hypothese: Nicht das Eincremen war schuld, sondern mikroskopische Spuren von Erdnuss, Ei oder Milch, die über die Hände der Eltern in die empfindliche Babyhaut «eingecremt» wurden. Die einfache Konsequenz: Hände waschen, bevor man Babys eincremt. Gerade bei Kindern mit ohnehin angeknackster Barriere kann das entscheidend sein.

Natürlich ist das Eincremen *nicht* die magische Einzelmaßnahme. Aber Hautpflege mit einer Creme ohne Duftstoffe und Paraffine, etwa bei liebevollen Babymassagen, wirkt beruhigend, unterstützt die Haut und kann Teil eines guten Starts ins Leben sein.

Sekundäre Prävention bei Kindern wie Erwachsenen: Wenn die Haut erste Zeichen von Trockenheit oder Neurodermitis zeigt

Thema Ernährung

- Keine pauschalen Diäten auf Verdacht, bei denen man irgendetwas weglässt. Das kann bei Kindern (aber nicht nur) schnell zu einer Mangelernährung führen. Allergien ärztlich abklären!
- Bei vorhandenen Nahrungsmittelallergien: regelmäßig überprüfen, da sie oft überwunden werden (z. B. gegen Kuhmilch, Ei nach 1–2 Jahren).

Thema Hautpflege

- Basistherapie/Hautbarriere stärken: regelmäßig eincremen (Hände waschen vorher!) mit Rückfetter oder Moisturizer, auch in schubfreien Phasen.
- Hautpflege nach körperlicher Aktivität, da Schweiß Juckreiz triggern kann.
- Triggerfaktoren wie irritierende Textilien, ungeeignete Hautreinigung, Tabakrauch etc. erkennen und reduzieren.

Thema Allergen-Exposition

Größte Aufmerksamkeit aufs Schlafzimmer legen, weil Sie dort die längste Zeit des Tages verbringen!

- Hausstaubmilben: Teppiche raus, Einsatz von Encasings (extrem dichte Schutzbezüge für Matratzen, Kissen und Bettdecken), regelmäßige Stoßlüftung mit den Fenstern, ggf. HEPA-Raumluftfilter (High Efficiency Particulate Air Filter – bekannt geworden während der COVID-Pandemie).
- Tierhaare: Katzenkontakte bei Allergie vermeiden; Hundehaltung im frühen Kindesalter evtl. sogar protektiv.
- Pollen: abends Haare waschen, Kleidung wechseln, wenn man nach Hause kommt. Innenräume lüften – zum rich-

tigen Zeitpunkt (Ihre Pollenflug-App weiß Bescheid; für Bayern: ePIN-App).[9] Evtl. auch mit HEPA-Filter die Pollenkonzentration reduzieren. Falls Klimaanlage vorhanden, regelmäßig Filter wechseln.

Wir bringen die Toleranz zurück – die spezifische Immuntherapie

In der Allergologie haben wir etwas erreicht, das viele andere Fachgebiete gern könnten: Unsere Therapien erziehen weiße Blutkörperchen zu mehr Toleranz. Die spezifische Immuntherapie (SIT, siehe S. 97) ist bis heute die einzige etablierte Behandlung, die Symptome nicht nur dämpft, sondern eine fehlgeleitete Immunantwort ursächlich umlenken kann. Dafür braucht es allerdings etwas Geduld. Leitlinien, systematische Reviews und Meta-Analysen zeigen klar: Bei Kindern mit Heuschnupfen senkt eine Immuntherapie das Risiko, später Asthma zu entwickeln. Besonders überzeugend ist der Effekt bei Monosensibilisierung (z. B. nur Gräser oder nur Birke) – und wenn die Therapie mindestens drei Jahre durchgehalten wird. SIT funktioniert – aber sie braucht Konsequenz und Ausdauer. Genau das bespreche ich mit meinen Patient:innen, denn dafür brauchen wir sie selbst. Präzise Medizin funktioniert nur mit präziser Mitwirkung.

Die SIT dreht langsam, aber sicher das immunologische System um – je nach Hersteller über Spritzen, oder mit Schmelztabletten oder Tropfen, die man unter die Zunge legt/tropft bei einer sublingualen Immuntherapie (SLIT). In meiner Praxis arbeite ich sehr gerne mit SLITS: jeden Morgen zu Hause ein kleines Immuntraining. Ich sage oft: «Mit dieser Therapie sind Sie jeden Tag ein Stück weit Ihre eigene Ärztin, Ihr eigener Arzt.» Dieses tägliche Ritual ist weit mehr als Medikamenteneinnahme. Es ist Selbstwirksamkeit sichtbar gemacht: Ich kann mein Immunsystem beeinflussen. Ich bin nicht Objekt der Behandlung, sondern Akteur:in. Und über die Zeit hört mein Immunsystem auf, bei jedem Pollenkorn «Gefahr!» zu rufen – und sagt stattdessen: «Kenn ich. Ist okay.»

Patientenedukation als stille Superkraft: Ohne Aufklärung kein Wendepunkt

All das funktioniert aber nur, wenn Menschen ihre Erkrankung verstehen. Kommunikation und Schulung der Erkrankten war ja auch das Erfolgsrezept bei den Finnen. Deswegen kommt auch bei der Neurodermitis etwas ins Spiel, das oft unterschätzt wird und zu wenig eingesetzt wird: Patientenedukation.

Neurodermitis ist komplex, chronisch und belastend. Viele Betroffene haben Angst vor Kortison (siehe S. 53), sind verunsichert durch widersprüchliche Informationen, weichen auf nicht evidente Verfahren aus – mit hohen Kosten und schlechter Kontrolle der Erkrankung. Strukturierte Schulungsprogramme wie die «Neurodermitis-Schulung»[10] haben in Studien immer wieder gezeigt: Es gibt weniger Schübe und weniger Schweregrad, wenn Menschen verstehen, wie die Erkrankung funktioniert. Wem klar ist, warum tägliche Basistherapie wichtig ist und wie Kortisone sinnvoll eingesetzt werden, hält länger und besser durch mit der Therapie («Adhärenz»). Das führt zu mehr Lebensqualität, zu weniger Kratzen, weniger Schlafstörungen und weniger Hilflosigkeit. Und ganz nebenbei: zu weniger unnötigen Arztkontakten und weniger Kosten.[11]

Das Entscheidende: Patientenedukation ist fundamental wichtig – und ein evidenzbasierter Präventionsbaustein. Sie schafft die Grundlage dafür, dass die theoretisch vorhandenen Therapien in der Realität auch wirken.

PollDi-App: Wie Vorhersage Symptome senkt

Die PollDi-App ist für mich eines der besten Beispiele dafür, wie moderne Prävention funktionieren kann: digital, personalisiert und wissenschaftlich messbar wirksam. Sie bietet nicht nur Informationen, sondern liefert auch eine Pollenprognose. Und erforscht mithilfe von Daten eines persönlichen Symptomtagebuchs den Zusammenhang zwischen Beschwerden und den Umwelteinflüssen (Pollenflug, Hitze etc.).

Entwickelt habe ich sie in Augsburg, gemeinsam mit Stefanie Gilles, meiner «dienstältesten» Mitarbeiterin, und Caroline Holzmann, einer jungen Wissenschaftlerin, die hochmoderne Algorithmen programmiert, während ihr Mann auf dem Familienhof mit den Kindern im Stall steht und sie täglich «klassische» Umweltreize kosten lässt.

2023 testeten wir PollDi bei einer Studie in Augsburg und dem Luftkurort Bad Hindelang, gefördert durch das bayerische Programm KuHeMo-FöR, das Kurorte dabei unterstützt, wissenschaftlich belegte, moderne Gesundheitsangebote zu entwickeln (also nicht Wellness, sondern Evidenz!).

In der Studie erhielten 167 Menschen mit gesicherter Gräserpollenallergie eine App – aber nicht dieselbe: Gruppe 1: nur Basisinfos zu Allergien. Gruppe 2: zusätzlich ein Symptomtagebuch. Gruppe 3: zusätzlich eine präzise Pollen- und Luftschadstoffvorhersage. Das Ergebnis war eindeutig: Nicht allgemeine Informationen, sondern die Kombination aus Wissen und Vorhersage senkte die Symptome. Die App-User, die sehen konnten, was morgen kommt, hatten weniger Symptome, bessere Lebensqualität und nutzten ihre Medikamente gezielter.

Das ist Prävention durch Prädiktion: Wer weiß, was kommt, kann handeln – bevor Symptome entstehen. Wir fanden auch keinerlei Nocebo-Effekt. Mehr Wissen machte nicht empfindlicher, sondern souveräner. Für mich verbindet die PollDi-App traditionelle Prävention (Naturkontakt, Verhalten, Selbstwirksamkeit) mit digitaler Präzisionsprävention (Daten, KI-Modelle, personalisierte Vorhersagen). Beides beruht auf dem gleichen Prinzip: Menschen können nur gesund handeln, wenn sie verstehen, was in ihrem Körper und in ihrer Umwelt passiert.

Dafür braucht man aber nicht unbedingt Apps oder Wochenendkurse. Auch das, was wir im Praxisalltag tun – kurze, wiederholte «Mikro-Edukation» in der Sprechstunde, eine verständliche Erklärung mehr, ein Missverständnis weniger – hat enorme Wirkung. Jede Minute, die wir in Verständnis investieren, zahlt auf Prävention ein. Darum ist bei uns in Augsburg wie im Davoser Zentrum von CK-CARE die Edukation kein «Add-on», sondern steht im Zentrum der Versorgung: Die Patienten werden multidisziplinär betreut, mit Ernährungskompetenz, psychologischer Begleitung, Familienarbeit und niedrigschwelligen Informationen.

Und manchmal hilft auch Fußball: «Anpfiff für die Haut – wenn Prävention sichtbar wird» tauften wir ein tolles Kooperationsprojekt mit dem FC Augsburg. 21 Kinder aus meiner Praxis durften im Dezember 2024 nach ihrer Neurodermitis-Schulung beim Bundesligaspiel FC Augsburg gegen Werder Bremen mit den Profis ins Stadion einlaufen. Auf ihren T-Shirts stand: «Hautsache gesund.» Für sie war das mehr als ein Stadion-Highlight. Es war das sichtbare Zeichen dafür, was Edukation bewirken kann: Wissen → Selbstwirksamkeit → Teilhabe → Resilienz.

Neurodermitis erzählt damit eine größere Geschichte – und ist zugleich ein Modell für Prävention im 21. Jahrhundert: Wir reparieren eine Barriere und verhindern, dass das Immunsystem weiter entgleist. Wir helfen dem Körper, Toleranz wieder zu lernen. Wir stärken die Resilienz eines Systems, das aus dem Gleichgewicht geraten ist. Erste große Kohortenstudien zeigen sogar, dass eine effektive systemische Therapie nicht nur die Haut beruhigt, sondern auch mit der Neurodermitis verbundene psychische Belastungen reduziert, Schlafstörungen verringert, und sogar Infektionen wie Mittelohrentzündungen seltener auftreten lässt – inklusive weniger operativer Eingriffe. Der allergische Marsch wird gestoppt, bevor er weiterzieht.

Die besten Anlaufstellen für Allergiekranke

Für Jugendliche und Erwachsene gibt es inzwischen sehr gute Informationsquellen, Schulungsprogramme und Apps, die beim Umgang mit Neurodermitis helfen. Neben der PollDi-App sind strukturierte Patientenschulungen sehr hilfreich. Sie werden in mehreren Städten und auch online angeboten, siehe z. B. AGNES (Arbeitsgemeinschaft Neurodermitisschulung – www.neurodermitisschulung.de).

Win-win-win – gesunde Lebensräume rechnen sich

Während der COVID-Pandemie wurde für alle spürbar, wie verletzlich unsere Gesundheit ist – und wie sehr sie von der Umwelt, dem Klima und unseren Städten abhängt. Gesundheit war plötzlich alles. Zugleich wurde klar, dass wir sie nicht schützen können, wenn wir weiter getrennt denken: Medizin hier, Biodiversität da, Stadtplanung dort, Klima irgendwo darüber.

Genau in dieser Zeit bekam ich den Ruf in den WBGU – den Wissenschaftlichen Beirat der Bundesregierung Globale Umweltveränderungen. Initiiert hatten ihn 1992, zum legendären UN-Umweltgipfel in Rio de Janeiro, der damalige Bundesumweltminister und spätere Exekutivdirektor des UN-Umweltprogramms UNEP Klaus Töpfer (gestorben 2024) und Forschungsminister

Heinz Riesenhuber – beide Wissenschaftler und CDU-Mitglieder. Sie wünschten sich ein forschungsbasiertes «Frühwarnsystem» für die Politik, das auch Empfehlungen formuliert. Diese Rolle nimmt der WBGU bis heute ein. Und das Angebot, dort mitwirken zu können, war für mich eine riesengroße Wertschätzung meiner bisherigen Arbeit. Inzwischen ist es auch eine riesige Bereicherung für meine aktuelle Arbeit. Denn dort erlebe ich etwas, das mich an die besten Seiten meiner Studienzeit erinnert: lebendige Interdisziplinarität.

Im WBGU saß ich plötzlich mit Fachleuten aus Klimaforschung, Ökonomie, Biodiversitätsforschung, Sustainable Finance, Betriebswirtschaft und Ökologie an einem Tisch. Und es fühlte sich ein bisschen an wie damals in meinem Studentenwohnheim in Aachen, als wir abends in der Küche zusammensaßen – Elektrotechniker, Maschinenbauer, Informatiker, eine angehende Lehrerin, Langzeitstudierende, ich als einzige Medizinerin – und aus völlig verschiedenen Blickwinkeln Themen diskutierten und Lösungen fanden, auf die niemand allein gekommen wäre, z. B. dass ich einem Mitbewohner doch die Haare schneiden könne. Ich konnte es natürlich nicht, aber ich habe es versucht, und mithilfe der anderen kam sogar eine halbwegs passable Frisur dabei raus. Genau dieses «Ich probiere es aus!» ist für mich bis heute ein Sinnbild dafür, was Zusammenarbeit ausmacht (ich schneide meinem Mann übrigens heute noch die Haare …).

Im WBGU erlebe ich jedenfalls die Kraft gelebter Interdisziplinarität gepaart mit dem Mut zu Neuem. Im Austausch mit Menschen, die ganz andere Sprachen sprechen – technisch, ökonomisch, sozialwissenschaftlich –, sehe ich plötzlich Zusammenhänge, die man in der Medizin selten klar benennt. Während ich etwa beim Thema Stadtplanung von Beton, Wärmeinseln, Luftverschmutzung, Wassersystemen und Stadtstrukturen hörte, wurde mir bewusst: Von genau dort kommen meine Patientinnen und Patienten. Aus überhitzten Städten, aus schlechter Luft, aus Wohnungen voller Feuchtigkeit, Quartieren voller Autolärm und wenig Grün. Dort entstehen die Krankheiten, die ich später behandeln muss.

Einmal sagte ich halb scherzhaft in die Runde: «Wir produzieren uns unsere eigenen Patientinnen und Patienten, wenn wir so weiterbauen.» Alle lachten – und dann wurde es still. Weil der Satz wahr ist. Auch der im Dezember 2025 publizierte Public Health Index betont:[12] Über 80 Prozent unserer Gesundheit entstehen außerhalb der Arztpraxis – in Städten, Schulen, Verkehrssystemen, Gebäuden, Natur, Ernährung, sozialer Sicherheit, sozialer Gerechtigkeit. Und deshalb beginnt echte Prävention nicht im Wartezimmer, sondern in lokalen Strukturen. Sie beginnt in dem Moment, in dem eine Kommune entscheidet, wie sie baut: ob ein Quartier Schatten spendet oder Hitze speichert. Ob Menschen Grünflächen erreichen können oder vierspurige Straßen sie davon trennen. Ob sie saubere Luft atmen oder Feinstaub.

Im WBGU-Gutachten «Gesund leben auf einer gesunden Erde» (2023) haben wir konstatiert, wie sehr sich die Lebensqualität in deutschen Städten unterscheidet; wie groß die Spanne reicht von enorm belastet bis gesundheitsfördernd. Wir haben konkret formuliert, wie gesunde Städte aussehen (sollten). Und ebenfalls, warum sich eine Umgestaltung auch finanziell rechnet. Sie ist eine Investition in die Zukunft, die mit Zinseszinsen belohnt werden wird – wir können das genau beziffern.

Ein Beispiel kommt aus Australien:[13] Bäume retten nicht nur Leben – sie sparen messbar Gesundheitskosten. In einer Longitudinalstudie mit über 110 000 Personen wurde untersucht, wie viel Baumkronen in der Nachbarschaft mit Herz-Kreislauf-Erkrankungen und Krankenhauskosten zu tun haben. Das Ergebnis war ebenso eindeutig wie unbequem: Wenn die Baumkronenbedeckung von unter 10 auf mindestens 30 Prozent steigt, spart das Gesundheitssystem im Schnitt (umgerechnet) 110 Euro pro Person und Jahr, 322 Euro pro Patient:in mit Herz-Kreislauf-Problem und hochgerechnet 11 Millionen Euro pro 100 000 Einwohner – jedes Jahr.

Diese Zahlen sind nicht symbolisch. Sie zeigen: Prävention ist eine Infrastrukturfrage. Eine Stadt mit ausreichend Bäumen stärkt die kardiale Resilienz ihrer Bevölkerung: Sie reduziert Hitze, filtert Luftschadstoffe, senkt Stress, verbessert Schlaf und Bewegung. Und sie entlastet das Gesundheitssystem stärker, als viele medizinische Interventionen es je könnten. Die günstigste Herzkatheter-Untersuchung ist die, die nie stattfinden muss.

Das ist die Kurzfassung unserer WBGU-Empfehlungen:

1. Saubere Luft als Gesundheitsmaßnahme

Wir wissen aus unzähligen Studien: Feinstaub und Stickoxide treiben Herzinfarkte, Asthma, Schlaganfälle und Diabetes. Viele Menschen leben in Deutschland an belasteten Straßen – und können sich die «gesündere Adresse» nicht leisten.

Was Kommunen tun können – und müssen: Tempo 30 in Wohngebieten. Weniger Parkflächen, mehr Grüninseln. Sichere Radwege und gute ÖPNV-Anbindung. Keine neuen Schulen und Kitas an Hauptverkehrsstraßen.

Warum relevant: Saubere Luft ist eine der günstigsten und wirkungsvollsten Präventionsmaßnahmen überhaupt.

2. Hitze ernst nehmen: Schatten, Bäume, kühlere Wohnungen

Deutschland wird immer heißer. Und Hitze ist nicht einfach «unangenehm» – sie kostet Leben. Was sofort wirkt: Straßen und Plätze begrünen statt versiegeln. Stadtbäume pflanzen – jeder Baum senkt die Umgebungstemperatur. Fassaden begrünen, Dächer bepflanzen. Neubauten so planen, dass sie nicht zu Hitzefallen werden. Pflegeeinrichtungen, Schulen und Kitas mit Hitzeplänen ausstatten.

Warum relevant: Hitzeschäden treffen zuerst Ältere, chronisch Kranke, Menschen in schlechten Wohnungen. Prävention heißt: kühlen statt behandeln. Dazu brauchen wir den nationalen Hitzeaktionsplan.

3. Grün- und Blauräume: Das kostenlose Anti-Stress-Medikament

Parks, Flüsse, Bäche, Teiche – wirken wie eine natürliche Polypille. Sie kühlen, filtern Luft, fördern Bewegung, senken Stress, stärken die mentale Gesundheit.

Konkrete Maßnahmen: Jeder Stadtteil braucht wohnortnahe Grünflächen. Spielplätze und Sportflächen in Reichweite schaffen. Uferbereiche öffnen statt verbauen. Schattenspender zuerst in hitzebelasteten Vierteln pflanzen.

Warum relevant: Menschen in Vierteln ohne Grün leben kürzer und kränker – das wissen wir aus vielen Studien.

4. Lärm senken – Schlaf schützen

Verkehrslärm erhöht Blutdruck, Herzinfarktrisiko und Schlafstörungen.

Was wirkt: Tempo 30 nachts, besonders in Wohngebieten. Lärmschutz für stark befahrene Straßen. Verkehrsberuhigte Zonen und sichere Schulwege. Nachtflugverbote konsequent umsetzen.

Warum relevant: Schlaf ist Präventionsmedizin. Und Lärm ist eins der stärksten, oft unterschätzten Gesundheitsrisiken in Deutschland (siehe Interview S. 203).

5. Gesunde Innenräume: Schimmel, schlechte Luft & Kälte vermeiden

Schlechte Wohnqualität ist in Deutschland kein Randphänomen: Schimmelbefall, schlecht gedämmte Dachwohnungen, Hitze- oder Kältebelastung betreffen Millionen.

Konkretes Handeln: Schimmel früh sanieren – nicht kosmetisch überstreichen. Innenraumlüftung verbessern (Stoßlüften oder mechanische Systeme). Niedrigschwellige Förderprogramme für energetische Sanierung, besonders in sozialen Brennpunkten. Hitze- und Kälteschutz in Neubau-Richtlinien verpflichtend machen.

Warum relevant: Schimmel löst Asthma aus. Kälte belastet Herz und Immunsystem. Hitze ist lebensgefährlich.

6. Plastik, Abfall & Ressourcen: Prävention durch Kreisläufe

Deutschland produziert enorm viel Plastikmüll. Der landet als Mikroplastik in der Umwelt – oder in der Müllverbrennung, die wiederum die Luft verpestet, oft in ohnehin belasteten Regionen.

Was hilft: Auf Plastik verzichten, so gut es geht. Kreislaufwirtschaft stärken: reparieren, wiederverwenden, recyceln. Moderne Filteranlagen verpflichtend machen. Keine gesundheitliche Zusatzlast in benachteiligten Vierteln.

Prävention ist Politik

In Bayern ist etwas gelungen, was als Blaupause fürs ganze Land gelten kann. Es liegt seit Herbst 2025 auf meinem Schreibtisch und kommt recht bescheiden daher: ein Arbeitsheft mit Spiralbindung, gelbe Titelseite. Doch was drauf- und vor allem was drinsteht, hat Wucht: Masterplan Prävention. Das erste verbindliche Politikkonzept für mehr Gesundheitsprävention. Mit über

250 konkreten Maßnahmen, mit 10 strukturellen und 10 gesundheitlichen Zielen, mit einem jährlichen Präventionstag, einem Präventionspool – auf der Liste stehen etwa besseres Schulessen, niedrigschwellige Bewegungsangebote, neue Vorsorgeuntersuchungen und klare Strategien für Hitze, Klima und Infektionen.

Vorgestellt hat ihn Gesundheitsministerin Judith Gerlach, ich stand als Sonderbeauftragte für Klimaresilienz und Prävention bereit, die wissenschaftliche Perspektive einzuordnen. Irgendwann fiel dieser Satz, den wir alle aus der Pandemie kennen – nur anders: *There is MUCH glory in prevention.* Knapp und klar, ganz im Stil ihrer Haltung, fügte Ministerin Gerlach hinzu: «Unser Gesundheitssystem hält die Reparaturmedizin nicht mehr aus. Wir müssen Krankheiten verhindern, bevor sie da sind.» Das war kein politischer Soundbite. Das war Überzeugung: Prävention ist kein «Nice-to-have». Prävention ist die Antwort auf die Herausforderungen unserer Zeit.

Erdacht im Gesundheitsministerium, ist er nun der Plan der Staatsregierung und ein praktisches Arbeitspapier. In Lösungswerkstätten sitzen wir jetzt zusammen und erarbeiten mit vielen Partnerinstitutionen ganz konkrete Dinge. Ich bin dabei, wenn es um Strategien geht, wie man das hochallergene Ambrosiakraut loswird, oder um konkreten Hitzeschutz, besonders für Schulen, Krankenhäuser und Pflegeeinrichtungen.[14]

Damit Prävention überhaupt möglich bleibt

Alles, was wir in diesem Kapitel beschrieben haben – Barriere stärken, Toleranz fördern, Entzündung kontrollieren, Umweltfaktoren verstehen, digitale Präzisionswerkzeuge nutzen –, setzt etwas voraus, das so grundlegend ist, dass wir es selten aussprechen:

Prävention braucht einen Planeten, der bewohnbar bleibt.

Im WBGU-Gutachten «Gesund leben auf einer gesunden Erde» haben wir drei Risikofelder identifiziert, die darüber entscheiden, ob ein präventives Gesundheitssystem überhaupt eine Zukunft hat:

1. Fossile Energien – Ohne Ausstieg keine Gesundheit
Solange wir fossile Brennstoffe verbrennen, heizt sich der Planet weiter auf, breiten sich Hitze und Luftverschmutzung als führende Krankheits- und Todesursachen aus, verlieren vulnerable Menschen ihre physiologische Resilienz. Der Ausstieg aus den Fossilen ist deshalb kein klimapolitischer Wunsch – sondern medizinische Primärprävention.

2. Zoonosen – Infektionsschutz beginnt im Ökosystem
Rund 70 Prozent neuer Infektionskrankheiten entstehen dort, wo Ökosysteme kollabieren. Zoonosen sind keine «Launen der Natur», sondern Symptome eines beschädigten Planeten. Habitatzerstörung, industrialisierte Tierhaltung, Verlust der Biodiversität und der Klimawandel treiben das Risiko für Pandemien. Pandemievorsorge beginnt nicht beim Impfstoff, sondern beim Schutz der Natur. Gesunde Ökosysteme sind Infektionsprävention.

3. Verlust bewohnbarer Umwelten – Wenn die menschliche Nische kollabiert
Hitze, Dürre, Überflutung, Wassermangel und Extremwetter verschieben die Grenzen menschlicher Bewohnbarkeit auf der Erde. Regionen werden saisonal oder dauerhaft unbewohnbar. Lebensgrundlagen gehen verloren. Migration nimmt zu. Die Krankheitslast wächst – körperlich, psychisch, sozial. Hitze ist bereits der stärkste direkte Klimastressor – und trifft Herz, Lunge, Nieren, Haut: jene Organe, in denen wir die Klimakrise zuerst sehen. Wir

müssen Gesundheit nicht nur im Körper schützen, sondern im Lebensraum selbst.

Und wenn wir schon globalpolitisch werden: Für mich ist das in diesen Zeiten alles auch eine Frage der Sicherheit. Gesundheitssicherheit, Ernährungssicherheit, Umweltsicherheit, soziale und politische Stabilität – sie hängen untrennbar zusammen. Klimawandel und Biodiversitätsverlust wirken als Konfliktmultiplikatoren: Sie verschärfen Wasser- und Ressourcenkonflikte, destabilisieren Gesellschaften, treiben Migration und unterminieren politische Ordnungen. Gleichzeitig zeigen internationale Initiativen (UN Climate Security Mechanism, EU-Ansätze, G7-Initiativen): Friedenspolitik und Klimaschutz, Klimaanpassung, Resilienzbildung und Naturschutz sind heute Sicherheitsstrategien. Denn:

Wer planetare Grenzen überschreitet, gefährdet die Sicherheit seiner Bevölkerung.

Wer Biodiversität schützt, stärkt die Fähigkeit zur Krisenbewältigung.

Wer Klimarisiken ignoriert, erzeugt Instabilität – sozial, wirtschaftlich, geopolitisch.

Klimaschutz ist Friedenspolitik. Biodiversitätsschutz ist Resilienzpolitik. Umweltpolitik ist Gesundheitspolitik. Und all das ist die Grundvoraussetzung für Prävention.

Die gute Nachricht zum Schluss: Wenn wir ein Gesundheitssystem wollen, das präventiv arbeitet – früh, wirksam, gerecht und evidenzbasiert –, dann müssen wir die Grundlage schützen, auf der Prävention überhaupt wirken kann: einen stabilen, bewohnbaren Planeten. Versäumen wir das, verlieren wir nicht nur Ökosysteme, sondern die Möglichkeit, Krankheiten zu verhindern. Das wäre die eigentliche Bankrotterklärung der Medizin.

Deshalb lautet die zentrale Botschaft dieses Kapitels: Die Menschheitsaufgabe besteht nicht nur darin, Krankheiten zu behandeln – sondern eine Welt zu erhalten, in der Gesundheit möglich ist. Gelingt uns das, wird Prävention nicht nur ein Bestandteil der Medizin sein, sondern ihre Zukunft – und vielleicht ihre größte Hoffnung.

Danke!

Die Idee zu diesem Buch entstand auf einem *ZEIT*-Kongress im Dezember 2024. Unsere Lektorin Clara Polley hatte die super Idee, unseren Vortrag auszubauen – und so nahm «Die Medizin der Zukunft» ihren Lauf. Vielen Dank dafür und natürlich auch für die gute und inhaltlich wertvolle Betreuung bis fast zum Schluss!

Mehrere Unterkapitel dieses Buches wurden nur deshalb so interessant – auch für uns! –, weil andere Expertinnen und Experten aus Medizin und Forschung uns ihre Zeit schenkten und bereit waren, ihr Wissen sowie alltägliche Erfahrungen aus Fachgebieten mit uns zu teilen. Und weil Patientinnen und Patienten bereit waren, ihre Geschichten zu erzählen, in vielen, auch schmerzhaften Details. Für dieses Vertrauen danken wir Ihnen allen von ganzem Herzen. Merci!

Ein dickes Dankeschön geht auch an unsere Kolleginnen und Kollegen in Augsburg, München, Davos und Berlin, an die in der Welt verstreuten RiffReporter, an Freundinnen und Freunde, unsere Familien samt Austauschschülern und Katze, kurz: an alle, die uns in der Recherchephase mit Tipps, Anregungen, Expertise und guten Vibes unterstützt und während der Schreibphase aufgemuntert haben. Wir wollten ein hoffnungsvolles Buch schreiben in schwierigen Zeiten. Dank Eurer Hilfe fiel es leichter!

Wir haben uns sehr bemüht, Fehler zu vermeiden. Spüren Sie dennoch welche auf, teilen Sie sie uns bitte mit, so können wir sie in einer neuen Ausgabe korrigieren. Haben Sie eigene Geschichten zur «Medizin der Zukunft» zu erzählen – als Patientin oder Patient, als Arzt oder Ärztin, Forscher oder Forscherin, gerne auch als Entscheider:in aus der Politik oder der Wirtschaft –, freuen wir uns über Post. Je mehr wir uns austauschen, auch unbequeme Diskussionen führen, quer durch die Disziplinen, auf Basis valider Fakten und mit Respekt vor anderen Meinungen und Erfahrungen, umso höher sind unser aller Chancen auf eine gute Zukunft.

Ein paar Namen wollen wir am Ende noch nennen.

Wir danken den tollen Kolleginnen vom Rowohlt Verlag, die uns mit Engagement begleitet und das Buch erfolgreich bis zum Druck geschoben haben: neben Clara auch ihrer Nachfolgerin im Lektorat, Antje Röttgers, Programmleiterin Susanne Frank sowie Pressereferentin Leonie Krey. Außerdem Gudrun Hebel für ihre wertvollen Tipps, Melanie Pawlitzki für ihre sorgfältige Korrektur des Manuskripts, Eckart von Hirschhausen und Harald Lesch für ihre «Blurbs», Holger Stark für Austausch und Schampus, unseren Männern fürs Rückenstärken und ihre Geduld mit uns sowie allen Umwelt- und Klima-Engagierten dafür, dass sie nicht lockerlassen. Es lohnt sich!

Zuletzt sind wir so frei, uns gegenseitig Danke zu sagen. Denn auch diese zweite Zusammenarbeit für ein Buch mit gemeinsamen Reisen und Interviews sowie unzähligen WhatsApp-Nachrichten und regelmäßigen «Jour flexibles» hat neben viel Arbeit auch wieder viel Spaß gemacht!

Anmerkungen und Quellen

Einleitung: Mein Weg in die Medizin – warum ich ihn gehe, wie ich ihn gehe

1 Vgl. Stiftung «Gesunde Erde – Gesunde Menschen», https://stiftung-gegm.de/ (zuletzt abgerufen: 2.12.2025).

Crashkurs Umweltmedizin: Über Wissenschaft, Big Data und Politik

1 Wild, Christopher Paul: «Complementing the genome with an «exposome»: the outstanding challenge of environmental exposure measurement in molecular epidemiology», in: *Cancer Epidemiology, Biomarkers & Prevention*, vol. 14, Nr. 8 (August 2005), S. 1847–1850, https://pubmed.ncbi.nlm.nih.gov/16103423/ (zuletzt abgerufen: 24.11.2025).

2 Zhou, Jin, u. a.: «Stool Image Analysis for Digital Health Monitoring By Smart Toilets», in: *IEEE Internet of Things Journal*, vol. 10, Nr. 5 (März 2023), S. 3720–3734, https://www.researchgate.net/publication/359193126_Stool_Image_Analysis_for_Digital_Health_Monitoring_by_Smart_Toilets (zuletzt abgerufen: 2.12.2025).

3 Peters, Annette, u. a.: «Hallmarks of Environmental Insults», in: *Cell*, vol. 184, Nr. 6 (2021), S. 1455–1468, https://www.sciencedirect.com/science/article/pii/S0092867421000866?via%3Dihub (zuletzt abgerufen: 2.12.2025).

4 International Ban Asbestos Secretariat, https://www.ibasecretariat.org/alpha_ban_list.php (zuletzt abgerufen: 2.12.2025).

5 Ebd.

6 Verein Deutscher Ingenieure (VDI): «Gesundheitsrisiko Asbest.» Interview mit Dipl.-Ing. Martin Kessel anlässlich «30 Jahre Asbestverbot», https://www.vdi.de/news/detail/gesundheitsrisiko-asbest (zuletzt abgerufen: 2.12.2025).

7 Lin, Ro-Ting, u. a.: «Implementation of national policies for a total asbestos ban: a global comparison», in: *The Lancet Planetary Health*, vol. 3, Nr. 8 (August 2019), e341 – e348, https://www.thelancet.com/journals/lanplh/article/PIIS2542-5196%2819%2930109-3/fulltext?utm_source=chatgpt.com (zuletzt abgerufen: 2.12.2025).

8 Schmitt, Stefan/Schweitzer, Jan/Trippel, Katja: «Vor dem Hitzschlag. Der Klimawandel gefährdet unsere Gesundheit. Doch das hat in Deutschland viel zu lange kaum jemanden interessiert. In diesem Sommer tut sich endlich etwas», in: *Die Zeit*, 18. Juni 2023, https://www.zeit.de/2023/26/hitzeschutz-plan-sommer-klimawandel-gesundheit (zuletzt abgerufen: 2.12.2025).

9 République Française: Instruction interministerielle N° DGS/VSS2/DGOS/DGCS/DGT/DGSCGC/2018/110 du 22 mai 2018 relative au Plan National Canicule 2017 reconduit en 2018, https://www.legifrance.gouv.fr/download/pdf/circ?id=43455 (zuletzt abgerufen: 15.12.2025).

10 Bundesministerium für Gesundheit: Hitzeschutzplan für Gesundheit, Stand: 27. Juli 2023, www.bundesgesundheitsministerium.de/ministerium/meldungen/lauterbach-besser-auf-gesundheitliche-auswirkungen-von-hitze-vorbereiten.html (zuletzt abgerufen: 2.12.2025).

11 European Union: Directive (EU) 2024/2881 of the European Parliament and of the Council of 23 October 2024 on ambient air quality and cleaner air for Europe (recast), https://eur-lex.europa.eu/eli/dir/2024/2881/oj/eng (zuletzt abgerufen: 2.12.2025).

12 Europäischer Rechnungshof: Sonderbericht 02/2025: Umweltbelastung in den Städten der EU: Sauberere Luft, aber immer noch zu viel Lärm, Amt für Veröffentlichungen der Europäischen Union, 2025, https://www.eca.europa.eu/de/publications/SR-2025-02 (zuletzt abgerufen: 2.12.2025).

13 Helmholtz Munich: «Unsichtbar und Ultrafein – Wie beeinflussen Luftschadstoffe unsere Gesundheit?», https://www.helmholtz-munich.de/newsroom/highlights-unserer-forschung/luftschadstoffe-beeinflussen-gesundheit (zuletzt abgerufen: 2.12.2025).

14 Zhang, Xiaodi, u. a.: «Lewy body dementia promotion by air pollutants», in; *Science*, vol. 389, Nr. 6764 (September 2025), https://www.science.org/doi/10.1126/science.adu4132 (zuletzt abgerufen: 2.12.2025).

15 Umweltbundesamt: Pressemitteilung: 2024: «Erstmals alle Grenzwerte zur Luftqualität eingehalten. Weitere Anstrengungen bis 2030 erforderlich», 20. 2. 2025, https://www.umweltbundesamt.de/presse/pressemitteilungen/2024-erstmals-alle-grenzwerte-zur-luftqualitaet (zuletzt abgerufen: 2.12.2025).

16 luc/dpa: «EU einigt sich offenbar auf Rücknahme von Verbrenner-Aus», in: *Spiegel online*, 11.12.2025, https://www.spiegel.de/politik/deutschland/verbrenner-aus-eu-kommission-will-verbot-offenbar-aufweichen-a-a267d315-8e9e-4974-ad4d-cf8444aa5d69 (zuletzt abgerufen: 15.12.2025).

17 dpa, «Luftreinhalte- und Lärmaktionsplan: Aufhebung von 23 Tempo 30-Zonen», in: Pressemitteilung der Senatskanzlei Berlin, 2. September 2025, https://www.berlin.de/aktuelles/9874906-958090-luftreinhalte-und-laermaktionsplan-aufhe.html (zuletzt abgerufen: 2.12.2025).

18 Fondzenyuy, Stephen Kome, u. a.: «The Impact of Speed Limit Change on Emissions: A Systematic Review of Literature», in: *Sustainability*, vol. 16 (September 2024), https://www.mdpi.com/2071-1050/16/17/7712 (zuletzt abgerufen: 2.12.2025).

19 Landrigan, Philip J., u. a.: The Lancet Countdown on health and plastics, in: *The Lancet*, vol. 406, Nr. 10507 (September 2025), S. 1044–1062, https://www.thelancet.com/journals/lancet/article/PIIS0140-6736(25)01447-3/abstract (zuletzt abgerufen: 2.12.2025).

20 Bundesinstitut für Risikobewertung: Mikroplastik: Fakten, Forschung und offene Fragen (Stand: 31. Mai 2024), https://www.bfr.bund.de/fragen-und-antworten/thema/mikroplastik-fakten-forschung-und-offene-fragen/ (zuletzt abgerufen: 2.12.2025).

21 Martin, Mirjam/Schulze, Anne-Kristin: «Mikro- und Nanoplastik in unseren Körpern: Viele Hinweise, wenig Wissen», in: *Deutsches Ärzteblatt*, Nr. 16 (2025), https://www.aerzteblatt.de/archiv/mikro-und-nanoplastik-in-unseren-koerpern-viele-hinweise-wenig-wissen2-9961ffb5-5e0f-4321-a631-7d067db83e99 (zuletzt abgerufen: 2.12.2025).

22 Brynzak-Schreiber, Ekaterina, u. a.: «Microplastics role in cell migration and distribution during cancer cell division», in: *Chemosphere*, vol. 353 (April 2024), https://www.sciencedirect.com/science/article/pii/S0045653524003564?via%3Dihub (zuletzt abgerufen: 2.12.2025).

23 https://www.theguardian.com/environment/2026/jan/13/microplastics-human-body-doubt

24 Helmholtz Munich: «Unsichtbar und Ultrafein – Wie beeinflussen Luftschadstoffe unsere Gesundheit?», https://www.helmholtz-munich.de/newsroom/highlights-unserer-forschung/luftschadstoffe-beeinflussen-gesundheit (zuletzt abgerufen: 2.12.2025).

25 Ebd.

26 Vgl. https://nako.de/studie/ (zuletzt abgerufen: 2.12.2025).

27 CK-Care Davos: CARE Kinderstudie, https://ck-care.ch/care-studie/ (zuletzt abgerufen: 2.12.2025).

28 Universität Augsburg: ProRaD-Studie, https://www.uni-augsburg.de/de/fakultaet/med/profs/umweltmedizin/projekte-und-studien-ubersicht/prorad-studie/ (zuletzt abgerufen: 2.12.2025).

Die Haut: Ein Superwoman-und Superman-Umhang

1 Vgl. hierzu z. B. Bergstresser, P. R./Taylor, J. R.: «Epidermal ‹turnover time› – a new examination», in: *British Journals of Dermatology*, vol. 96, Nr. 5 (Mai 1977), S. 503–506, https://pubmed.ncbi.nlm.nih.gov/871385/ (zuletzt abgerufen: 2.12.2025).

2 Vgl. Bergmann, Karl-Christian/Ring, Johannes (Hg.): *History of Allergy*, Basel 2014.

3 Tian, Jingru, u. a.: Global epidemiology of atopic dermatitis: a comprehensive systematic analysis and modelling study. In: Journal of Dermatology Dec. 2023. https://pubmed.ncbi.nlm.nih.gov/37705227/ (zuletzt abgerufen: 2.12.2025).

4 Ring, Johannes: *Neurodermitis. Expertise zur gesundheitlichen Versorgung und Vorsorge bei Kindern mit atopischem Ekzem*, Landsberg 1998.

5 Vgl. S3-Leitlinie «Atopische Dermatitis» (AWMF-Register-Nr. 013–027) (2023), https://register.awmf.org/de/leitlinien/detail/013-027 (zuletzt abgerufen: 2.12.2015).

6 Traidl, Claudia, u. a.: «Disparate cytotoxic activity of nickel-specific CD8+ and CD4+ T cell subsets against keratinocytes», in: *Journal of Immunology*, vol. 165 (September 2000), S. 3058–3064, https://pubmed.ncbi.nlm.nih.gov/10975816/ (zuletzt abgerufen: 2.12.2025).

Atemwege: Die «United Airways» unseres Körpers

1 Romanello, Marina, u. a.: «The 2024 report of the *Lancet* Countdown on health and climate change: facing record-breaking threats from delayed action», in: *The Lancet*, vol. 404, Nr. 10465 (November 2024), S. 1847–1896, https://www.thelancet.com/journals/lancet/article/PIIS0140-6736(24)01822-1/abstract (zuletzt abgerufen: 2.12.2025).

2 Shin, Youn Ho, u. a.: «Global, regional, and national burden of allergic disorders and their risk factors in 204 countries and territories, from 1990 to 2019: A systematic analysis for the Global Burden of Disease Study 2019», in: *Allergy*, vol. 78, Nr. 8 (August 2023), S. 2232–2254, https://pubmed.ncbi.nlm.nih.gov/37431853/ (zuletzt abgerufen: 2.12.2025).

3 Ebd.

4 Walker, Samantha, u. a.: «Seasonal allergic rhinitis is associated with a detrimental effect on examination performance in United Kingdom teenagers: case-control study», in: *Journal of Allergy and Clinical Immunology*, vol. 120, Nr. 2 (August 2007), S. 381–387, https://pubmed.ncbi.nlm.nih.gov/17560637/ (zuletzt abgerufen: 2.12.2025).

5 Treudler, Regina: «Insektengiftallergie und -anaphylaxie: Neue Aspekte für Diagnostik, Therapie und Prävention», in: *Deutsches Ärzteblatt* 1/24 (Januar 2024), https://www.aerzteblatt.de/archiv/insektengift allergie-und-anaphylaxie-neue-aspekte-fuer-diagnostik-therapie-und-praevention-a0390273-a6a1-4479-aa47-245 f83dcab0b (zuletzt abgerufen: 15.12.2025).

6 Bergmann, Karl-Christian, u. a.: «Apfelallergie – Toleranzentwicklung durch regelmäßigen Konsum allergenarmer Äpfel. Eine Beobachtungsstudie», in: *Erwerbs-Obstbau*, Nr. 62 (2020), S. 267–273 (2020), https://link.springer.com/article/10.1007/s10341-020-00492-z (zuletzt abgerufen: 2.12.2025).

7 Mueller, Bettina, u. a.: «Structured Fresh Apple Consumption for Birch Pollen Food Allergy Syndrome in an Uncontrolled Phase II/III Trial», in: *The Journal of Allergy and Clinical Immunology: In Practice*, vol. 13, Nr. 10 (Oktober 2025), S. 2777–2786, https://pubmed.ncbi.nlm.nih.gov/40633686/ (zuletzt abgerufen: 2.12.2025).

8 Zuberbier, Thomas, u. a.: Economic burden of inadequate management of allergic diseases in the European Union: a GA(2) LEN review. In:

Allergy (Okt. 2014), https://pubmed.ncbi.nlm.nih.gov/24965386/ (zuletzt abgerufen: 8.12.2025).

9 Vgl. https://www.helmholtz-munich.de/en/iap/erika-von-mutius (zuletzt abgerufen: 2.12.2025).

10 https://www.aerzteblatt.de/news/warum-hutterer-haeufiger-an-allergien-und-asthma-erkranken-als-amische-4d166e60-995c-41a8-965b-099bd9e992fa

11 Stein, Michelle, u. a.: «Innate Immunity and Asthma Risk in Amish and Hutterite Farm Children», in: *The New England Journal of Medicine*, vol. 375, Nr. 5 (August 2016), S. 411–421, https://pubmed.ncbi.nlm.nih.gov/27518660/ (zuletzt abgerufen: 3.12.2025).

12 Vgl. Aether: Greater London Authority air quality exposure and inequalities study Part 1 – London analysis (Stand: Juni 2023), https://www.london.gov.uk/sites/default/files/2023-06/Air%20quality%20exposure%20and%20inequalities%20study%20-%20part%20one%20-%20London%20analysis.pdf (zuletzt abgerufen: 3.12.2025).

13 Gentleman, Amelia: «Ella Adoo-Kissi-Debrah's mother to receive settlement over death linked to air pollution», in: *The Guardian*, 31. Oktober 2024, https://www.theguardian.com/environment/2024/oct/31/ella-kissi-debrah-mother-receive-settlement-death-air-pollution (zuletzt abgerufen: 3.12.2025).

14 Vgl. C40: Clean Air Zone Toolbox. From Low Emission Zones to Zero Emission Areas: how cities can transform transport to create cleaner, greener and healthier streets. Part 3: how to build public and political support for Clean Air zones (2024), https://c40.my.salesforce.com/sfc/p/#36000001Enhz/a/Vo00000008Ntt/7TykQajiG6fHHOq.SoxXUIHxfe_boZEDOL7zobKS2VA (zuletzt abgerufen: 3.12.2025).

15 Centre for Planetary Health Policy: Environmental Justice: Air pollution as a key driver of health inequalities – What can Berlin learn from London?, Planetary Health Dialogue I, 7. Oktober 2025, https://cphp-berlin.de/planetary-health-dialogues-en/ (zuletzt 3.12.2025).

16 Hütten, Frank: «EuGH: Keine Schadensersatzansprüche wegen schlechter Luftqualität», in: *Deutsche Verkehrs-Zeitung*, 22. Dezember 2022, https://www.dvz.de/politik/detail/news/eugh-keine-schadensersatzansprueche-wegen-schlechter-luftqualitaet.html (zuletzt abgerufen: 3.12.2025).

17 Balmes, John R., u. a.: «The Effect of Wildfires on Asthma and Allergies», in: *The Journal of Allergy and Clinical Immunology*, vol. 13, Nr. 2 (Februar 2025), S. 280–287, https://pubmed.ncbi.nlm.nih.gov/39672379/ (zuletzt abgerufen: 3.12.2025).
18 Thien, Francis, u. a.: «The Melbourne epidemic thunderstorm asthma event 2016: an investigation of environmental triggers, effect on health services, and patient risk factors», in: *Lancet Planet Health*, vol. 2, Nr. 6 (Juni 2018), e255-e263, https://pubmed.ncbi.nlm.nih.gov/29880157/ (zuletzt abgerufen: 3.12.2025).
19 European Environment Agency: Mycotoxin exposure in a changing European climate (März 2025), https://www.eea.europa.eu/en/analysis/publications/mycotoxin-exposure-in-a-changing-european-climate (3.12.2025).

Unser Darm: Das hochsensible Grenzorgan

1 Krause-Kyora, Ben/Schade-Lindig, Sabine, u. a.: «Neolithic introgression of *IL23R*-related protection against chronic inflammatory bowel diseases in modern Europeans», in: *eBioMedicine*, vol. 113, Nr. 105591 (März 2025), https://www.thelancet.com/journals/ebiom/article/PIIS2352-3964(25)00035-0/fulltext (zuletzt abgerufen: 3.12.2025).
2 Bundesinstitut für Risikobewertung: Lebensmittelallergien (2025), https://www.bfr.bund.de/lebensmittelsicherheit/gesundheitliche-bewertung-von-ernaehrungsrisiken/ernaehrungsbedingte-erkrankungen/lebensmittelallergien/#:~:text=In%20Deutschland%20leiden%20etwa%204,allergischer%20Reaktionen%20deutlich%20h%C3%B6her%20liegt (zuletzt abgerufen: 3.12.2025).
3 DLF-Nachrichten: «Studie: Laktose-Intoleranz in Deutschland deutlich gestiegen», 24.8.2024, https://www.deutschlandfunk.de/studie-laktose-intoleranz-in-deutschland-deutlich-gestiegen-106.html (zuletzt abgerufen: 3.12.2025).
4 Grand View Horizon: Germany Food Allergy Market Size & Outlook, 2025–2030, https://www.grandviewresearch.com/horizon/outlook/food-allergy-market/germany (zuletzt abgerufen: 3.12.2025).
5 Vgl. Institut für Ernährungsmedizin TU München: Zöliakie (Stand: März 2016), https://mri.tum.de/sites/default/files/2023-07/zoeliakie_sprue.pdf (zuletzt abgerufen: 3.12.2025).

6 Arzneimittelkommission der deutschen Ärzteschaft (AkdÄ): «Die «Nicht-Zöliakie-Glutensensitivität», in: *Arzneiverordnung in der Praxis*, Jg. 45, Ausgabe 2 (April 2018), (NCGS)https://www.akdae.de/fileadmin/user_upload/akdae/Arzneimitteltherapie/AVP/Artikel/201802/078.pdf (zuletzt abgerufen: 3.12.2025).
7 Vgl. Institut für Ernährungsmedizin TU München: Zöliakie, https://mri.tum.de/sites/default/files/2023-07/zoeliakie_sprue.pdf (zuletzt abgerufen: 15.12.2025).
8 Turner, Paul J., u. a.: «Time Trends in the Epidemiology of Food Allergy in England: An Observational Analysis of Clinical Practice Research Datalink Data», in: *The Lancet Public Health*, vol. 9, Nr. 6 (September 2024), https://pubmed.ncbi.nlm.nih.gov/39214635/ (zuletzt abgerufen: 3.12.2025).
9 Spolidoro, G. C. I., u. a.: «Frequency of Food Allergy in Europe: An Updated Systematic Review and Meta-Analysis», in: *Allergy*, vol 78, Nr. 2 (Februar 2023), S. 351–368, https://pubmed.ncbi.nlm.nih.gov/36271775/ (zuletzt abgerufen: 3.12.2025).
10 Thel, Hannah L., u. a.: «Prevalence and Costs of Eosinophilic Esophagitis in the United States», in: *Clinical Gastroenterology and Hepatology*, vol. 23, Nr. 2 (Februar 2025), S. 272–280, https://pubmed.ncbi.nlm.nih.gov/39486752/ (zuletzt abgerufen: 15.12.2025).
11 Ebd.

Dirigent im Hintergrund: Das Immunsystem

1 RKI: Kurz & Knapp: Faktenblätter zum Impfen, FSME-Impfung (Stand: August 2025), https://www.rki.de/DE/Themen/Infektionskrankheiten/Impfen/Informationsmaterialien/Faktenblaetter-zum-Impfen/FSME.pdf?__blob=publicationFile&v=5 (zuletzt abgerufen: 8.12.2025).
2 Bayerisches Landesamt für Gesundheit und Lebensmittelsicherheit: Die Lyme-Borreliose ist die häufigste zeckenübertragene Infektionskrankheit in der nördlichen Hemisphäre, https://www.lgl.bayern.de/gesundheit/infektionsschutz/infektionskrankheiten_a_z/borreliose/lyme_epidemiologie.htm (zuletzt abgerufen: 8.12.2025).
3 BR 24: Gesundheitsbehörde: Mehr Borreliose-Fälle in Bayern, 15.10.2025, https://www.br.de/nachrichten/bayern/gesundheits behoerde-mehr-borreliose-faelle-in-bayern,UzZjzOH (zuletzt abgerufen: 8.12.2025).

4 Wagner, Laura, u. a.: «Immunogenicity and safety of different immunization schedules of the VLA15 Lyme borreliosis vaccine candidate in adults, adolescents, and children: a randomised, observer-blind, placebo-controlled, phase 2 trial, in: *The Lancet Infectious Diseases*, vol. 25, Nr. 9, S. 986–999, https://www.thelancet.com/journals/laninf/article/PIIS1473-3099(25)00092-1/abstract (zuletzt abgerufen: 8.12.2025).

5 Fischer J., u. a.: Alpha-Gal-Syndrom, in: *Der Hautarzt*, vol. 73 (4.2.2022), S. 195–200, https://link.springer.com/article/10.1007/s00105-022-04943-4 (zuletzt abgerufen: 8.12.2025).

6 Jappe, Uta, u. a.: «Connecting Diagnostics and Clinical Relevance of the α-Gal Syndrome—Individual Sensitization Patterns of Patients with Suspected α-Gal-Associated Allergy», in: *Nutrients*, vol. 17, Nr. 9 (30.4.2025), S. 1541, https://pubmed.ncbi.nlm.nih.gov/40362849/ (zuletzt abgerufen: 8.12.2025).

7 European Centre for Disease Prevention and Control: New ECDC weekly reports and guidance to tackle mosquito-borne diseases across Europe, 1. Juli 2025, https://www.ecdc.europa.eu/en/news-events/new-ecdc-weekly-reports-and-guidance-tackle-mosquito-borne-diseases-across-europe (zuletzt abgerufen: 8.12.2025).

8 Ribeiro dos Santos, G., u. a.: «Global burden of chikungunya virus infections and the potential benefit of vaccination campaigns», in: *Nat Med*, vol. 31, S. 2342–2349, https://www.nature.com/articles/s41591-025-03703-w#citeas (zuletzt abgerufen: 8.12.2025).

9 Vgl. Beacon: Chikungunya, China, https://beaconbio.org/en/event/?eventid=d32ccdba-df8d-42ad-baf9-c2aa7644cc24&utm_source=email&utm_medium=digest&utm_campaign=weekly (zuletzt abgerufen: 8.12.2025).

10 Jahn, Annika: Tabletten gegen Tigermücken: BW will leichtere Abgabe, 11.6.2025, https://www.swr.de/swraktuell/baden-wuerttemberg/leichtere-abgabe-von-bti-tabletten-gegen-asiatische-tigermuecke-100.html (zuletzt abgerufen: 8.12.2025).

11 https://www.rki.de/DE/Themen/Infektionskrankheiten/Impfen/Staendige-Impfkommission/staendige-impfkommission-node.html (zuletzt abgerufen: 8.12.2025).

12 Ruscher, Claudia, u. a.: «Ecological and clinical evidence of the establishment of West Nile virus in a large urban area in Europe, Berlin, Germany, 2021 to 2022, Article submitted on 17 May 2023 / accepted on 14 Sept

2023 / published on 30 Nov 2023, https://pmc.ncbi.nlm.nih.gov/articles/PMC10690859/pdf/eurosurv-28-48-3.pdf (zuletzt abgerufen: 8.12.2025).

13 Vgl. Hermanns, Kyra, u. a.: «Mosquito community composition shapes virus prevalence patterns along anthropogenic disturbance gradients», in: *eLife* (September 2023), https://pubmed.ncbi.nlm.nih.gov/37702388/ (abgerufen: 8.12.2025).

14 Labrenz, Matthias/Riedinger, David/Kube, Sandra: The occurrence of Vibrio spp. in the salinity gradient of shallow coastal waters of the Baltic Sea – data set including environmental and microbiological data (EU Biodiversa project BaltVib), Leipzig Institute For Baltic Sea Research Warnemünde, https://doi.iow.de/10.12754/data-2023-0010 (zuletzt abgerufen: 15.12.2025).

15 Papo, David, u. a.: «Chemosensory function and psychological profile in patients with multiple chemical sensitivity: comparison with odor-sensitive and asymptomatic controls», in: *The Journal of Psychosomatic Research*, vol. 60, Nr. 2 (Februar 2006), S. 199–209, https://pubmed.ncbi.nlm.nih.gov/16439274/ (zuletzt abgerufen: 8.12.2025).

16 Schovsbo, Signe U., u. a.: «Fluctuation of functional somatic disorders in a population-based cohort. The DanFunD study», in: *Plos One*, vol. 19, Nr. 10 (Oktober 2024), https://pubmed.ncbi.nlm.nih.gov/39413108/ (zuletzt abgerufen: 8.12.2025).

Herz und Kreislauf: Viel mehr als eine Pumpe

1 Deutsche Herzstiftung: Weniger Herztote, aber mehr Krankenhauseinweisungen – Handlungsdruck wächst (2025), https://herzstiftung.de/service-und-aktuelles/presse/pressemitteilungen/herzbericht-versorgung-2025 (zuletzt abgerufen: 3.12.2025).

2 Akbarpour Samaneh/Azizpour, Yosra/Larijani, Bagher: «Global Effect of Cardiovascular Risk Factors on Lifetime Estimates», in: *The New England Journal of Medicine*, vol. 393, Nr. 2 (Juli 2025), S. 125–138, https://pubmed.ncbi.nlm.nih.gov/40991916/ (zuletzt abgerufen: 3.12.2025).

3 Bundesanstalt für Landwirtschaft und Ernährung: Pressemitteilung Nummer 28 vom 27.3.2025: Versorgungsbilanz Fleisch: Verzehr leicht gestiegen, https://www.ble.de/SharedDocs/Pressemitteilungen/DE/2025/250327_Fleischbilanz.html (zuletzt abgerufen: 3.12.2025).

4 Romanello, Marina, u. a.: «The 2025 report of the *Lancet* Countdown on health and climate change: climate change action offers a lifeline», in: *The Lancet*, vol. 406 (Dezember 2025), https://www.thelancet.com/journals/lancet/article/PIIS0140-6736(25)01919-1/abstract (zuletzt abgerufen: 15.12.2025).

5 Lebertransplantierte Deutschland e. V.: Was ich schon immer über Organspende wissen wollte, https://lebertransplantation.eu/organspende/organspende/was-ich-schon-immer-ueber-organspende-wissen-wollte (zuletzt abgerufen: 3.12.2025).

6 Vgl. https://www.marathons.fr/Le-sport-dans-la-canicule (zuletzt abgerufen: 8.12.2025).

7 Vgl. PACE – Planetary Health Action Survey. Ergebnisse aus dem wiederholten querschnittlichen Monitoring von Wissen, Risikowahrnehmung, Vertrauen, Einstellungen und Verhalten in der Klimakrise (Stand: November 2025), https://projekte.uni-erfurt.de/pace/ (zuletzt abgerufen: 15.12.2025).

8 European Environment Agency (EEA): Environmental noise in Europe 2025, report 05/2025, 24. Juni 2025, https://www.eea.europa.eu/en/analysis/publications/environmental-noise-in-europe-2025 (zuletzt abgerufen: 15.12.2025).

9 Kropac, Kerstin: Wie Lärm und Luftverschmutzung das Herz krank machen, in: HerzMedizin. Das Portal für Herzmedizin und Herzgesundheit, https://herzmedizin.de/fuer-patienten-und-interessierte/vorsorge/risikofaktoren/so-wirken-laerm-und-luftverschmutzung-aufs-herz.html (zuletzt abgerufen: 15.12.2025).

10 Umweltbundesamt: Lärmkarten (Stand: 28.11.2025), https://www.umweltbundesamt.de/themen/laerm/umgebungslaermrichtlinie/laermkarten (zuletzt abgerufen: 3.12.2025).

11 Umweltbundesamt: Indikator: Belastung der Bevölkerung durch Verkehrslärm, 6. Mai 2025, https://www.umweltbundesamt.de/daten/umweltindikatoren/indikator-belastung-der-bevoelkerung-durch#welche-bedeutung-hat-der-indikator (zuletzt abgerufen: 15.12.2025).

12 Greiser, Claudia/Greiser, Dr. Eberhard (im Auftrag des Umweltbundesamtes): Risikofaktor nächtlicher Fluglärm. Abschlussbericht über eine Fall-Kontroll-Studie zu kardiovaskulären und psychischen Erkrankungen im Umfeld des Flughafens Köln-Bonn (März 2010), https://www.

umweltbundesamt.de/sites/default/files/medien/461/publikationen/3774.pdf (zuletzt abgerufen: 3.12.2025).

13 German National Academy of Sciences Leopoldina: Air Pollution and Health, chrome-extension://efaidnbmnnnibpcajpcglclefindmkaj/https://www.leopoldina.org/fileadmin/Daten/Publikationen/Dokumente/Air_Pollution_and_Health_EN_01.pdf (zuletzt 15.12.2025).

14 Rajagopalan, Sanjay/Landrigan, Philip J.: «Pollution and the Heart», in: *The New England Journal of Medicine*, vol. 385, Nr. 20 (November 2021), https://www.nejm.org/doi/abs/10.1056/NEJMra2030281 (zuletzt abgerufen: 3.12.2025).

15 Yen, Chih-Chien/Chen, Ping-Ling: «Effect of Short-Term Exposure to Fine Particulate Matter and Particulate Matter Pollutants on Triggering Acute Myocardial Infarction and Acute Heart Failure», in: *American Journal of Cardiology*, vol. 175 (Juli 2022), S. 158–163, https://www.sciencedirect.com/science/article/abs/pii/S0002914922004209 (zuletzt abgerufen: 3.12.2025).

16 Umweltbundesamt: Soziale Aspekte der Umweltpolitik. Teilvorhaben 2: Gewinnung von Daten, Texte 82/2024 (April 2024), https://www.umweltbundesamt.de/publikationen/soziale-aspekte-der-umweltpolitik (zuletzt abgerufen: 3.12.2025).

17 Zhu, Xinlei, u. a.: «Hourly Heat Exposure and Acute Ischemic Stroke», in: *Jama Network Open*, vol. 7, Nr. 2 (Februar 2024), https://pubmed.ncbi.nlm.nih.gov/38416489/ (zuletzt abgerufen: 3.12.2025).

18 He, Cheng, u. a.: «Nocturnal heat exposure and stroke risk», in: *European Heart Journal*, vol. 45, Nr. 24 (Juni 2024), S. 2158–2166, https://pubmed.ncbi.nlm.nih.gov/38768958/ (zuletzt abgerufen: 3.12.2025).

19 Ebd.

Hirn und Nervensystem: Unser Mind-Body-Resonanzorgan

1 AXA Pressemitteilung: AXA Mental Health Report: Mehr als ein Drittel der Deutschen bezeichnet sich als psychisch erkrankt, 27. März 2025, https://www.axa.de/mediathek/studien-und-forschung/mental-health-report-2025 (zuletzt abgerufen: 4.12.2025).

2 Rövekamp, Marie: «Inzwischen existiert ein komisches Verständnis davon, krank zu sein. Melden wir uns zu oft krank? Laut der Hausärztin Maren Sommer werden Erkältungen heutzutage dramatisiert. Der

wahre Grund, sich krankzumelden, sei zudem oft ein anderer», in: *Die Zeit*, 21. Oktober 2025, https://www.zeit.de/arbeit/2025-10/hausaerztin-krankmeldung-attest-probleme-arbeitsunfaehigkeit (zuletzt abgerufen: 4.12.2025).

3 Wang, X./Feng, B./Wang, J.: «Green spaces, blue spaces and human health: an updated umbrella review of epidemiological meta-analyses», in: *Frontiers in Public Health*, 22. Mai 2025, https://pmc.ncbi.nlm.nih.gov/articles/PMC12137254/pdf/fpubh-13-1505292.pdf (zuletzt abgerufen: 15.12.2025).

4 Immich, Gisela/Schuh, Angela: *Waldtherapie. Das Potenzial des Waldes für Ihre Gesundheit*, Berlin/Heidelberg 2019.

5 Lee, Insook, u. a.: «Effects of forest therapy on depressive symptoms among adults: a systematic review», in: *International Journal of Environmental Research and Public Health*, vol. 14, Nr. 3 (März 2017).

6 Sidenius, Ulrik: «I look at my own forest and fields in a different way: the lived experience of nature-based therapy in a therapy garden when suffering from stress-related illness», in: *International Journal of Qualitative Studies on Health and Well-Being*, vol. 12, Nr. 1 (Mai 2017), https://pmc.ncbi.nlm.nih.gov/articles/PMC5510200/ (zuletzt abgerufen: 4.12.2025).

7 Rubryka: «If anyone needs it, it's Ukrainians: Scandinavian therapeutic garden aids in mental health recovery», 27. August 2024, https://rubryka.com/en/article/terapevtychni-sady/ (zuletzt abgerufen: 8.12.2025); President of Ukraine, Volodymyr Zelenskyy Official website: Therapeutic Garden Opened in Kyiv, Offering Everyone a Place to Heal Through Connection with Nature or Themselves – Olena Zelenska, 17. Oktober 2025, https://www.president.gov.ua/en/news/u-kiyevi-vidkrivsya-terapevtichnij-sad-de-kozhen-mozhe-vidno-100857 (zuletzt abgerufen: 8.12.2025).

8 Vgl. https://www.nbph.org.nz/services/health-services/rongoa-kakariki-green-prescription (zuletzt abgerufen: 8.12.2025).

9 Vgl. https://www.parkprescriptions.ca/en-ca/en/about (zuletzt abgerufen: 8.12.2025).

10 RESONATE (funded by the European Union): Interview mit Dr. Melissa Lem, 4. März 2025, https://resonate-horizon.eu/interview-with-dr-melissa-lem-external-expert-advisory-board/ (zuletzt abgerufen: 8.12.2025).

11 NHS: Green social prescribing, https://www.england.nhs.uk/personalisedcare/social-prescribing/green-social-prescribing/ (zuletzt abgerufen: 8.12.2025).

12 National Institute for Health and Care Research (NIHR): Prescribing nature improves happiness and reduces anxiety, 9. September 2024, https://arc-swp.nihr.ac.uk/news/new-research-prescribing-nature-improves-happiness-and-reduces-anxiety/ (zuletzt abgerufen: 8.12.2025).

13 Carrington, Damian: «‹Better than medication›: prescribing nature works, project shows», in: *The Guardian*, 4. September 2024, https://www.theguardian.com/environment/article/2024/sep/04/better-than-medication-prescribing-nature-works-project-shows (zuletzt abgerufen: 8.12.2025).

14 Universität Wien: Resonate. Neues 4-Jahres-Horizon-Europe-Projekt zu naturbasierten sozialen Therapien unter der Leitung der Universität Wien, https://env-psy.univie.ac.at/de/forschung/forschungsprojekte/laufende-projekte-kollaborationen/resonate/ (zuletzt abgerufen: 8.12.2025).

15 GreenME: Mental Health for all through Nature. An integrated multi-scalar approach for the expansion of nature-based therapies to improve Mental health Equity, https://greenme-project.eu/ (zuletzt abgerufen: 8.12.2025).

16 Bäderverband Mecklenburg-Vorpommern e. V.: Unsere Heilwälder und Kurwälder, https://www.kur-und-heilwaelder.de/Unsere-Heilwaelder-und-Kurwaelder2 (zuletzt abgerufen: 8.12.2025).

17 Ärztinnen und Ärzte für Umweltschutz (AefU): Transportlärm und Risiko für Demenz und andere Krankheiten in einer landesweiten Studie (in Dänemark), 28. Forum Medizin & Umwelt: Läääääarrrrrrm. Die AefU-Tagung zum unterschätzten Risiko, 19. Mai 2022, https://www.aefu.ch/fileadmin/user_upload/aefu-data/b_documents/forum-medizin-umwelt/06a_Abstract_Sorensen_D.pdf (zuletzt abgerufen: 8.12.2025).

18 Stansfeld, S. A., u. a.: «Aircraft and road traffic noise and children's cognition and health: a cross-national study», in: *The Lancet*, vol. 365, Nr. 9475 (Juni 2005), S. 1942–1949, https://pubmed.ncbi.nlm.nih.gov/15936421/ (zuletzt abgerufen: 8.12.2025).

19 Ruppel, Patrick, u. a.: Ratgeber für mentale Gesundheit im Klimawandel, Reihe Umwelt & Gesundheit (Umweltbundesamt), Juni 2025, https://www.umweltbundesamt.de/publikationen/die-mentalen-auswirkungen-des-klimawandels (zuletzt abgerufen: 8.12.2025).

20 Dies.: Ratgeber für mentale Gesundheit im Klimawandel, Umweltbundesamt, Januar 2025, https://www.umweltbundesamt.de/publikationen/ratgeber-fuer-mentale-gesundheit-im-klimawandel-0 (zuletzt abgerufen: 8.12.2025).

21 UFZ (Helmholtz Zentrum für Umweltforschung): PFAS beeinflussen Entwicklung und Funktion des Gehirns, Pressemitteilung vom 4. September 2024, https://www.ufz.de/index.php?de=36336&webc_pm=33/2024 (zuletzt abgerufen: 8.12.2025).

22 Bund für Umwelt und Naturschutz Deutschland (BUND): Ewigkeitschemikalien sind überall: BUND findet PFAS in Mineral- und Leitungswasser, 23. April 2024, https://www.bund.net/service/publikationen/detail/publication/deutschlandweite-toxfox-trinkwassertest-zu-pfas/ (zuletzt abgerufen: 8.12.2025).

23 Gaber, N./Bero, L./Woodruff, T. J.: «The Devil they Knew: Chemical Documents Analysis of Industry Influence on PFAS Science», in: *Annals of Global Health* (2023) 89(1): 37, S. 1–17, https://annalsofglobalhealth.org/articles/4013/files/647edba065910.pdf (zuletzt abgerufen: 8.12.2025).

24 Frisbee, Stephanie J., u. a.: «The C8 Health Project: Design, Methods, and Participants», in: *Environmental Health Perspectives*, vol. 117, Ne. 12 (Dezember 2009), S. 1873. 82, https://pubmed.ncbi.nlm.nih.gov/20049206/ (zuletzt abgerufen: 8.12.2025).

25 UFZ (Helmholtz Zentrum für Umweltforschung): PFAS beeinflussen Entwicklung und Funktion des Gehirns, Pressemitteilung, 4. September 2025, www.ufz.de/index.php?de=36336&webc_pm=33/2024 (zuletzt abgerufen: 8.12.2025).

26 Barron, Aaron, u. a.: «Prenatal exposure to perfluoroalkyl substances predicts multimodal brain structural and functional outcomes in children aged 5 years: a birth cohort study», in: *The Lancet Planetary Health*, vol. 9, Nr. 9 (September 2025), https://www.thelancet.com/journals/lanplh/article/PIIS2542-5196(25)00187-1/fulltext (zuletzt abgerufen: 8.12.2025).

27 Baumert, Verena: «Für 53 Pestizide konnten wir ein erhöhtes Parkinson-Risiko feststellen». Interview mit Prof. Beate Ritz (UCLA), Umweltinstitut München e. V., 10. April 2024, https://umweltinstitut.org/landwirtschaft/meldungen/parkinson-und-pestizidanwendungen/ (zuletzt abgerufen: 8.12.2025).

28 Deutsches Zentrum für Neurodegenerative Erkrankungen: Parkinson. Mehr als nur ein Zittern (Stand: November 2021), https://www.dzne.de/aktuelles/hintergrund/parkinson/ (zuletzt abgerufen: 15.12.2025).

29 Töpfer, Katja: «Besonders Landwirte betroffen: Wie Pestizide Parkinson auslösen», in: *Apotheken Umschau*, 25. April 2025, https://www.apotheken-umschau.de/krankheiten-symptome/neurologische-erkrankungen/besonders-landwirte-sind-betroffen-wie-pestizide-parkinson-ausloesen-1262137.html (zuletzt abgerufen: 8.12.2025).

30 Gaberell, Laurent: Paraquat Papers. Wie Syngenta jahrzehntelang Warnungen ignorierte, um sein hochgiftiges Pestizid im Markt zu halten, Public Eye, 24. März 2021, https://www.publiceye.ch/de/themen/pestizide/wie-syngenta-jahrzehntelang-warnungen-ignorierte-um-sein-hochgiftiges-pestizid-im-markt-zu-halten (zuletzt abgerufen: 8.12.2025).

31 Rat der EU: Wasserverschmutzung: Rat und Parlament erzielen vorläufige Einigung über die Aktualisierung prioritärer Stoffe in Oberflächengewässern und Grundwasser, Pressemitteilung 743/25, 23. September 2025, https://www.consilium.europa.eu/de/press/press-releases/2025/09/23/water-pollution-council-and-parliament-reach-provisional-deal-to-update-priority-substances-in-surface-and-groundwaters/ (zuletzt abgerufen: 8.12.2025).

32 Deutsche Industrie- und Handelskammer: Prioritäre Stoffe und Umweltqualitätsnormen in Gewässern. Einigung im Rat und Europäischen Parlament, 29. September 2025, https://www.dihk.de/de/prioritaere-stoffe-und-umweltqualitaetsnormen-in-gewaessern-137336 (zuletzt abgerufen: 8.12.2025).

33 Vgl. https://umweltinstitut.org/wp-content/uploads/2025/12/251205_Offener_Brief_Omnibus.pdf (zuletzt abgerufen: 15.12.2025).

34 *Public Eye Magazine* Nr. 55: Massive Zunahme der Exporte aus der EU. https://www.publiceye.ch/en/topics/pesticides/sharp-rise-in-eu-export-

trade-in-banned-pesticides-despite-european-commission-promises (zuletzt abgerufen: 8.12.2025).

35 Neumeister, Lars: Residues of non-EU-approved pesticides in food, Juli 2025, foodwatch.org, https://www.foodwatch.org/fileadmin/ INT/pesticides/EFSA_2023_Boomerang_report.pdf (zuletzt abgerufen: 8.12.2025).

Prävention: There is MUCH glory in prevention!

1 Deutsches Krebsforschungszentrum: Neuer Public Health Index: Deutschland auf vorletztem Platz bei wissenschaftlich empfohlenen Präventionsmaßnahmen, Pressemitteilung vom 4.12.2025, https://www.dkfz.de/aktuelles/pressemitteilungen/detail/neuer-public-health-index-deutschland-auf-vorletztem-platz-bei-wissenschaftlich-empfohlenen-praeventionsmassnahmen (zuletzt abgerufen: 12.12.2025).

2 Haahtela, Tari, u. a.: «The Finnish Allergy Programme 2008–2018 – scientific rationale and practical implementation», in: *Asia Pacific Allergy*, vol. 2, Nr. 4 (Oktober 2012), S. 275–279, https://pmc.ncbi.nlm.nih.gov/articles/PMC3486973/ (zuletzt abgerufen: 12.12.2025).

3 Weston, Phoebe: «How a radical experiment to bring a forest into a preschool transformed children's health», in: *The Guardian*, 29. Oktober 2025, https://www.theguardian.com/environment/2025/oct/29/soil-sandpit-children-dirty-biodiversity-finnish-nurseries-research-microbes-bacteria-aoe (zuletzt abgerufen: 12.12.2025).

4 Biodiversity interventions for well-being (BIWE): Greening the kindergarten yard reduced the probability of potential pathogenic bacteria succeeding on children's skin, 28. Juni 2022, https://www.biwe.fi/en/julkaisu/greening-the-kindergarten-yard-reduced-the-probability-of-potential-pathogenic-bacteria-succeeding-on-childrens-skin/ (zuletzt abgerufen: 12.12.2025).

5 Agache, Iona, u. a.: «Impact of Residential Greenness Exposure on the Development of Allergic Diseases and Asthma and on Asthma Control – A Systematic Review for the EAACI Guidelines of Environmental Science for Allergic Diseases and Asthma», in: *Allergy*, vol. 80, Nr. 11 (November 2025), S. 3027–3042, https://pubmed.ncbi.nlm.nih.gov/40632014/ (zuletzt abgerufen: 12.12.2025).

6 Arbeitsgemeinschaft der Wissenschaftlichen Medizinischen Fachgesellschaften e. V. (AWMF), https://www.awmf.org/ (zuletzt abgerufen: 12.12.2025).

7 AWMF online: S3-Leitlinie Allergieprävention – Stand 11. November 2022, https://register.awmf.org/assets/guidelines/061-016l_S3_Allergiepraevention_2022-11.pdf (zuletzt abgerufen: 12.12.2025).

8 Thoerig, Rachel, u. a.: «Assessment of arsenic, cadmium, lead, mercury, and per- and polyfluoroalkyl substances concentrations in human milk and infant formula in the United States: a systematic review», in: *The American Journal of Clinical Nutrition*, vol. 122, Nr. 4 (Oktober 2025), https://pubmed.ncbi.nlm.nih.gov/41043870/ (zuletzt abgerufen: 12.12.2025).

9 Bayerisches Landesamt für Gesundheit und Lebensmittelsicherheit: Pollenflug 24 h, https://epin.lgl.bayern.de/pollenflug-24 h (zuletzt abgerufen: 12.12.2025).

10 ArbeitsGemeinschaft NEurodermitisSchulung e. V. (AGNES), https://www.neurodermitisschulung.de (zuletzt abgerufen: 12.12.2025).

11 Traidl, Stephan, u. a.: «Comprehensive Approach: Current Status on Patient Education in Atopic Dermatitis and Other Allergic Diseases», in: *Handbook of Experimental Pharmacology* (2022), S. 487–500, https://pubmed.ncbi.nlm.nih.gov/34219201/ (zuletzt abgerufen: 12.12.2025).

12 AOK-Bundesverband: Public Health Index, Stand: November 2025, https://www.aok.de/pp/public-health/index/ (zuletzt abgerufen: 12.12.2025).

13 Feng, Xiaoqi, u. a.: «Show me the money! Associations between tree canopy and hospital costs in cities for cardiovascular disease events in a longitudinal cohort study of 110,134 participants», in: *Environmental International*, vol. 185 (März 2024), https://www.sciencedirect.com/science/article/pii/S0160412024001442?ref=pdf_download&fr=RR-2&rr=9acd5b4ebcd6b6ae (zuletzt abgerufen: 12.12.2025).

14 DAK: DAK-Report: Hitze gefährdet Kindergesundheit in Hessen, 25. Juni 2025, https://www.dak.de/presse/landesthemen/hessen/kinder-und-jugendgesundheit/dak-report-hitze-gefaehrdet-kindergesundheit-in-hessen-_137790 (zuletzt abgerufen: 12.12.2025).